海洋汙染防治

Marine Pollution Control

華健 著

五南圖書出版公司 印行

作者序

海洋，妳會好好的嗎？

在寫這書的過程中，四十年前的那一幕不時浮現。

那時我在一艘運送汽車的貨輪上當輪機實習生，兼作下手（wiper），身上隨時有一團破布和棉紗，除了整個機艙和艙底的清潔，將機器上滲漏的油隨時擦掉和倒垃圾，也是我的日常工作。機艙產生的垃圾，大多是混著擦油布的油泥，每當引擎作完大保養之後，總會有好幾桶（20公升油漆桶）要倒。我將他們一桶桶從機艙提到後甲板，接著連桶一道丟進海裡。

第一次做時，曾猶豫了一會。但看著那片油汙，隨著船艉螺槳攪拌，數秒鐘內消失掉，也就釋懷了。接下來倒垃圾，有時風平浪靜，有時巨浪滔天、寒風刺骨，一桶接一桶的垃圾海拋，感覺再自然不過。後來在書上學到，這便是海洋的「涵容能力」。

未來的海洋會好嗎？

即便四十幾載過去，即便人類對海洋的了解增進了許多，即便用來保護海洋環境的法規已然完備，只不過和四十年前的我一樣，在各種天候與海況下站在船艉，被交代做好份內工作的船員，心裡想的會是什麼？陸地上廠場，負責維持各種生產線和機器正常運轉的工作人員，他們的實際作法，又是什麼？

今天我一如往常，牽著腳踏車從學校後山回家，一身汗、喘吁吁，同時享盡了初秋山林的美。只不過沿著昨天順便撿拾過垃圾的步道，卻仍有飲料利樂包、寶特瓶、食品包裝和提神飲空瓶出現。

這些得花很長一段時間分解的垃圾，在這沒什麼「涵容能力」的山

林，接下來又要流浪到哪去呀？

生物加速滅絕，地球上生物多樣性大幅下降，構成嚴重問題，人類的各種活動該負大部分責任。面對環境問題，今天的社會存在著不同的看法，但歸納起來大約有三種。也就是說，社會上大約有三種不同環境意識的人。

有一種「革新派」的看法：整個環境倫理已然改變，我們應該放棄固有模式，不再依賴傳統的技術或方法來解決問題，而應該創新或發明一種嶄新的生活形態（比方說能源的利用方式和代步的工具），來適應這個新的環境倫理。

另一種人認為：環境的問題，應該留給專家和環境科學家，讓他們去煩惱、去解決，比方說設定與落實空氣汙染標準。但要知道，這些專家學者所能提供給社會大眾的，其實只是一個範圍相當廣的選項，頂多告訴你若採取什麼樣的汙染防制手段，可以得到什麼結果。

而終究，也只有我們的整個社會本身，可以決定能接受多低的疾病感染機會。也只有整個社會本身才能決定，花多少錢來達到某個限度標準，對納稅人來說算是合理的負擔。

最後還有一種堪稱「無望派」的人認為：這整個環境問題已一發不可收拾，大概沒什麼希望了。

讀者既然會看這本書，相信大概就不屬於抱持最後一種看法的人。所以在這本書的一開始，我想與各位共同勉勵，也是要提醒各位的是，只有這個社會本身，也就是只有身為這社會一分子的你，才能真的決定，要達成什麼樣的生活品質，要擔多少的風險，以及該作何選擇、花什麼樣的錢。

當然，更希望你也能認清並且願意，就從自己開始，從消費源頭的小處去做，避免對海洋造成更大負擔！

◌ 目　錄

作者序

縮寫與代號

第一章　海洋環境與海洋生態系 …………………………… 001

　　1.1　海岸 ……………………………………………… 003

　　1.2　大洋 ……………………………………………… 007

　　1.3　人類在海岸地區的活動 ………………………… 008

　　1.4　海洋資源 ………………………………………… 015

第二章　海洋汙染簡介 ……………………………………… 023

　　2.1　海洋環境現況摘要 ……………………………… 026

　　2.2　海洋汙染起源——地中海實例 ………………… 031

　　2.3　海灣汙染 ………………………………………… 035

　　2.4　海洋生態系之破壞 ……………………………… 036

　　2.5　人類活動對海洋之影響 ………………………… 037

　　2.6　汙染與食物鏈 …………………………………… 044

　　2.7　海洋汙染的來源 ………………………………… 047

　　2.8　海洋汙染為什麼是個問題？ …………………… 060

第三章　海洋汙染所造成的影響 …………………………… 065

　　3.1　汙染物的命運 …………………………………… 067

3.2　促使海洋汙染物擴散的力 ⋯⋯⋯⋯⋯⋯⋯ 071

3.3　海洋汙染物的影響 ⋯⋯⋯⋯⋯⋯⋯⋯⋯⋯ 077

3.4　汙染影響爭議 ⋯⋯⋯⋯⋯⋯⋯⋯⋯⋯⋯⋯ 086

第四章　海洋棄置 ⋯⋯⋯⋯⋯⋯⋯⋯⋯⋯⋯⋯⋯⋯ 091

4.1　廢棄物的特性 ⋯⋯⋯⋯⋯⋯⋯⋯⋯⋯⋯⋯ 093

4.2　海拋物的種類 ⋯⋯⋯⋯⋯⋯⋯⋯⋯⋯⋯⋯ 095

4.3　海拋影響評估 ⋯⋯⋯⋯⋯⋯⋯⋯⋯⋯⋯⋯ 99

4.4　國際間對海拋議題的共識 ⋯⋯⋯⋯⋯⋯⋯ 105

4.5　海上焚化廢棄物 ⋯⋯⋯⋯⋯⋯⋯⋯⋯⋯⋯ 111

第五章　垃圾對海洋造成的汙染 ⋯⋯⋯⋯⋯⋯⋯⋯ 113

5.1　塑膠垃圾對海洋構成的威脅 ⋯⋯⋯⋯⋯⋯ 116

5.2　海洋垃圾類型 ⋯⋯⋯⋯⋯⋯⋯⋯⋯⋯⋯⋯ 118

5.3　海洋垃圾的影響 ⋯⋯⋯⋯⋯⋯⋯⋯⋯⋯⋯ 123

5.4　船舶垃圾管理 ⋯⋯⋯⋯⋯⋯⋯⋯⋯⋯⋯⋯ 125

5.5　解決海洋垃圾問題 ⋯⋯⋯⋯⋯⋯⋯⋯⋯⋯ 135

5.6　海洋垃圾與消費主義 ⋯⋯⋯⋯⋯⋯⋯⋯⋯ 139

第六章　海洋油汙染 ⋯⋯⋯⋯⋯⋯⋯⋯⋯⋯⋯⋯⋯ 147

6.1　人們關切海洋油汙染 ⋯⋯⋯⋯⋯⋯⋯⋯⋯ 150

6.2　源自船舶的油汙染 ⋯⋯⋯⋯⋯⋯⋯⋯⋯⋯ 156

6.3　清除油汙 ⋯⋯⋯⋯⋯⋯⋯⋯⋯⋯⋯⋯⋯⋯ 162

6.4　溢油事件帶來的衝擊 ⋯⋯⋯⋯⋯⋯⋯⋯⋯ 177

6.5　溢油後之恢復、復原及修補 ⋯⋯⋯⋯⋯⋯⋯ 185

6.6　海上溢油應變體系 ⋯⋯⋯⋯⋯⋯⋯⋯⋯⋯⋯ 187

6.7　船舶海洋溢油事件的賠償 ⋯⋯⋯⋯⋯⋯⋯⋯ 194

第七章　源自船舶空氣汙染 ⋯⋯⋯⋯⋯⋯⋯⋯⋯ 197

7.1　海洋酸化 ⋯⋯⋯⋯⋯⋯⋯⋯⋯⋯⋯⋯⋯⋯ 199

7.2　源自海運的空氣汙染 ⋯⋯⋯⋯⋯⋯⋯⋯⋯⋯ 200

7.3　船舶空氣汙染防制 ⋯⋯⋯⋯⋯⋯⋯⋯⋯⋯⋯ 202

7.4　以天然氣作為燃料 ⋯⋯⋯⋯⋯⋯⋯⋯⋯⋯⋯ 210

7.5　海運與氣候變遷 ⋯⋯⋯⋯⋯⋯⋯⋯⋯⋯⋯⋯ 218

7.6　GHG 減量政策工具 ⋯⋯⋯⋯⋯⋯⋯⋯⋯⋯⋯ 232

7.7　其他潔淨能源策略 ⋯⋯⋯⋯⋯⋯⋯⋯⋯⋯⋯ 236

第八章　防止船舶汙染海洋國際公約與立法 ⋯⋯⋯ 241

8.1　海洋汙染問題永遠是個國際性的問題 ⋯⋯⋯⋯ 243

8.2　防止船舶防汙染國際公約沿革 ⋯⋯⋯⋯⋯⋯⋯ 244

8.3　防止源自船舶的空氣汙染──附則陸（Annex VI） ⋯ 265

8.4　防止生物汙損船舶塗料汙染 ⋯⋯⋯⋯⋯⋯⋯⋯ 284

8.5　壓艙水管理公約 ⋯⋯⋯⋯⋯⋯⋯⋯⋯⋯⋯⋯ 298

8.6　船舶回收 ⋯⋯⋯⋯⋯⋯⋯⋯⋯⋯⋯⋯⋯⋯⋯ 314

第九章　海洋環境管理 ⋯⋯⋯⋯⋯⋯⋯⋯⋯⋯⋯ 317

9.1　管理海洋環境所需面對的問題 ⋯⋯⋯⋯⋯⋯⋯ 320

9.2　再問何謂汙染與其防治之道 ⋯⋯⋯⋯⋯⋯⋯⋯ 322

9.3 汙染防治成本 ⋯⋯⋯⋯⋯⋯ 325

9.4 受保護區 ⋯⋯⋯⋯⋯⋯ 331

9.5 綜合管理計畫 ⋯⋯⋯⋯⋯⋯ 333

9.6 汙染和海洋休閒活動 ⋯⋯⋯⋯⋯⋯ 340

9.7 與環境相容的海洋公園 ⋯⋯⋯⋯⋯⋯ 343

9.8 動態海洋管理 ⋯⋯⋯⋯⋯⋯ 350

表目錄

表 2.1　UNEP 所提出東亞地區嚴重海洋汙染問題的緩急順序 … 028

表 2.2　地中海在 1985 年的南北環境比較 … 034

表 3.1　海洋汙染的主要汙染源及其影響 … 083

表 4.1　爐石與卜特蘭水泥及煤灰化學組成之比較 … 097

表 5.1　在北澳收集到各類海洋垃圾的來源 … 120

表 5.2　北澳海洋棄置漁網的可能來源 … 121

表 5.3　各材質垃圾在環境中分解需時 … 126

表 5.4　輪船上垃圾分類 … 127

表 5.5　船上垃圾壓實選項 … 129

表 6.1　每年進入海洋的石油碳氫化合物的估計值 … 152

表 6.2　各類型棲地在溢油事件後復原所需時間 … 186

表 6.3　全球各區域性海域面臨溢油風險及其準備程度 … 188

表 7.1　開環型與混合型洗滌器之比較 … 209

表 7.2　各項氣候變遷因子對於海運的潛在意涵及所採行的
　　　　因應措施 … 220

表 7.3　燃料消耗 CO_2 排放及預測成長之預估 … 221

表 7.4　適用於新船的其他能源效率措施的成本有效性 … 225

表 7.5　新船的各種技術性措施，所具 CO_2 減量潛力 … 230

表 7.6　適用於現成船技術性措施，所具 CO_2 減量潛力 … 231

表 7.7　一新船併同考慮 CO_2 與 NO_x 減量，各減量措施帶來
　　　　的減排與成本增幅 … 231

表 7.8 一現成船併同考慮 CO_2 與 NO_x 減量，各減量措施所帶來的減排與成本增幅 ⋯⋯⋯ 232

表 7.9 排放減量政策工具比較 ⋯⋯⋯ 234

表 8.1 防止船隻造成海水汙染國際公約沿革 ⋯⋯⋯ 245

表 8.2 MARPOL 公約當中劃定特別區域的通過與生效日 ⋯⋯⋯ 247

表 8.3 德國主要河港與海港的收受設施 ⋯⋯⋯ 252

表 8.4 IMO 公約與編碼所提供之 HNS 清單 ⋯⋯⋯ 255

表 8.5 2013 年元旦生效的 Marpol Annex V 海洋垃圾汙染規則摘要 ⋯⋯⋯ 260

表 8.6 適用於美國水域的廢棄物棄置規則 ⋯⋯⋯ 262

表 8.7 MARPOL Annex VI 當中的 NO_x 排放上限 ⋯⋯⋯ 272

表 8.8 2010 至 2020 年間船舶引擎排放國際法令與因應對策 ⋯⋯⋯ 275

表 8.9 航運公司配合 MVR 的監測計畫 ⋯⋯⋯ 283

表 8.10 TBT 在環境中所造成影響的研究結果 ⋯⋯⋯ 287

表 8.11 船舶防汙系統大事紀 ⋯⋯⋯ 290

表 8.12 各國使用有機錫基防汙劑法規 ⋯⋯⋯ 292

表 8.13 各國有機錫法規成效 ⋯⋯⋯ 294

表 8.14 船舶防汙系統的優缺點比較 ⋯⋯⋯ 296

表 9.1 油輪意外事故所造成溢油汙染的直接與間接成本 ⋯⋯⋯ 326

表 9.2 海上溢油事故處理成本效益分析需考量的參數 ⋯⋯⋯ 330

表 9.3 環保署所建議海岸重要敏感區劃定 ⋯⋯⋯ 331

表 9.4 海岸地區的主要用途 ⋯⋯⋯ 334

表 9.5 各種活動的風險 ⋯⋯⋯ 338

表 9.6 設施、交通工具、人等增加，對環境可能造成的影響 346

圖目錄

圖 1.1　海岸各不同區域範圍 ⋯⋯⋯⋯⋯⋯⋯⋯⋯⋯⋯⋯⋯⋯⋯⋯ 004

圖 1.2　海底地形圖顯示大陸與海洋盆地之間的界限 ⋯⋯⋯⋯⋯⋯ 006

圖 1.3　一般海水溫度、鹽度、密度隨水深的變化情形 ⋯⋯⋯⋯⋯ 010

圖 1.4　太平洋與印度洋熱帶地區的溶氧、溫度、鹽度隨
　　　　水深的變化情形 ⋯⋯⋯⋯⋯⋯⋯⋯⋯⋯⋯⋯⋯⋯⋯⋯⋯ 011

圖 1.5　太平洋、印度洋熱帶地區的葉綠素甲（Chlo. a）
　　　　隨水深的變化情形 ⋯⋯⋯⋯⋯⋯⋯⋯⋯⋯⋯⋯⋯⋯⋯⋯ 012

圖 1.6　地球上海水鹽度分布 ⋯⋯⋯⋯⋯⋯⋯⋯⋯⋯⋯⋯⋯⋯⋯⋯ 013

圖 1.7　海洋輸送帶示意 ⋯⋯⋯⋯⋯⋯⋯⋯⋯⋯⋯⋯⋯⋯⋯⋯⋯⋯ 014

圖 1.8　一般海洋食物鏈 ⋯⋯⋯⋯⋯⋯⋯⋯⋯⋯⋯⋯⋯⋯⋯⋯⋯⋯ 016

圖 1.9　居住在北海底泥中的動物群落 ⋯⋯⋯⋯⋯⋯⋯⋯⋯⋯⋯⋯ 018

圖 1.10　海洋浮游動物與浮游植物為生產力的基礎 ⋯⋯⋯⋯⋯⋯⋯ 019

圖 1.11　海岸與河口附近的水文循環 ⋯⋯⋯⋯⋯⋯⋯⋯⋯⋯⋯⋯⋯ 021

圖 1.12　源自船舶的汙染物在不同海洋生物之間的傳遞情形 ⋯⋯⋯ 022

圖 2.1　全球海洋受人類活動影響的程度分布情形 ⋯⋯⋯⋯⋯⋯⋯ 027

圖 2.2　人類活動與海洋環境之關係 ⋯⋯⋯⋯⋯⋯⋯⋯⋯⋯⋯⋯⋯ 046

圖 3.1　廢棄物海拋之後的命運與分布 ⋯⋯⋯⋯⋯⋯⋯⋯⋯⋯⋯⋯ 068

圖 3.2　汙水海洋放流之後的命運與分布 ⋯⋯⋯⋯⋯⋯⋯⋯⋯⋯⋯ 071

圖 3.3　海上溢油可能的命運 ⋯⋯⋯⋯⋯⋯⋯⋯⋯⋯⋯⋯⋯⋯⋯⋯ 072

圖 3.4　工廠和城市排放廢棄物與汙水進入空氣與水環境
　　　　之後，接下來可能的命運 ⋯⋯⋯⋯⋯⋯⋯⋯⋯⋯⋯⋯⋯ 072

圖 3.5　對海洋表面大規模海流的主要影響來自地球自轉、
　　　　海面風、重力 ⋯⋯⋯⋯⋯⋯⋯⋯⋯⋯⋯⋯⋯⋯⋯ 073

圖 3.6　全球表層海水環流 ⋯⋯⋯⋯⋯⋯⋯⋯⋯⋯⋯⋯⋯ 074

圖 3.7　臺灣周圍海域的三個洋流系統，附近海流狀況隨
　　　　季節改變 ⋯⋯⋯⋯⋯⋯⋯⋯⋯⋯⋯⋯⋯⋯⋯⋯⋯ 075

圖 3.8　氮對海岸水中溶氧構成的影響 ⋯⋯⋯⋯⋯⋯⋯⋯ 079

圖 5.1　基隆海岸各類型垃圾的分配情形 ⋯⋯⋯⋯⋯⋯⋯ 119

圖 5.2　2009 年全世界收集到的海洋垃圾來源分配 ⋯⋯⋯ 119

圖 5.3　大洋垃圾堆分布 ⋯⋯⋯⋯⋯⋯⋯⋯⋯⋯⋯⋯⋯⋯ 123

圖 5.4　輪船上垃圾收集專區 ⋯⋯⋯⋯⋯⋯⋯⋯⋯⋯⋯⋯ 128

圖 5.5　輪船上的整套垃圾處理系統 ⋯⋯⋯⋯⋯⋯⋯⋯⋯ 133

圖 5.6　塑膠生產趨勢 ⋯⋯⋯⋯⋯⋯⋯⋯⋯⋯⋯⋯⋯⋯⋯ 141

圖 5.7　2013 年全球塑膠包裝材料的流通情形 ⋯⋯⋯⋯⋯ 142

圖 5.8　塑膠種類常見製品回收再製產品 ⋯⋯⋯⋯⋯⋯⋯ 143

圖 5.9　2006 至 2017 年間及預測 2021 年，使用各材質包
　　　　裝數量 ⋯⋯⋯⋯⋯⋯⋯⋯⋯⋯⋯⋯⋯⋯⋯⋯⋯⋯ 145

圖 6.1　溢油事件後出現在海灘沾滿油汙的海鳥 ⋯⋯⋯⋯ 150

圖 6.2　海洋當中石油碳氫化合物的來源分布 ⋯⋯⋯⋯⋯ 154

圖 6.3　1974 至 1990 年油輪溢油次數 ⋯⋯⋯⋯⋯⋯⋯⋯ 156

圖 6.4　溢出油汙在岸邊海域的命運 ⋯⋯⋯⋯⋯⋯⋯⋯⋯ 163

圖 6.5　法國 MOTHY 溢油行跡預測模型 ⋯⋯⋯⋯⋯⋯⋯ 164

圖 6.6　從海面汲取溢油 ⋯⋯⋯⋯⋯⋯⋯⋯⋯⋯⋯⋯⋯⋯ 168

圖 6.7　海上清除溢油基本操作 ⋯⋯⋯⋯⋯⋯⋯⋯⋯⋯⋯ 168

圖 6.8　海面油膜遇上化油劑的變化情形 ⋯⋯⋯⋯⋯⋯⋯⋯⋯ 170

圖 6.9　從船上和從飛機上施灑化油劑 ⋯⋯⋯⋯⋯⋯⋯⋯⋯⋯ 171

圖 6.10　海上溢油現場放火燃燒的情況 ⋯⋯⋯⋯⋯⋯⋯⋯⋯⋯ 175

圖 6.11　歐洲國家所採用的空中觀測用飛機 ⋯⋯⋯⋯⋯⋯⋯⋯ 176

圖 6.12　海上溢油對生態造成的衝擊 ⋯⋯⋯⋯⋯⋯⋯⋯⋯⋯⋯ 178

圖 6.13　各類油在海洋當中的毒性與窒息效果傾向 ⋯⋯⋯⋯⋯ 179

圖 6.14　沾了油汙後經過清洗的企鵝 ⋯⋯⋯⋯⋯⋯⋯⋯⋯⋯⋯ 181

圖 6.15　2010 年 BP 墨西哥灣溢油的範圍 ⋯⋯⋯⋯⋯⋯⋯⋯⋯ 187

圖 7.1　船上 SCR 系統示意 ⋯⋯⋯⋯⋯⋯⋯⋯⋯⋯⋯⋯⋯⋯⋯ 206

圖 7.2　船上洗滌器和煙囪的相關位置，及該洗滌器的
　　　　運轉示意 ⋯⋯⋯⋯⋯⋯⋯⋯⋯⋯⋯⋯⋯⋯⋯⋯⋯⋯⋯ 208

圖 7.3　船上安裝洗滌塔選項 ⋯⋯⋯⋯⋯⋯⋯⋯⋯⋯⋯⋯⋯⋯ 208

圖 7.4　傳統燃料與天然氣價格比較 ⋯⋯⋯⋯⋯⋯⋯⋯⋯⋯⋯ 215

圖 7.5　綜觀未來可能用於降低排放的立法方案、船用燃料
　　　　與引擎類型及技術性與運轉措施 ⋯⋯⋯⋯⋯⋯⋯⋯⋯ 223

圖 7.6　船舶動力場的能源平衡 ⋯⋯⋯⋯⋯⋯⋯⋯⋯⋯⋯⋯⋯ 229

圖 7.7　2030 年世界船隊各種降低 CO_2 技術選項的邊際成本 ⋯ 229

圖 7.8　船舶 CO_2 和 SO_2 排放消長，依 1925～2002 年間國際
　　　　海運燃油銷售量估算（含漁船和軍艦）⋯⋯⋯⋯⋯⋯⋯ 233

圖 8.1　MARPOL 公約的整體架構 ⋯⋯⋯⋯⋯⋯⋯⋯⋯⋯⋯⋯ 246

圖 8.2　化學品應變五階段 ⋯⋯⋯⋯⋯⋯⋯⋯⋯⋯⋯⋯⋯⋯⋯ 258

圖 8.3　表 8.5 當中所提特別海域範圍 ⋯⋯⋯⋯⋯⋯⋯⋯⋯⋯ 262

圖 8.4　MARPOL Annex VI 當中分別在三階段的 NO_x 排
　　　　放上限 ⋯⋯⋯⋯⋯⋯⋯⋯⋯⋯⋯⋯⋯⋯⋯⋯⋯⋯⋯⋯ 272

圖 8.5　針對限制 SO_x 排放所訂出的燃料中硫含量上限 ……… 273

圖 8.6　既有和未來可能的 ECA ……… 273

圖 8.7　針對船舶排放 CO_2 的設限趨勢 ……… 274

圖 8.8　壓艙水採樣報告格式 ……… 304

圖 8.9　美國壓艙水處理生物標準 ……… 306

圖 8.10　比較 IMO 和美國加州、紐約、五大湖的生物標準 …… 306

圖 8.11　壓艙水控管系統類型認可的測試與評估程序 ……… 308

圖 8.12　一艘從南亞載運稻米前往地中海卸貨，接著航向
　　　　美國裝載小麥的壓艙水換水過程 ……… 309

圖 8.13　壓艙水熱處理 ……… 310

圖 8.14　臭氧處理壓艙水系統 ……… 312

圖 8.15　換水、過濾、加藥、加熱及紫外光照射法所適
　　　　於處理的生物大小範圍 ……… 312

圖 8.16　分屬換水、處理及隔離等壓艙水管理方法的各種技術 … 313

圖 8.17　散裝貨輪流通壓載系統示意 ……… 314

圖 9.1　汙染防治效果與汙染防治成本的關係 ……… 335

圖 9.2　汙染清除率與所獲效益的關係 ……… 336

圖 9.3　汙染清除率與所支付成本及所獲效益之間的關係 ……… 337

圖 9.4　海洋公園計畫的環境評估 ……… 344

圖 9.5　動態海洋管理圖示 ……… 350

縮寫與代號

AFS　anti-fouling systems 防汙系統

AQIS　Australian Quarantine and Inspection Service 澳大利亞防疫檢查局

BDN　Bunker Fuel Delivery Notes 加油單

BOD　biochemical oxygen demand 生化需氧量

BP　British Petroleum 英國石油公司

BWE　ballast water exchange 壓艙水交換

BWM　ballast water management 壓艙水控管

BWT　ballast water treatment 艙水處理

CARB　California Air Quality Bureau 美國加州空氣資源局

CDM　Clean Development Mechanism 合作減量計畫

CEQ　United States Council on Environmental Quality 美國環境品質諮詢委員會

CFC　Chlorofluorocarbon 氟氯碳化物

CLC　Civil Liability Convention 民事責任公約

CO₂　carbon dioxide 二氧化碳

COD　chemical oxygen demand 化學需氧量

COW　crude oil washing 原油洗艙

CPDC　China Petrochemical Development Corporation 中國石油化學開發公司

DASR　Document of Authorization to conduct Ship Recycling 授權進行船舶回收文件

D.O.　dissolved oxygen 溶氧量

ECA　Emission Control Area 排放管制區

EEDI　Energy Efficiency Design Index 能源效率設計指標

EI　Energy Index 能源指標

EP　European Parliament 歐盟議會

EPA　Environmental Protection Administration 美國環保署

EU　European Union 歐盟

FO　fuel oil 燃料油

FP　freezing point 凝固點

GESAMP　United Nations Joint Group of Experts on the Scientific Aspects of Marine environmental Protection 聯合國海洋環境保護專家小組

GHGs　greenhouse gases 溫室氣體

GRB　Garbage Record Book 垃圾紀錄簿

GT　gross tonnage 總噸位

HCFC　hydrochlorofluorocarbon 氟氯烴

HFO　heavy fuel oil 重燃油

HME　harmful to the marine environment 對環境有害

HNS　Hazardous and Noxious Substances 有害與嫌惡性物質

IAPPC　International Air Pollution Prevention Certificate 國際空氣汙染防制證書

IBC Code　International Bulk Chemical Code 國際散裝化學品規範

ICIHM　International Certificate on Inventory of Hazardous Materials 有害材質盤查國際證書

IEA　International Energy Agency 國際能源署

IFO　Intermediate Fuel Oil 中級燃料油

IG　inert gas 惰性氣體

IGOSS　Integrated Global Ocean Station System 全球海洋測站整合系統

IHM　Inventory of Hazardous Materials 有害材質盤查

IMCO　Inter-Governmental Maritime Consultative Organization 跨政府海事諮詢組織

IMDG Code　International Maritime Dangerous Good 國際海事有害貨物法規

IMO　International Maritime Organization 國際海事組織

IMSBC International Maritime Solid Bulk Cargoes 國際海事固態散裝貨物法規

INDCs Intended Nationally Determined Contributions 國家自主決定預期貢獻

IPCC International Panel on Climate Change 氣候變遷跨政府委員會

IRRC International Ready for Recycling Certificate 國際回收證書

kJ kilo Joule 千焦耳

LDC London Dumping Convention 國際倫敦海拋公約

LNG liquefied natural gas 液化天然氣

LOSC 聯合國海洋法公約

LOT load-on-top system 上層裝載系統

MARPOL International Convention for the Prevention of Pollution from ship 防止船舶汙染公約

MBMs market-based measures 市場為基礎的措施

MDO marine diesel oil 海運柴油

MMBTU 百萬英熱單位 million British Thermal Unit

MRV Monitoring, Reporting, and Verification 監測、報告及確認機制

MSC Maritime Safety Committee 海事安全委員會

mt million ton 百萬噸

NACOA National Advisory Committee for Oceans and Atmosphere 美國國家海洋與大氣諮詢委員會

NAS National Academy of Science 美國國家科學院

NCP U.S. National Contingency Plan 美國國家應變計劃

NO$_x$ nitrogen oxides 氮氧化物

NPP net primary productivity 淨基礎生產力

O$_3$ ozone 臭氧

OC oil content 含油量

OC Oslo Convention 國際奧斯陸公約

ODA Ocean Dumping Act 海洋棄置法案

OECD　Organization for Economic Co-operation and Development 經濟合作與發展國家組織

OPRC 1990　International Convention on Oil Pollution Preparedness, Response and Cooperation 1990 年國際油汙染準備與應變合作公約

OPRC-HNS　Protocol 有害與嫌惡性物質汙染事故準備、應變及合作議定書

P&I Club　Protection and Indemnity Club 保障與賠償責任保險

PAH　polycyclic aromatic hydrocarbon 多芳香族碳氫化合物

PCB　polychlorinated biphenyl 多氯聯苯

PM　particulate matter 微粒

ppb　part per billion 十億分之一

ppt, ‰　part per thousand 千分之一

PSC　Port State Control 港口國管制

PSSA　Particularly Sensitive Sea Areas 特別敏感海域

RO-RO　rollon- rolloff 駛上駛下船

SBT　Segregated Ballast Tank 隔離壓載艙

SCR　selective catalytic reduction 選擇性催化還原

SDR　Special Drawing Right 特別提款權

SECA　SO_x Emission Control Areas SO_x 排放管制區

SEEMP　Ship Energy Efficiency Management Plan 船舶能源效率管理計畫

SOLAS　Safety of Life at Sea 海上人命安全公約

SO_x　sulfur oxides 硫氧化物

SPC　self-polishing coating 自滑塗料

SRFP　Ship Recycling Facility Plan 船舶回收設施計畫

SRP　Ship Recycling Plan 船舶回收計畫

STEP　Shipboard Technology Evaluation Program 船上技術評量計畫

TBT　Tributyltin 三丁基錫

TRO　total residual oxidants 總殘留氧化劑

TTP　tank to propeller 儲槽至船舶推進螺槳

UN ESCO　United Nations Educational, Scientific and Cultural Organization 聯合國教科文組織

USCG　United States Coast Guard 美國海岸防衛隊

USGS　US Geological Survey 美國地質調查局

VOC　volatile organic compound 揮發性有機化合物

VTS　Vessel Traffic Services 船舶交通管理系統

WTP　well to propeller 氣井至螺槳

WTT　well to tank 生產井至儲槽

μm　micrometer 微米

第一章

海洋環境與海洋生態系

1.1　海岸

1.2　大洋

1.3　人類在海岸地區的活動

1.4　海洋資源

在地球上，海洋大約覆蓋了 357,555,000 平方公里的面積，相當於地球總面積的百分之 71。由於大部分面積都給水占去了，從人造衛星傳回來的照片上可明顯看到，整個地球充滿水的景象。而若稱地球為「水球」，也不為過。這一廣大水圈（hydrosphere）不僅涵蓋範圍廣，而且深度也相當可觀。最近實測得的海洋平均深度，大約是 3,890 公尺。如此算來，整個地球上，水的重量大約也有 1.45×10^{18} 公噸之譜，約相當於地球總重量的百分之 0.02。而海水的體積，根據估計為 1,264,440,000 立方公里，約為淡水總體積的 37 倍。

1.1 海岸

思想起當年我們的祖先，發源於熱帶大陸，終於也想要造舟渡海。有一天，當他們初次見到大海，心想：好大之一片水！水的另一邊又是什麼？這反映了人類與生俱有的好奇心，而這也正是推動人類展開冒險犯難的原動力。人類初次來到陸地的邊緣，發現到海邊比起留在內陸，確實有許多好處，像是食物豐富、氣候宜人等等。因此，一些主要的城市也從小村落興起，例如上海、東京、紐約、加爾各答、開羅、拿不勒斯（義大利）、倫敦等。而接著，其間的貿易往來也更形顯著。全球最大的二十個城市除了莫斯科與墨西哥以外，全都位在海洋邊緣。

海岸的特性隨各地而異。如圖 1.1 所示配合以下定義，可用以表示在海岸不同區域範圍內的特性。背岸（backshore）為高於高潮線（high-tide mark），包括海蝕崖（sea cliff, dunes or berm）和前岸（fore shore）則是低潮時露出的範圍。濱後脊（berm crest）為平坦沙灘邊緣；海灘面（beach face）為高潮點以下沙灘坡面；灘崖（beach scarp）為幾近垂直的海灘，因海浪衝擊而成；低潮階地（low-tide terrace）則為於低潮時露出的平坦區域。

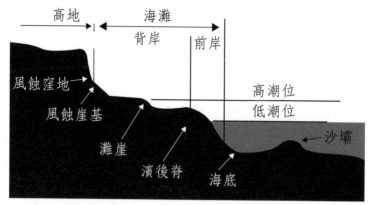

圖 1.1　海岸各不同區域範圍

海岸可分成許多類型，例如侵蝕、沖積、火山等，但基本上決定今天海岸的主要因素有五：

- 自然過程，例如風、雨的能量
- 海洋岩材，例如砂、岩、頁岩、石英、長石
- 大型地球運動，例如隆起
- 海面的改變，例如潮汐攜帶大量漂沙
- 人類活動，如江河造壩、土地再生復原、疏濬、防止侵蝕工程、開發

離岸沿海（offshore）指的則是自低潮點算起到破浪區之間，包含以下幾個部分：

- 臨濱（shore face）—— 低於低潮點的坡面
- 沿岸凹槽（long shore trough）—— 與海岸線平行，位於低潮點與波浪區間的凹槽
- 緩沙壩（long shore bar）—— 與海岸線平行的凸緣，海浪在此劃破

1.1.1 潮間帶

潮間帶（littoral zone, or inter-tidal zone）指的是介於高水位與低水位之間的部分，或可大致定義為從岸邊到水深約 200m 之間的範圍。亞濱海帶（sublittoral zone）則從低潮海域（low tide area）的海底延伸至大陸棚邊

緣，其物理狀態主要決定於海洋當中的物質、波浪及水流。像美國加州南部海岸水流流速可達四節，但在墨西哥灣，大部分都相當平靜。波浪對水表面的影響較大，但海底的大山運動，也可同樣造成很大影響。

　　亞濱海帶的化學狀態在大部分地區都算是相當穩定，但受大洋的影響很大。當然其亦隨位置而改變，像近幾十年來被廣泛使用的汙水放流管，可從海岸延伸數公里至亞濱海帶。如此不但汙染了河口，也汙染了鄰海區。其不斷的傾泄「養料」入海，產生了大量不正常的藻類、有孔蟲類、海膽等個體群，這些都會耗盡在世界各地一些海水中的重要元素。

　　對於某一地區，其亞濱海帶的水溫大致穩定，另有一些突起地區，在幾天內溫度可相差到 5℃，溫度隨地理位置也會有很大的不同，可從極地的 2℃ 改變到紅海與波斯灣的 30℃。可透光區（euphotic Zone）則大約在水深 200 m 範圍內，透光率取決於雲層、陽光角度、懸浮無機物及浮游生物量等因素。

1.1.2 陸棚與陸坡

　　海洋既覆蓋了地球表面將近百分之 71，並且為一相連，不停運轉的水體，永無休止的波浪與潮湧，也就使我們永遠無從確定海洋的邊緣，究竟位於何處。除了這永無休止的運動之外，平均海面亦隨時間有所改變。潮來潮往，浪起浪落，與人的生命相較，此海面的波動或許微不足道，但以地球悠久的地質年帶來看，海洋邊緣的位置，又確曾有過相當大的改變。俗云「滄海桑田」，這句話正是在描述某些出現在大陸，卻有著豐富海洋生物化石的特殊景象。

　　如今我們若真要訂出一道海洋邊緣，以作為海洋與大陸的分界，那便是陸棚（continental shelf）的外緣了。從海底地形圖（圖 1.2）可以找到，在大陸與海洋盆地之間，的確可看出一條明顯的界限；它的邊緣位於海岸線以外大約 100 公里處，連接大陸的較平坦區，習稱為「大陸棚」或「陸棚」。陸棚在世界各地的寬度與深度相差頗大，但視其與大陸地形、地質的連續性而定，最深處約 500 公尺。陸棚與海底之間，由陸坡（continental slope）連接。在太平洋，此坡可綿延 4 至 10 公里。到了陸升（continental rises），其原本降下的地形又接著升起。

　　每個大陸塊都有一部分浸在水下，而其「棚」則位於大陸與主要大洋的邊緣。陸棚占去地球上所有陸地面積的 18%，相當於海洋盆底（sea floor）7.5%。陸棚最寬處達 1,500 公里，平均為 50 至 100 公里。一般在陸棚最外緣測得的深度約為 130 公尺。大約每 1,000 公尺就有約 1 公尺的落差，而亦有例外者，例如冰蝕地區的極地陸棚深度約達 500 公尺，而在很多珊瑚礁地區，深度僅約 20 公尺。到了陸坡處，大約每 100 公尺就有近 1 公尺的落差。

圖 1.2　海底地形圖顯示大陸與海洋盆地之間的界限

1.1.3 河口

　　河口雖然算不上是海洋環境之一部分，然因其一直讓人們充分利用，且可直接影響海洋環境，所以顯得特別重要。我們在討論海洋環境時，也都將它納入考慮。

　　我們都知道一些知名的河口，像是臺灣的淡水河口、關渡、山東的渤海

灣及美國的舊金山灣（San Fransisco Bay）等。它的定義是：一個與海洋相通的半封閉沿岸水體，水體的海水可被陸地流入的淡水，淡化到可測得的程度。欲區分河口與海洋，可由前述海洋的參數，如鹽分、溫度、深度、透光率的量測，很容易辦到。

　　河口可能是海洋環境中受汙染最嚴重之一部分。因為它是汙染物即將進入海洋環境前，最主要必經的路。當然，除了汙染物，其他也有很多有機物進入或通過河口。

　　海灘受汙染後的重建及海岸復原，最有效的方法之一便是廣植紅樹林。紅樹林具穩定海岸沙土的效果，所賴在於其根部緊抓沉積土壤與貝類等生物，以對抗浪與流的侵蝕。紅樹林並可為蝦、蟹、蠣等動物提供住所和掩體。其種子在落海之前發芽，落下後隨海水漂浮，直到著根，接著快速生長，在環境合適、土壤未遭受汙染情況下，最多一年可長高逾 60 公分。

　　爾來，世界各地大量紅樹林區因人為因素銳減，恐將影響沉積土與海水性質，進而改變海流狀態。東南亞、非洲及南美部分地區，原本仰賴紅樹林保護的海岸線也因此遭受侵蝕。如此不僅造成陸地與海灘流失，同時也導致海洋生物繁殖場萎縮，進而導致蝦、蟹等漁獲降低。

1.2 大洋

　　地球上大部分深海的海底盆地都被紅色、厚厚的遠洋泥土層（主要為二氧化錳等氧化物）所覆蓋，同時又大約以每千年增加 1 公分厚度的速率持續沉積。所以，我們從深海底部採得的泥土層樣本，便有可能包含累積了上百萬年的鉀、磷、硝酸鹽等沉積物。

　　海洋擁有豐富的植物生長所需養分，或許在陽光充足的海面量少，但在深海處卻富含養分。除了溶解的鹽之外，海洋還包含了大量溶解的氣體，例如氧、氮、氦、二氧化碳、氖、氬氣等。其中以氮氣與氧氣在水中屬最大量。海洋中生命的成長，主要取決於浮游生物沉積的速率及養分的分布。靠海洋浮游生物與養分維生的生命體，物種豐沛且生機盎然。大規模的生命

鏈，從原始的單細胞生物到複雜的海棲哺乳動物，同時在海洋中共存。有別於陸上植物受地心引力、風、動物及人類的影響，海洋當中的植物演進截然不同。

以上因素使得各大洋的生態各異其趣，例如大西洋生態就和太平洋生態截然不同。另外有些海洋如北冰洋，被多年生植物及壅塞的冰覆蓋著，加上四周幾乎完全被陸地所包圍，來自陸地的水流與凝結水注入，或因蒸發造成的水氣散失都極少量，因此北冰洋非常依賴經由白令海峽、挪威海的海水流入。其他海洋也各有不同的平衡狀態。北大西洋藉狂流、洋流及河流引入的養分，維繫北大西洋漁場漁獲所需。其漁獲集中在環繞冰島及格林蘭洋流和較淺的海域。南大西洋大量的浮游生物及魚群，則是在福克蘭群島周邊來自南極洲洋流當中活動。

太平洋和印度洋、南太平洋及南冰洋之間的互動也很頻繁。影響當中海洋生物的因素，主要包括生物行為、生物再生及食物供應鏈。動物的大規模遷徙需要浮游植物作為食物。而草食性甲殼橈腳類動物、肉食性毛顎類動物及游行動物與浮游動物，也因此造就了太平洋豐沛且多樣的漁場。在南半球，印度洋有狹窄的大陸棚礁，包括像馬達加斯加、塞席爾群島。其中的沉積層含有土生沉積物、珊瑚礁等有機體和洋中高原有關的暗礁或生物、熱能及物質，因此也提供了豐富的浮游生物和漁場。

1.3 人類在海岸地區的活動

人類的活動當中與海洋有關的範圍多半集中在岸邊的淺水區，而海的主要汙染來源則是陸地。因而人類對此海洋邊緣所造成的衝擊，和其所造成環境的嚴重惡化，照理說是無庸置疑的。

緊鄰陸地，包圍著淺水及潮間帶的長條形海岸，很顯然是最脆弱，同時也正是最被嚴重濫用的海洋地區。其敏感性直接為該處活動的形態與強度所繫；而其未來前途所受到的威脅，又與全球在海岸地區人口的快速成長有關。因此，海岸地區開發之後果，也理所當然受到最高度的關切。

　　岸上的各種活動會直接給海洋增加壓力，任由廢棄物進入河川的結果，使海洋被迫長期接受源自於內陸之後果。因此，一方面岸上的處理標準與措施亟待提升；另一方面則應加強控制進入河川的汙染物。同時，淡水疏導系統因爲如海洋當中的沉積物和鹽度等某些理由所做的改變，亦經常爲河口帶來負面效果。此外，海岸還受到內陸，包括像是灌溉、排水等農業和大規模林木砍伐等，所造成土石流失與淤積等後果所影響。

　　我們對這類議題的關切，不僅在於高密度的人口及產業給海洋帶來的各種汙染物，而且還與大範圍有形的改變，尤其是鹽水沼澤（salt marsh）、海草床（seaweed bed）、珊瑚礁（coral reef）及紅樹林（mangrove for-est）等天然棲地有關。尤有甚者，全世界海洋生物養殖（mariculture）的加速發展，其直接排放汙染物以及爲配合海洋牧場，所刻意對棲地造成的改變，也給海洋環境帶來莫大的壓力。

【問題討論】爲什麼我們關心海洋的健康？

簡短的答案是：海洋在維繫地球生命狀態上扮演最根本的角色。伴隨著海洋情況持續惡化的，將是我們地球上生命的終結。

【問題討論】如今爲什麼我們又必須更加關心海洋的健康？

許多證據顯示，當今人類在各種活動中所產生前所未有的大量東西，包括具有毒害性的，經由直接排海、陸上逕流，以及從河川與大氣，被棄置進入維繫地球生命體系的廣大海洋之中。

1.3.1 海水性質的影響

　　海水性質當中最重要的便屬溫度與鹽度，二者合起來成爲決定海水密度，亦即決定海水垂直動向的主要因素。

海水溫度分布

海洋表層的海水溫度藉著與大氣進行熱交換而維持一定。赤道從太陽獲

取的平均能量，大約比極地的高出四倍。

由於水是透明的，所以當陽光從水面穿透而下的同時，其中的熱亦藉著混合被帶到深層。又由於水具有高比熱，海洋中隨季節的溫度變化比起陸地上的，相當小。整個海洋，除了淺水區，只有幾度 C 的溫度變化。而大部分的太陽能也僅由海洋表面幾公尺的水吸收，在此提供海洋植物與藻類進行光合作用。

在深海處，溫度的垂直分布情形則受到隨水流驅動的密度所左右。在永久溫躍層（permanent thermocline）以上，溫度隨深度的分布情形，會顯示出季節性變化。

海水密度分布

海水的溫度會直接影響海水密度。從圖 1.3 可看出，隨著水深，水溫逐漸降低，海水密度逐漸提高，直到接近 2℃，便維持一定密度。此與淡水有所不同，淡水密度雖亦隨溫度降低而上升，唯當淡水水溫降至低於 4℃，因趨向凍結成冰，在降至 0℃ 之前，淡水密度不增反減。另外，水具有很高的比熱（specific heat）值，亦使水的加熱或冷卻，都很緩慢。各種汙染物進

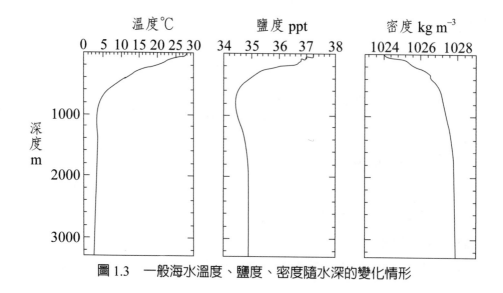

圖 1.3　一般海水溫度、鹽度、密度隨水深的變化情形

入海洋之後的行為與命運，深受溫度、鹽度、溶氧及二氧化碳等海水性質的影響。圖 1.4 所示，則為海洋研究船在太平洋與印度洋熱帶地區，實際量得溶氧、溫度與鹽度，隨水深的變化情形。圖 1.5 所示則為不同水深的葉綠素甲。

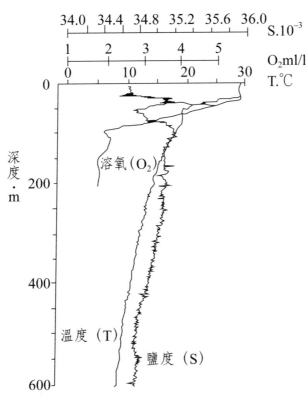

圖 1.4　太平洋與印度洋熱帶地區的溶氧、溫度、鹽度隨水深的變化情形

資料來源：陳鎮東，1987

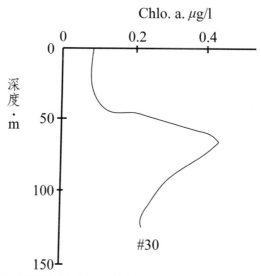

圖 1.5　太平洋、印度洋熱帶地區的葉綠素甲（Chlo. a）隨水深的變化情形
資料來源：陳鎮東，1987

　　綜合以上，泰半情況是，表層的海水較暖且鹽度低，為密度較小的「輕海水」。然而在海洋深處，則為冷且鹽度高的「重海水」。故實際上，大部分的海水，上輕下重，以致有助於海水進行上下交換的垂直環流，並不易形成。

海水鹽度分布

　　鹽度（salinity）可用以表示海水中溶解物的總量。通常以海水當中溶解鹽的重量比率表示。各處海水鹽度差異甚大，從千分之（part per thousand, ppt 或‰）30.5 至千分之 35.7 之間都有。從圖 1.6 可大略看出地球上海水鹽度的分布情形。鹽度愈高的海水，密度亦愈大。一般鹽度在水表面最低，隨水深而增加。

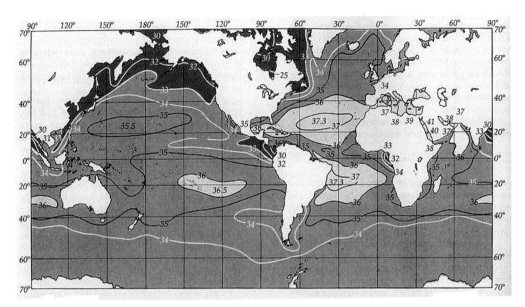

圖 1.6　地球上海水鹽度分布

凝固點

凝固點（freezing point, FP）隨鹽度的升高而降低。一般而言，較冷或鹽度較高的海水，因密度較大而趨於下沉；暖水或低鹽度海水則趨於浮升。如此，因上下海水密度有所差異，自然形成了垂直上下的環流。但大部分情形，這類交換僅存在於 200 至 300 公尺水深的海洋表層範圍內。

溶氧量

溶氧量（dissolved oxygen, D.O.）雖然氮在空氣中含量豐富，但由於氧較易溶於水，使得海水當中溶解的氧含量較高，每公升水中有 1 至 8 毫升，一般約 6 毫升。其為水中光合作用的副產物，另外也可從大氣溶入。但此過程僅限於水面，在海洋深處，氧卻一直被整個深度當中的動、植物持續消耗著，而缺乏補充。

D.O. 隨深度漸減，主要是因為水中植物進行的光合作用隨水深漸減。最低的 D.O. 存在於 700 至 1,000 公尺水深。此外，水溫也會影響 D.O.，水溫漸升，D.O. 會隨著漸降，例如 20℃ 水中的 D.O. 會比 0℃ 的少 50%。

二氧化碳

二氧化碳（carbon dioxide, CO_2）為生物呼吸作用的副產物，一般隨深度而增高。海洋持續吸收大氣中的 CO_2 可導致海洋酸化（ocean acidification）。因此人類燃燒化石燃料等活動持續將 CO_2 釋至大氣，亦可使海洋吸收更多 CO_2 而導致酸化。在此同時，隨著地球暖化，海洋能從大氣吸收的 CO_2 亦跟著減少，從而促使地球更趨暖化。

爾來，藉海洋儲存 CO_2，成為解決地球暖化被熱門討論的選項。其指的是將 CO_2 經由管路或船舶運送至深海（深度大於 1,000 公尺），注入其中或海床下，期望將它與大氣隔離數世紀。唯經過研究模擬，如此注入數千兆噸（Giga ton, Gt）CO_2 入海，可在注入區產生可測得的海洋化學變化，至於注入數百 Gt CO_2 則終將導致整體海洋可量測的改變。

海洋輸送帶

圖 1.7 所示海洋輸送帶（ocean conveyor-belt）是當今海洋循環系統的要素之一。它持續將大量的熱送到北大西洋，對於氣候有很深遠的意涵。北大西洋西部暖而鹹的表面洋流將熱送達挪威格林蘭海，再接著傳送到大氣。在北大西洋因為冷卻加上鹽分提高了海水密度而沉至深處，形成北大西洋深水（North Atlantic Deep Water, NADW）。NADW 向南行進與環極海流（Circumpolar Current）會合，以順時鐘方向繞行南極大陸。

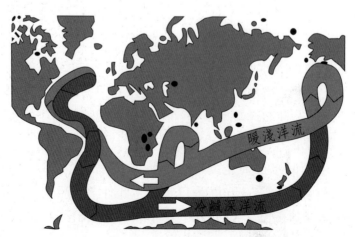

圖 1.7　海洋輸送帶示意

這北上的深層流大部分從西南太平洋經由薩摩亞（Samoa）西部的薩摩海道（Samoan Passage）來到北中太平洋。在北太平洋，此深層流在夏威夷島分道東西，接著又在夏威夷北邊會合，上行在中層深處流回南太平洋。如此，從太平洋往大西洋的表層水，洄流完成此輸送帶。

1.4 海洋資源

人們最初會想到要關心海洋，是因為例如 1950 年代日本九州水俁病事件發出警訊，導致世人開始擔心人體健康，會受海洋汙染影響。後來，還加上擔心包括生物與非生物的海洋資源減損。生物資源所指，一為食物，二為自然生態，二者仍間接與人體健康有密切關係。非生物資源（包括觀光資源在內）的保護，則以經濟理由為主。從保護海洋環境與資源的角度來看，問題出在開採這些非生物資源後所留下的後遺症。這類實例包括為配合海運需要所進行的浚渫（dredging）工程，為滿足能源需求的海域石油與天然氣探勘與鑽探，以及捕魚與觀光休閒等其他各種海洋利用方式之間的衝突。

1.4.1 海洋中的生命

圖 1.8 所示為一般海洋食物鏈。海洋中幾乎所有生物都仰賴著一種生命形態來維生，即浮游生物（plankton）。這是一種身軀微小的動物或植物，因為太弱小（直徑大都不到 1/1000 cm），而只能在海裡隨波逐流。這當中最多之種便屬矽藻（diatom）。其進行分裂繁殖，頂部會生長出一個新的底部，底部再長出一個新的頂部。如此迅速繁殖發展，據估計每 1 cm^3 海水當中，就可能有好幾十億矽藻。居於其次之一類浮游植物是由「鞭毛蟲」（flagellates）組成。其雖名為「蟲」卻實為植物，呈現綠色，在水面至 200 m 水深範圍內進行光合作用，此為海洋食物鏈（food chain）之始，常被稱作「海洋牧草」。這些浮游植物，直接攝取水中物質，例如矽，用以轉換成細胞壁；磷酸鹽（PO_4^{3-}）、硝酸鹽（NO_3^-）及蛋白質則用於新陳代謝過程。這些雖然在海洋中只占一小部分，但少了它們，海洋也將沒了生命。

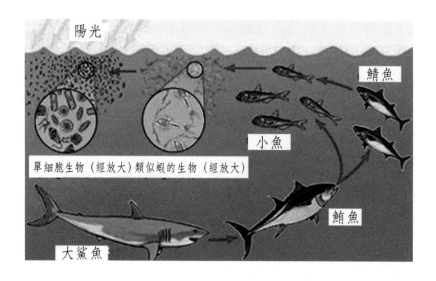

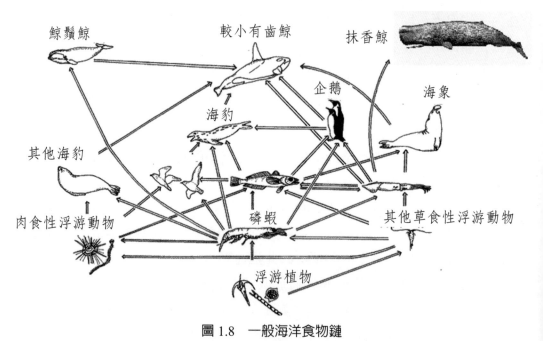

圖 1.8　一般海洋食物鏈

　　極微小的浮游動物仰賴風、潮汐或海流的力活動，浮游動物多半生長在表層海域，作垂直上下運動。白天它們多半停留在透光海域水下，夜間又回到較深海域，提供了海洋重要的生產力。其他生物包括：

- 自游生物，如魚類等大型動物，可自主作橫向水平游動。
- 底棲生物，附著或棲息於海底附近。包括甲殼類動物及許多蟲類與小動物。
- 海底植物（海草及蔓草等），生長在淺海，以滿足其對陽光的需求。
- 生物分解者，細菌和其他微生物。生長在海洋底泥或附著在水中懸浮微粒上。

1.4.2 海洋生態

在水生態系統（aquatic ecosystem）之中，生命體之間的關係及生命體與其周遭環境間物理的和化學的關係極為複雜。生態學（ecology）一詞源自希臘文中的 Oikos（即住屋）和 logos（即學問），所以大概說起來，生態學便是一切有關生物住處的學問。換句話說，Ecology 便是研究生物與環境之間關係之一門學問，也是研究大自然結構與大自然動作之一門學問。

圖 1.9 所示為北海底泥中的動物群落概念。陸上和水中生命體雖不大一樣，卻也不乏相似之處。在生態學中，群落（community）指的是一個有生命組織的系統，若是將此系統加上一個無生命的部分，再加上其間的交替過程，便成了生態系（ecosystems）。在此系統當中，有生命體與無生命體所組成的群落，自成一套規律性，其中主要組成包含生產者（producer）、消費者（consumer）及分解者（decomposer），其間藉著化學循環，環環相扣，緊密連結。

生態系中各生命體之間最基本的關係為餵食關係，即吃與被吃的關係，加以簡化後，即成為食物鏈與食物網（food web）的關係，植物被草食性動物吃，其又被肉食性動物吃。所有生命體皆需要進食各種形態的食物，為的是一方面藉由燃燒（呼吸）從食物當中獲取能量，同時也在於藉由組成蛋白質、脂肪等進行新陳代謝，提供生命組成，當植物變得稀少時，動物亦隨之減少。

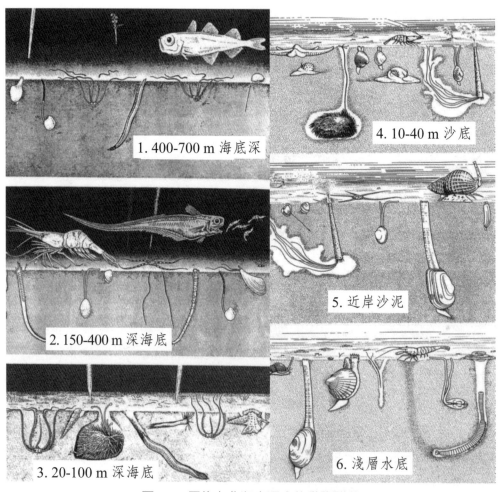

1. 400-700 m 海底深

4. 10-40 m 沙底

2. 150-400 m 深海底

5. 近岸沙泥

3. 20-100 m 深海底

6. 淺層水底

圖 1.9　居住在北海底泥中的動物群落

　　固然，在有些地方，有透過此人為方式來試圖增加某種水生動、植物，收成它的實際作法，不幸的是，絕大多數生物，包括對人特別重要的生物，即便在高生產力的環境當中，並不易生存。

【問題討論】

試舉一例，就海洋汙染的定義，從正反面討論其究竟是不是汙染物？（有害、人為、足量？）

1.4.3 基礎生產力

　　從圖 1.10 可看出，海洋浮游動物與浮游植物提供了海洋的基礎生產力。漁業資源是否因汙染而減少，可視此生產力的改變而定。水生植物與在陸上很大不同之一點是，水裡沒那麼大量的草與樹。因此，綠藻更形重要，其取決於陽光，亦即水的深度。就算是在最乾淨的海裡，也只有 1% 的光線可達到 100 m 深水，一般海岸則只有 1% 的光線可達到 20 m 深水。而在此 1% 光的情形下，大部分的光合作用都無法進行。因此，具生產力的水在海岸僅存在於數十公尺深度範圍內。即使在最乾淨的海水，其也不過是在 150 至 200 m 的範圍內。此時，影響光線在水中穿透的因子也就格外重要。

圖 1.10　海洋浮游動物與浮游植物為生產力的基礎

淨基礎生產力（net primary productivity, NPP）指的是，經由光合作用提供給群落的有機複合物的數量，但必須扣掉進行光合作用本身所消耗的量。其估測方法包括：營養的減少量，水中的二氧化碳的耗量，及氧的增加量。

補償深度即 NPP = 0 的深度。在此水深以下即無淨基礎生產力，亦即在此深度，光合作用的速率與因植物呼吸和細菌分解的有機物分解速率達成平衡。影響 NPP 的因素包括：透過並照射到的陽光、雲、時間、季節、水中浮游微粒、緯度、水流、養分。

1.4.4 自淨作用涵容能力

對環境前景樂觀的人在看汙染問題，往往認為各種汙染終將被環境稀釋至無害程度，之後又會被細菌等微生物或化學作用分解於無形。真實情況的確如此。而且人類也還可藉某些方法促進此「自淨」作用，比如說，靠人工培養細菌或加入化學藥劑，以加速此自淨過程。

水文循環

地球上所有生命的維繫都有賴於全球的水文循環（hydrologic cycle）。在此循環當中，海洋的水在蒸發過程中將「泵」送到空中，形成大氣中的雲及水蒸氣，接著又降落到地面，藉著河流將水又送回到海洋。我們對水文循環的依賴不單純在於對淡水的需求，水還將重要的養分在土壤和地底下進行輸送並循環。同時也將其送入溪河、湖泊之中，而使陸上許許多多重要的生命皆得以維繫。也正是靠著這般化學物質與水的精確平衡，陸地上和海洋中的各種植物，方得以不停地利用陽光進行光合作用，而製造出所有動物所賴以生存的生物質量（biomass）和氧氣。經過計算，海洋中的顯微植物所製造出的氧氣，大約占全球氧氣的四分之一。

從圖 1.11 所示，海岸與河口附近的水文循環，可看出汙染物如何藉由水，從陸地進入海洋。而海洋當中的水與熱能，也因此持續影響著地球的氣象（weather）與氣候（climate）。海洋中的水還來自熔岩硬化過程中所釋放出的水氣，這些水氣受地心引力的影響，回到地球表面，最終流向海

洋。而地球的溫度與壓力使大部分的水氣，更容易以液體的形態留存在地表。此外，海洋還蘊含著豐富的浮游生物與維生物質、礦物質、金屬及大量的海洋生物。

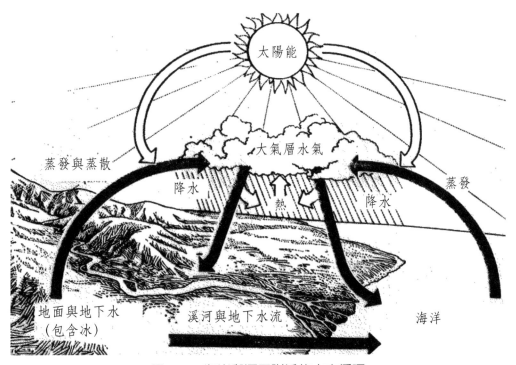

圖 1.11　海岸與河口附近的水文循環

　　由於海洋廣大的幅員、繁雜多樣的生態系、廣泛的利用方式加上人類活動，在在都影響著海洋隨著時間與空間，不均勻的分布。假如僅廣義將海洋現況一般化，必不免造成誤導。然而在討論相關活動及其對海洋的影響時，倒可先將海洋清楚地分成沿海地區（coastal zone）與半封閉海域（semi-enclosed sea）以及大洋（open ocean）兩部分，分別看待。

　　近海沿岸，通常可依在水中浸泡的時間長短，分成四區域：

- 浪花區：海浪飛濺區，即使在風暴時都很少浸泡水中
- 高潮區：每日高潮時浸泡著
- 中潮區：只有在每日海潮循環至最低潮時才露出

• 低潮區：只有在每月朔望日至最低潮時才露出

　　圖 1.12 以源自船舶的汙染為例，顯示汙染物在海洋中各成員生物之間的可能傳遞情形。沿海的生態系往往相當複雜。過去一些海洋生態專家曾試著調查，要找出沿海生態和其中環境的物理與化學等條件之間的關係，都遇到很大的困難。舉例來說，水中十億分之一（part per billion, ppb）DDT 濃度的改變，即可造成某些生物的集體死亡，這些問題都迫切需要研究，找出解答。

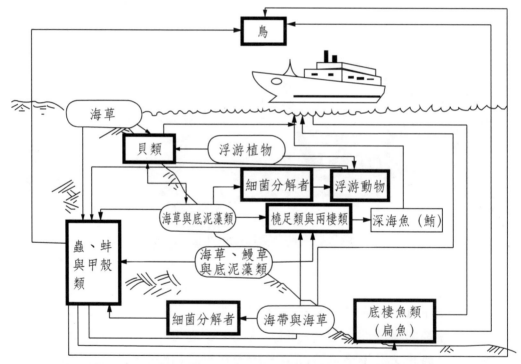

圖 1.12　源自船舶的汙染物在不同海洋生物之間的傳遞情形

【問題討論】

一、海洋對地球上的生命為何如此重要？

二、海洋在水面所提供的食物來源，會不會有用盡的一天？在深海處，
　　食物又是從哪裡來的？其在整個海洋當中意味著什麼？

第二章

海洋汙染簡介

2.1 海洋環境現況摘要

2.2 海洋汙染起源 —— 地中海實例

2.3 海灣汙染

2.4 海洋生態系之破壞

2.5 人類活動對海洋之影響

2.6 汙染與食物鏈

2.7 海洋汙染的來源

2.8 海洋汙染為什麼是個問題？

　　我們常聽到的一個說法是：人口成長會給自然環境帶來很大的衝擊。而每個國家或社會的環境，在經濟發展過程中所面臨壓力的程度與形態，都各不相同。依過去的經驗，一個國家應付這些壓力的成果好壞，主要還是看該國科技發達的程度。比方說，對於一個先進國家的國民，保護環境的各種作法對他們來說，早已成了生活必需，根本算不上什麼壓力。但對於一個開發中國家或未開發國家，也許能餵飽人民，都已經可以算得上是一大成就，至於要解決其他問題也就難上加難。

　　談起環境汙染（pollution），早期思考單純以「人」為中心，所關心的也僅止於是否會危害人體健康的汙染。後來，例如「食物鏈」與「生物放大」等理論陸續發表，動、植物受害與人體健康受威脅之間，便逐漸被劃上等號。而生態平衡，也逐漸受到重視。今天我們所面對的種種環境問題，諸如野生動物滅絕、能源危機、空氣與水的汙染以及都市的亂象等，事實上都是人口成長加上人追求「舒適」生活所致。

　　直到十九世紀末，海，對人類來說仍是充滿浪漫、危險，且浩瀚無垠的最後一道防線（last frontier）。在那時，如果有人說人類會對海洋環境造成什麼樣的重大影響，那肯定會被人當作是無稽之談。本來，避免人類對海洋環境造成衝擊，所需要的海洋環境管理概念是屬於科學的。而 19 世紀末期所發展出來的科學，卻正是提供人類對海洋環境做出更大、更深遠影響的科技革命基礎。人類與海洋環境之間的關係，也因而改變且縮小了。曾經是浩瀚無垠的海洋，同時也壓迫了其原本所具有的生產容量（productive capacity）。

　　自古以來，海洋便一直是人類物資的來源、交通的途徑及廢棄物的去處。在 20 世紀中期之前，地球上用以支撐人口成長的有限空間，以及人類活動對陸地生態所造成的衝擊愈發明顯。陸上的開發不免讓人愈發關切其所可能衍生的一些相關問題。到了二十世紀末期，漁業上的改變剛好碰上陸上活動對海洋環境造成的改變。

　　人口的增加加上生活的「現代化」，帶來的是廢棄物的增加。工業與農業結構上的改變及都市化，改變了廢、汙水排放的形態，通常也將更多的微

粒，藉著淡水帶入海中。而幾乎任何一種陸上活動當中，都有愈來愈多的廢氣和副產物，摻雜著人造化學產品，進入了河川、河口（estuary）及海岸。潮水和海流則助長其漫延與混合（mixing），將多氯聯苯（polychlorinated biphenyl, PCB）等人造汙染物（pollutants）帶進了深海底泥之中，進而帶到了偏遠海域的動物體組織當中。

　　繼大眾認清汙染和某種型式的濫用，造成了陸地和淡水環境遭致破壞，甚至摧毀之後，緊接著，人們注意到海洋環境的保護與管理，也有其必要。1950 與 1960 年代，歐美國家環境的惡化是大眾關心的議題。而在此同時，大量的科學，尤其是生物方面的研究結果出爐，累積了大量足以證明海洋環境惡化的依據。至於保護與保育海洋環境的一個最早，同時也是最迫切的動機，便是汙染防治。

　　本章討論一些經常被提及，不同來源的汙染物經由各種途徑，對海洋生態系等構成威脅的情形。儘管汙染在許多地區的物種與棲地可能造成嚴重影響，全球海洋生態系一般而言，對於一般數量的某一類型汙染，倒還能承受得起。然而，不同類型汙染物的化學等長期綜合效果，仍幾乎未知。而且這些汙染也可能危及生態系，對諸如海面水溫上升及海洋酸化的抵抗力。

【問題討論】
提出在你的記憶當中，國內、外有關環境汙染的重大事件。

2.1 海洋環境現況摘要

　　儘管在浩瀚的海洋上難得見到人煙，然而當今人類留下的線索在海洋，卻隨處可見。從南、北極到熱帶地區，從海灘到深海中，都可發現到不等量的化學汙染物與棄置物品。只是在不同的海洋環境當中，情況大不相同。圖 2.1 顯示人類所到之處，對全球海洋造成不同程度的衝擊。

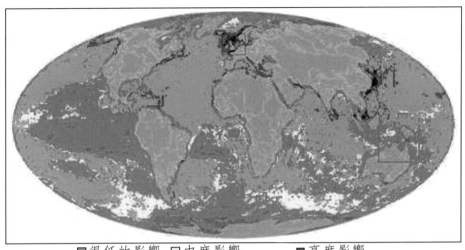

圖 2.1　全球海洋受人類活動影響的程度分布情形
資料來源 Halpern, 2008

　　相對而言，大洋中的情況好得多。雖然低程度的鉛、合成有機化合物、人工放射性核都可廣泛測得，在海邊油膜與排放物亦很常見，然至今對於生存在大洋海水當中生物群落的影響，則還相當輕微。

　　和大洋相反，海洋的邊緣則幾乎無一處不被人為因素所影響。而在世界各地，亦普遍持續侵吞著海岸。由於港灣建設與工業區的設置，加上觀光設施的開發與海岸養殖，以及由於新市鎮的發展與設置，生物棲息地便隨之喪失，而永遠無以復原。雖說究竟有多少海灘、珊瑚礁及濕地、紅樹林遭到破壞，以及海岸被侵蝕皆難以估計，但在全球各地這些現象卻都相當明顯。少了有效作為，這種趨勢必將導致全球海洋環境品質及生產力的惡化。

　　除此之外，大規模超越容忍底限的問題，例如海洋對廢棄物的涵容能力，以及物質從海洋某範圍進到另一範圍，這些都需要各國共同研究，共擬對策。依過去在其他區域的經驗，縱然某國有可能獨力解決某些問題，然結合若干國家的力量一起做，會更為經濟有效，所得到的結果，也更可望令人滿意。

　　東南亞地區的情況，可謂世界上大部分開發中地區的典型例子。由於中國南海諸國人口綢密，加上南海中所擁有，全球最多樣的海洋生物和最豐富的海洋資源，對該區域感興趣的，已不僅只是鄰近諸國。美、日及歐洲各海洋大國，幾乎無不顯露濃厚興趣。在此情況下，歷史上負有保衛海疆使命，又實際身處其中的我們，當如何面對這個問題，使不僅得以對得起祖先與子孫，又能為國家的海洋政策，作最有利於未來國家發展的宣示？

　　聯合國環境綱領（United Nations Environment Programme, UNEP）曾提出，對東亞地區海洋環境造成最嚴重汙染問題的一份清單。這些問題依其緩急程度的順序，如表 2.1 所列。

表 2.1　UNEP 所提出東亞地區嚴重海洋汙染問題的緩急順序

海洋汙染類型	立即影響	短期影響	長遠影響
可依賴的生態系，特別是紅樹林	1	1	1
汙水汙染	2	2	2
工業汙染	3	3	2
漁業濫捕	4	4	6
淤泥沉積	5	5	4
石油汙染	6	6	8
有害廢棄物	7	7	7
農業汙染	8	8	5
紅潮	9	9	11
海岸侵蝕	10	10	10
天然災害	11	11	12
海水水位上升	12	12	9

　　儘管近年來科技進步迅速，然南海一帶大多數國家人口快速成長，貧窮加上政府無力應付複雜的環境問題，使得南海環境資源也存在著持續惡化的隱憂。從現今全球的觀點來看，可悲的是地球上大部分的豐富資源，都蘊藏

在開發中地區，而由於在這些地區的任意破壞與過度開採，使得這些資源很快一去不回。這種情況唯有依賴國際間共同的理性及政治遠見與計畫，方足以有效遏止。

到了二十世紀，有愈來愈多的人開始關切有關人口成長所造成，土地開發、人口成長超過有限陸地容量，以及人類活動對陸上生態系統之間的錯綜複雜的問題。而「以海洋作為最後一道防線（the sea as the last frontier）」的觀念，似乎又提供了用以紓解其中一部分問題的良機。許多國家與國際社會將海洋研究列為優先，而從研究成果中所獲得的海洋科技，也從根本改變了，傳統對海洋利用只限於海運以及漁業的觀念。

二十世紀中葉之前，人類之利用海洋環境大抵只限於漁業與海運。迄今，在海運方面隨著造船、船舶推進、電子海圖、航海、定位、通訊、搜救及氣象預報等科技的發達，海運的危險與不確定性已大幅降低；船舶在海上羅織日趨繁密的航線，是可預期的。現代海運也變得比陸路要安全，船員幾乎在全球任何一個地方，都可立即傳送或接收無線電、電視和數位訊號。

至於漁業，隨著先進食物保鮮科技的應用，和魚探、魚具、魚法科技的日新月異，也使得從地球上很遙遠的一角帶回高品質的魚獲，成為可能。物理與生物上的研究，也提供了準確找到魚群位置的科技。許多漁業先進國家也大肆建造了遠程巨型漁船，企圖在全球相當有限的漁業資源爭奪戰中一顯身手。

二十世紀末期，一些像是休閒、觀光研究、教育和環保等團體，也都陸續投入分享海洋環境的行列之中。面對這種趨勢，海洋環境與資源的管理，必須要求直接使用者，控制其需求與影響，以避免超過海洋所能提供，及其再生容量。

對於間接使用者，則有賴整合，使其利用對海洋生態的作用降至最低，而使海洋環境得以永續利用。對於不同的使用者，為能降低社會與經濟利益上的衝擊，使達到最小，通常都需由政府不同層級或部門分別負責。接下來，便有賴相關各國間的整合與協調。

在全球海岸平原都日趨擁擠的同時，沿岸海洋也成了主要休閒區。應

用在休閒和觀光上的新科技，也使得新的海洋環境利用形態因應而生。鋁質與玻璃纖維船艇、舷外引擎、合成纖維風帆，從遊艇到風浪板、浮潛呼吸管、水肺、水下相機與載具等產品的發展，所彰顯的是各方都迫切需要分享，原本僅止讓相當少數漁業界和海運界享用的海洋環境。而如此一來，認識並警覺到海洋環境日趨惡化的人數，也隨著增多了。

繼認識陸上與淡水環境，因各種型式的濫用以致惡化並遭到破壞之後不久，人們也警覺到保護與管理海洋環境需求的迫切性。1950 至 1960 年間，在歐美國家，環境惡化是熱門話題。在此同時，當科學，尤其是生物方面的研究蓬勃發展之後，各種顯示海洋環境惡化的證據也陸續出爐，這在眾多人到達的地區，尤其明顯。

早期在保護與保育海洋環境上最迫切的第一步，皆集中在汙染問題。於此，將打擊汙染列為第一優先，是很明確而無爭議的。然而，為此建立一套方法與標準，卻需要一連串的技術性工作。

發生海洋環境遭受汙染的情形有各種不同的類型，例如輸入化學品、輻射線、固體廢棄物、人為引進的底泥、能量（例如熱與噪音），同樣的還有溢油這類以及愈來愈多包括病原體（pathogens）、寄生蟲（parasites）及入侵物種（invasive species）等在內的所謂生物性汙染（biological pollution）。

工業與生活廢汙水排放、捕魚、肥料逕流及海運，僅人類影響海洋的活動當中的少數實例。而根據最近 Science 發行的地圖，在此廣達 3.6 億平方公里海洋尚未受影響的，僅不及百分之四，而受人類活動嚴重衝擊者有超過三分之一。從這份地圖當中可看出哪些區域受衝擊最大，一如預期，正是例如那些鄰近北海、地中海、波斯灣、南中國海及北美東面海岸各大都市的水域。

從一張海底起伏圖，我們可以看出海洋可大略分作，大陸棚與深海兩大部分。大陸棚，尤其是靠近河口的範圍，最具食物生產力，同時也承受著最大的汙染壓力。世界上有許多河口都曾經因為汙染而關閉漁場。而像是波羅的海與地中海等，也同樣面臨永遠不能回復的危機。

2.2 海洋汙染起源──地中海實例

　　由於在二十世紀之前，汙水處理這種事幾乎不存在，源自汙水的微生物汙染程度，也就大致和人口數成正比。雖然在二十世紀末，流入地中海的汙水當中，大約有 30% 是經過處理過的，但自 1900 年以降，其總量卻近乎來到原來的三至四倍。因而到海邊弄潮或食用海鮮的人們，感染腸胃病、傷寒及肝炎的風險，也顯著增加。直到 1980 年代末期，在歐盟（European Union, EU）建立了微生物汙染的允許限度方針之後，從西班牙到希臘，海灘關閉便成了常態。在 1990 年代當中的任何一個夏天，即便不一定會被關閉，大約都會有 10% 的地中海歐洲海灘，通不過 EU 的標準。

　　直到 1900 年之前都還一直被忽略的一樣汙染物──油，隨著二十世紀的能源轉型，變得相當重要。1948 年之後，波斯灣油田興起，蘇彝士運河通航，加上歐洲交通與工業對能源的需求，註定了地中海終將成為世界石油運送要道。雖然地中海原已承受了許多還算輕微的溢油（oil spill）之害，其仍勢將承受重大的溢油。

　　在其他許多地方都算得上是主要汙染源的海域石油鑽探（offshore drilling and exploration），在地中海則尚屬輕微。大部分的油汙染皆源自於正常船運，像是船舶油艙的清洗及艙底水（bilge water）排放等，這些在 1970 年代之前，皆未受到規範。

　　由於石油交易規模尚小，在第二次世界大戰之前，這部分的量也還算小。戰爭期間，一般運送暫告停頓，而軍事運輸當中的一大部分亦告下降。然而，在歐洲對中東石油需求大幅膨脹的驅使下，油汙染在戰後終又成長了起來，在全世界運送的石油當中，有將近四分之一是穿越地中海進行的。

　　一項 1975 年所做的估算發現，每年有五十萬噸油漏入地中海；另一估算則認為，在 1980 至 1981 年之間有 820,000 噸，一般大約有三分之一化成焦油（tar）沖上岸，而汙損了地中海海灘，情況比起世界上任何其他海灘都要來得嚴重。其餘當中，有很多則形成了油膜（oil film）浮於水面，

接著便覆蓋了高達百分之十的海洋面積。1980 年前後，地中海吸收了全世界油汙染的六分之一。超過一半都是在正常裝載與洗艙當中發生，其中又以利比亞海域所受影響最爲嚴重。

比較起石油，工業對地中海的汙損猶有過之，得利於海運的低廉成本，許多工廠順著經濟發展之勢在水岸邊冒出。另外也有一些則進駐在即將入海的河邊。這些工廠的設立，有基於運輸理由的，也有的是爲了取用其製程當中，用來清潔或冷卻的淡水。即便有些工廠遠離水邊，但也同樣會透過大氣傳輸接著沉降，對地中海造成汙染。無論途徑爲何，海洋確實從工業方面，收受到爲數驚人的人工合成化合物與重金屬。

在 1798 年 Samuel Coleridge 寫了一首詩《古舟子詠》：

深淵已然腐敗：喔，天哪！
從未有過啊！
對啊，泥濘的東西用腳在
泥濘的海上爬著。
"The Rime of the Ancient Mariner"
The very deep did rot: O Christ!
That this should ever be!
Yes, slimy things did crawl with legs
Upon the slimy sea.

這幾行字是在柯勒律治（Samuel Taylor Coleridge）注意到地中海的問題，之前十五年所寫下的。寫時，他已在英屬馬爾他當了兩年的總督秘書長，當時的地中海還算好，只有少數幾個港口是泥濘的。但 200 年過後，地中海深處確實不時有過盛的藻類代謝、腐敗的情形。而且還不時有這類泥濘的東西，在油膩的海面上爬行或滑行。許多地中海國家，隨著現代工業的成長，趨向引進化學農業，加上牲口數量與人口的上升，這些都在在使得地中海盆地的汙染負荷，在 1950 年代之後急遽增加。而汙染物當中有很多，

最後都不免以海洋作為歸宿。

地中海是全世界上最大的一個內陸海。1995 年，其集水區分屬 18 個不同國家，是大約二億人的家。由於其蒸發量很高，且由河川注入的淡水量又很少，而成為一鹽份甚高的海。直布羅陀海峽的鹽份尤其重，這股鹹水在一股注入較輕、較不那麼鹹的水流下方流出大西洋。平均而言，要將地中海完全沖洗一遍，大約需耗費 80 年的光景。汙染物在此處逗留的時間，比起在北海逗留大約二年，要來得長，但比起在黑海，大約停滯 140 年，就沒那麼長了。地中海在生物方面，曾一度既富且貧。富在其物種的多樣性，為近萬種動、植物的家。然由於其海水一般都缺乏營養質，總生物量與生物生產力皆極低。這正是為什麼，地中海的水只要不受到汙染，便可以如此清澈的緣故。

然而到了二十世紀，地中海的水就變得不再那麼的清澈，而受汙染的情形也愈來愈嚴重。當然，海洋汙染算不上是新鮮事。一些古老的港，像是靠近羅馬的奧斯蒂亞（Ostia）、比雷埃夫斯（Piraeus）及亞歷山大（Alexander），當年都四處散布著垃圾與廢棄物。海灣、河口，以及靠近人口中心──金角（Golden Horn）入口、威尼斯（Venetian）沼澤及那不勒斯（Naples）灣，在離二十世紀還很長一段時間之前，都是不衛生的。比起一、二個世紀以前，如今直接棄置到地中海的汙染物的量，確實減少了。然而，汙染仍可經由河川與大氣入海，其量甚且可能有過之而無不及。

地中海中的主要汙染物，無論過去與當今，大致上與其他水世界當中的一樣。微生物、DDT 或 PCBs 等合成有機化合物、油、排泄物及過盛的營養質等，都是名單當中排行在最前端的，重金屬與輻射核則屬次要。總的來說，在 1990 年之前，已有四分之一源自岸上的地中海汙染，沾汙了從威尼斯至熱那亞（Genoa）間的西北海岸，而另有三分之一使得亞得里亞海（Adriatic）附近遭逢瘟疫。在該世紀早期，其比例可能還要高些。其在過去與現今的主要來源，皆為大城市、大河以及少數一些沿海工業區。

在二十世紀晚期，地中海盆地的工業化進展委實驚人。1929 年時，地中海國家的工業產值大約為全世界的百分之五，但到了 1985 年則提高到百

分之十四。再接下來的四分之一世紀當中，地中海國家的工業產值，每年
上升大約六至七個百分點，在希臘、土耳其、西班牙及北非較快，在法國與
義大利則慢些。這般工業化，對於 1950 年之後的地中海歐洲的經濟成長貢
獻非凡，而得以轉而促成人民在營養、健康及壽命等方面受惠。其同時，當
然，也伴隨著更大的汙染。

　　該汙染，很自然的，集中在工業所在之處：法國、義大利及西班牙。而
儘管是在北非，工業也得到快速成長，在 1990 年之前，其產值僅占整體地
中海工業的百分之九。從以色列到克羅埃西亞等國大約占百分之十，義大利
產值則大約爲地中海盆地工業生產的三分之二。西班牙約爲十分之一，而法
國（在地中海盆地僅有微不足道的工業），則僅有二十分之一。因此最大的
汙染問題，源自於地中海盆地的西北部河口，已工業化的盆地附近，像是埃
布羅河（Ebro）、隆河（Rhône）及波河（Po），及在重工業中心附近的巴
塞隆納（Barcelona）、熱那亞（Genoa），以及從波河三角洲到的里雅斯
特（Trieste）之間的亞得里亞海（Adriatic）海岸北部。

　　工業界將其產生的一般汙染物，像是多氯聯苯和汞、鉛、砷等重金
屬，排至空氣中、河川裡、以及地中海本身。表 2.2 所列，爲在 1985 年裡，
地中海汙染物的粗略地理來源。在沿著里昂灣（Golfe du Lyon）與亞得里
亞海北部海岸集中的重工業，造成了最嚴重的立即性問題。從表 2.2 當中可
明顯看出其中不平衡的比重。

表 2.2　地中海在 1985 年的南北環境比較

項目	北部	南部
人口	73,000,000	50,000,000
都市化比例（%）	69	47
設有汙水處理廠的都市（%）	70	50
廢棄物（百萬立方公尺）	2,295	544
流入的氮（千噸）	128	48

2.3 海灣汙染

從深海與大洋的觀點來看，二十世紀與其他時期，大體上類似。人爲所造成的衝擊，很少擴及內海與海岸地區以外的其他地方。然而這些地方，由於是絕大多數鹹水生物棲息之所在，殊屬重要。

封閉的海由於少了保持攪擾的潮湧，自然也就易於受到優養化之害。波羅的海當屬最嚴重的例子，如此情況在 1950 年代末期之前，不僅可以目睹且還能聞得到。斯德哥爾摩、赫爾辛基、列寧格勒、以及華沙（經由 Vistula 河）的都市廢棄物，加上源自農作，使用化學品日益嚴重的農村逕流，一併將過剩的營養質加到了波羅的海的負荷當中。地中海的港灣，像是作爲營養質充斥的波河（Po）河水收受者的亞得利亞海（Adriatic），於 1960 年代之前即已藻類茂盛。而多瑙河（Danube）之於黑海亦復如此。歐洲內海之所以首先受害，在於其高都市人口及其早先採用化學廢料。

然而，其他地區的封閉與淺水海域亦很快感受到類似的效應。自 1970 年之後，優養化首度影響到馬來西亞水域。只要是有人類進行活動引入過度營養質的地方——紅海、波斯灣、黃海或日本海——其海岸漁業皆受到影響。一些實際的例子是，海水養分提升，導致引進更多魚的食物，而促進了漁獲。然而一旦此營養質負荷形成嚴重的藻類過盛，魚量以及漁獲即告崩盤。

重金屬一方面流入岸邊的海洋，同時亦隨著降雨落於海洋之上。波羅的海於 1880 年之後，南加洲海岸於 1940 年之後，都曾發現在底泥中有顯著的重金屬流入其中。而隨著冶金工業與化學工業的蓬勃發展，重金屬亦循各種管道進入海中。在歐洲、蘇聯（過去的）、以及美國的海灣、河口、及封閉海域，都曾承受最重的劑量，而往往都足以殃及海洋生物。累積的鎘與汞有時會造成甲殼魚類對人體的毒害。最爲悲慘的是曾發生在日本西南部，一個稱爲水俁（Minamata）的漁村的一個例子。第三章將詳述此對後世具重要警示作用的水俁事件。

2.4 海洋生態系之破壞

　　淺水海洋生態系的破壞，是世界上各開發中地區最嚴重的問題之一。這是因為在沒有考慮到長期持續性的情況下，未做適當維護，而大肆利用與開發海岸資源的結果。南太平洋珊瑚礁生態系也面臨相同的威脅。現有的問題包括：過量的淤泥沉積在礁層中、具破壞性的捕魚、疏濬工程、珊瑚和工構等用途的礁石開採，以及非選擇性的捕集礁層生物等。其他如紅樹林和海草床，也都在缺乏科學的細心考量下，被不經意的嚴重破壞了。

2.4.1 汙染

　　開發中地區的環境問題所反映出的，往往是當地的社會與經濟情況。例如南海的海洋汙染問題，和一些工業化國家相較，就有所不同。南海地區的海洋汙染問題，可能應首推生活汙水。這點當然不難從該地區大部分不適合，甚至完全沒有用以處理汙水排放的設備得到解釋。其所導致的海岸有機負荷過高，對於例如貝類等食物的供應，都可能造成很大的威脅。

　　泥砂淤積，是南太平洋和南亞地區海洋環境的另一主要不利因子。其肇因主要包括山林濫伐、濫墾、疏濬及礦產開採等。工業汙染在此地區亦日趨重要，這主要仍與放流水未作適當控制，致使營養質與微量金屬等汙染物得以進入海洋有關。另一受到關切的問題，是以此地區做為源自已開發國家的毒性廢棄物之棄置場。同樣的問題已曾在非洲、拉丁美洲及加勒比海發生過。在此地區，這類議題需透過國際間的立法，加以規範。

　　與農業有關的汙染問題，主要包括泥砂淤積、濫用農藥及隨巡流（run-off）流失的氮、磷化合物營養質等。這類問題在此地區，由於人民普遍依賴農業活動維生，勢將更形嚴重。

　　油汙染問題，在南海環境中尤其特殊。這主要是因為一來印尼和馬來西亞等產油國位於此地區，加上其又是自中東供油至亞洲各國的必經之路。東南亞國家和加勒比海及印度、巴基斯坦，和一部分西非的海灘上，都有明顯的焦油（tar oil）跡象。

2.4.2 對生物資源的威脅

　　開發中國家海岸的惡化，還可從漁業現況明顯看出。棲息地的惡化，代表各種生物繁殖地的喪失，以及利用此地作為食物來源與避難等價值的低落。在東南亞地區，即便捕魚科技日新月異，其漁獲量卻有每況愈下之勢。

　　海岸養殖在此區沿海有 500 年以上的歷史，而早已成為當地經濟與社會的重要一環。該行業在過去 30 年內有長足的成長，不幸的是，其同時伴隨著對該地區的一些不利影響，這包括：紅樹林棲地喪失、海岸水質惡化及沿岸水文改變。而養殖業本身，也受到汙染和毒性藻類大量繁殖的衝擊。最大的危機，潛伏在汙染物或藻類毒物，對於養殖生物的影響。經由人類攝取，對人體健康所造成的威脅，則視攝取量而定。隨著該地區人民依賴養殖食物的程度逐漸加深，這類問題更值得重視。

　　此外，生物多樣性（biodiversity）在此地區逐漸喪失，也是值得重視的嚴重問題。已有證據顯示，原本擁有的許多珍稀物種，如海牛、巨蚌和海龜，已在此地區宣告絕種。

2.5 人類活動對海洋之影響

　　人類活動對海洋環境產生之影響有輕重緩急之分。比方說，有些是對人體健康不利的，那麼就必須立刻採取行動因應。而有些影響則屬於中長期的。儘管如此，我們仍需將這些問題都視為同等重要，希望能在危害產生之前，採取有效對策。

2.5.1 什麼是海洋汙染

　　人類對海洋汙染問題的關注起源於 1950 年代晚期，當時的一些研究發現，在海水、生物體和海洋底泥中的放射性物質如鍶（^{90}Sr）和銫（^{137}Cs）都顯示出有因為核子試爆而增加的跡象。而人類也同時了解有害物質可能經由大氣進入海洋的事實。接著，在美國加州海岸的水鳥無法繁殖的問題，又讓人們進一步了解農藥 DDT 在全世界擴散的後果。縱使當今海洋汙染，究

竟會對全球海洋漁業資源或人體健康造成何種程度的傷害還不十分明確，不過在世界上很多地方，卻早已經歷過海洋汙染所造成的局部嚴重傷害。例如日本的水俣悲劇即為一例。因此，在過去將扮演人類起源關鍵角色的海洋，當作是人類無窮大垃圾場的想法，確實早該揚棄。

我們常用汙染一詞，來描述廢料（wastes）進入到某環境當中，並對該環境造成某種衝擊。至於海洋汙染（marine pollution），我們或可引述聯合國教科文組織（United Nations Educational, Scientific and Cultural Organization, UNESCO）對海洋汙染的定義：

人為將物質或能量，直接或間接引入海洋環境（包括河口），導致例如損及生物資源、危及人體健康、及降低海水利用價值與舒適性等惡化效應。

"the introduction by man, directly or indirectly, of substances or energy into the marine environment (including estuaries), resulting in such deleterious effects as: harm to living resources; hazards to human health; use of seawater and reduction of amenities."

從以上定義推敲，汙染一詞的涵意可包括：
- 由於將廢棄物排入海中造成環境的破壞
- 海洋裡廢棄物的出現
- 廢棄物本身

汙染通常還和「改變」有關。然而，如果我們將汙染定義得如此嚴苛，那麼既然人類不停進行各種改變，是否表示汙染無所不在？也許比較容易被接受的定義像是：
- 當一個以上的環境參數受到改變，導致環境品質低落，便算發生了汙染。
- 當大眾大聲疾呼時。問題是，往往其實環境並未真的受到汙染。
- 根據 American Heritage 辭典的定義：排出的嫌惡性物質（noxious substances）弄髒了土壤、水及大氣。

人將東西送進海裡的情形有兩種。其一是海洋裡原本就有那種東西，比如說養分。這種情形的問題主要出在長期加進海洋的結果，可能超過海洋所

能接受的程度。或者，人也可能在海裡加進一些原本幾乎不存在的東西，這種情形的後果就更難以預料了。根據一些調查數據，人為加入海洋的有：

- 每年 325 萬公噸的油
- 每年四百億公升的生活汙水
- 每年 1,270 萬公噸的固體廢棄物
- 含有侵入性生物的一百億噸的船舶壓艙水

大家都知道汙染是件不好的東西。但是從科學的角度來看海洋汙染，或是任何一種汙染，我們都需先將它加以量化，才能作為價值判斷的依據。也就是說，我們有必要說明它是怎麼樣的不好法？有多不好？還有對誰不好？在回答這些問題之前，我們必須先考慮以下一連串問題：

- 哪些東西是因為人類活動，而排放到海洋或河口的？
- 這些添加物（additives）對於海洋、河口環境及生存在這裡的動、植物，有些什麼影響？
- 這些影響對於人體健康、食物資源、商業利益、觀感舒適性（amenity）、自然保育，乃至於整體的生態系，又隱含了什麼意思？
- 針對這些添加物對海洋環境所造成的損害或不利影響，我們曾經做了些什麼，能做些什麼，還有應該做些什麼，來減輕它呢？
- 假使我們不添加這些東西到海洋，結果又會怎樣？會比現在的情況好，還是差？

當我們在評估這些關係的影響時，首先必須先對整個海洋環境體系的運作有個清楚的認識。海洋絕不是個既平靜又均勻的體系。其不論在物理或化學上，都是高度動態且分隔相當徹底的。另外值得提醒的一點是，海洋從未有一刻停止與另一個高度動態系統——大氣，交換其中所含化學負荷。

過去六十年來的工業化給全球生態系帶來了在化學環境上很大的變化，而且這個變化還正在加速進行當中，海洋環境也不例外。談到海洋汙染，為了避免日後爭議，實在有必要在「沾染」（contamination）與「汙染」（pollution）二詞之間作一界定。不過在作此界定之前，讓我們先建立有關化學變化及其對生物和生態系所造成影響的觀念：

　　幾乎任何化學變化到達某個臨界程度後，都會誘發出生物的某種反應。此誘因有的是直接加諸於生物體身上，有的則是藉由氣候轉變，而造成的一種全球性影響。

　　所謂汙染不一定都有形，除前述廢熱之外，也可能是噪音等能量。例如在廣大的水體中，船舶推進器等所發出的聲波，傳播的威力可達數公里。海洋中有愈來愈多源自船舶、聲納裝置、鑽油平臺等人類活動向海洋發送的聲音。這些持續發出的聲響，可對各種海洋生物，特別是鯨豚等海洋哺乳類的遷徙、溝通、覓食和繁殖等都造成妨礙。

2.5.2 海洋是否已被汙染？

　　若我們拿一些實際的汙染案例，便下結論說海洋已經被汙染，這其實是相當值得商榷的，因為：

　　首先那得先看，我們是否確實認為海洋是浩瀚無垠的。畢竟人類迄今所接觸到或利用到的「海洋」，其實僅只是整個海洋當中的一小部分。也就是，樂觀的講：人類就算想把海洋給汙染，可能還得花上千萬年的時間。

　　還有一個可能是，那得看問什麼人而定。關於這點，值得慶幸的是，迄今我還沒有遇到過哪個人，認為海洋沒被汙染。表示大家對於海洋環境都有相當高的警覺性與期許。也就是說，不論我們的海洋被汙染與否，至少未來的海洋環境是有救的。

　　海岸的持續開發，所反映的正是人口的成長、都市化的加速發展、大量而快速化的交通將在全世界持續發展的趨勢。海岸開發的管制和棲地的保護，將有賴於內陸及海岸規劃的改變，而往往涉及社會與政治層面痛苦的抉擇。在陸地上廣泛的活動，導致直接或藉由河川與大氣攜帶釋出汙染物至海洋。至於海上的活動，則又另外加入了一小部分。該汙染物當中僅少部分，擴及陸棚以外的範圍。

　　人類將硝酸鹽與磷酸鹽等營養質引入海洋的速率，正持續提高當中。從隨之發生的，不尋常升高的浮游生物出現頻率與規模提升及海草的過量成長，可看出優養化（eutrophication）的範圍正持續擴張。海岸水域營養質

的二個主要來源，汙水排放及施過肥農地的逕流和牲口的快速增長。所造成傷害的程度，隨各地區現場情況與營養質負荷的差異而各不相同。就損失的資源與所傷害的適意性而言，營養值汙染的代價很高，但卻又不易有效復原。其涉及在廢、汙水處理廠及汙泥與放流水處置上的鉅額投資，以及農業實務上的大幅變更。同時要找出這些成因與浮游生物激增之間的關係，亦相當困難。因為營養質的引進與優養化之間的量化關係尚待釐清，同時其他生態因素與氣候變化等在其中所扮演的角色，亦不明朗。

源自汙水的微生物汙染，可導致人類包括 A 型肝炎在內的疾病。所需做的防制，包括放流管的妥善設計與位置選定，以及對甲殼魚類等海床生物與上市水產品的嚴格調查，並適時禁售汙染海鮮。海水微生物汙染在擁擠的海灘，也是腸胃病爆發大流行的元凶，而其也是泳客之間，呼吸道、耳朵、皮膚等交互傳染的可疑成因。

在陸地上和從船上隨意棄置塑膠材料，可造成海灘髒亂，並嚴重威脅海洋野生生物，特別是海洋哺乳類、潛水鳥類及爬蟲類。其可能因誤食塑膠碎片，或受塑膠包裝與魚具纏繞而受傷。岸上與海上現行相關法規的落實及強化大眾教育，固然可大幅減少海洋中的塑膠垃圾、包裝和魚具等塑膠製品，在設計與使用上的改進，更可將海洋生物所受風險減至最低。

在眾所關切的合成有機化合物當中，含氯碳氫化合物雖然在工業區海岸底泥中，在像是海豹等頂層覓食動物的脂肪組織中的含量仍高，在有些北半球溫帶地區，由於長期落實限制其使用，已然大幅降低。迄今，除了對某些哺乳類動物和食魚鳥類的繁殖造成妨礙以外，現有的含量還不至於對海洋生物擴大傷害。在熱帶與亞熱帶地區，由於持續使用含氯農藥，此汙染呈現上升趨勢。由於含氯碳氫化合物持久存在於底泥當中，其可能由此重新進入更廣泛的生態系，因此需持續對生物體與底泥進行監測。爾來對於防汙劑和船舶油漆當中的三丁基錫（tributaltin, TBT）對很多物種存有毒性的共識，已引起很多國家提早對其採取管制行動，而此管制則待進一步擴大範圍。

油是一種極易引起注意的汙染物。儘管大型溢油意外事故所造成的衝擊甚鉅，其主要的全球性衝擊卻是在於焦油球。雖然其對於海洋生物大致上不

致造成傷害，唯其可能汙損海灘，妨礙娛樂活動，有時甚且對觀光造成不利重大經濟後果。溢油事故發生後所釋出大量油，造成石油碳氫化合物存在於海水，尤其是在底泥當中，一直是地方所關切的議題。其積存在受屏蔽區域內會對觀感，及特別是鳥類等生物資源造成影響。儘管此損害並非全然無法恢復，但卻可能康復得很慢。

大自然與人類活動所造成，存在於海洋環境當中的，例如鎘、鉛及汞等微量元素，如今除非是在汙染源附近有很高含量，已經不再受到重視。然其排放實仍需持續受到監督，而監測活動亦應維持下去，以確保符合目前的可接受限度。

放射性汙染會對大眾造成蔓延性恐慌。從很多來源所產生的人爲放輻射核，包括核子設施、核武測試沉降及源自 2011 年日本福島事故的，都會加在海水當中其原來自然產生的含量上。計畫性的放射線排放物（例如來自材質回收工廠的）都受到嚴格的規範與監測，其釋出量亦有下降的趨勢。

儘管注意力都集中在海洋中很明顯可偵測出的汙染物上，還是有人關切一些低濃度毒性物質，可能長期從低於致死的含量，逐漸累積到足以對生態系統造成嚴重傷害的程度。化學汙染物對海洋生物的毒性影響，取決於生物利用度（bioavailability）與持久性、生物對汙染物的累積與代謝能力，以及汙染物對特定代謝或生態作用的干擾。

在過去一、二十年當中，全球的漁業過度捕撈加上天然因素，造成資源蘊藏量波動，並導致某些魚種數量減少與來源不穩。雖然有些魚貨，尤其是在某些地區的甲殼魚類，已被證實不適合人攝取，但整體來說，毒性與微生物目前尚未對生物資源的開發構成影響。然而，愈來愈多的海岸孕育地和淺水區已被破壞，而全球包括野生與養殖的海洋資源，亦瀕臨危機。此外，海洋生物資源的開發可因傷及棲地與改變食物網而使環境惡化，快速擴張的養殖業不僅在當地造成汙染，並可能因引入外來物種與疾病，而破壞生態平衡。其他議題爲氣候變遷的影響，包括溫室氣體增加所導致地球暖化而可能造成的海平面上升，以及平流層中臭氧減少，可能使海洋資源因過度暴露在紫外線下而受到影響。

目前已有若干國際與區域性公約和國家法規相互搭配，用以保護海洋。其主要著眼於源自船舶的汙染，在減輕尤其是含油殘渣所造成的海洋汙染上，扮演著一特定角色。然而對於造成海洋汙染主要貢獻者的岸上來源，卻仍有許多該做的。

另一種可能更受大眾矚目的，例如海域風力發電、海域鑽採、海港建設，以及海岸為了建屋、商業化、工業化而堆置消波塊、建起防波堤，接著進行開發，改變海岸線景觀等。其他像是配合海洋運輸的船舶、船塢、修造船廠、港口起重設備等，以及漁業與其他海洋活動之間的衝突，皆存在著類似的爭議。

2.5.3 小結

至此，吾人可初步下此結論：自 1990 年代開始，全球關切海洋環境，主要在於海岸開發與棲息地的破壞、優養化、水產品，以及熱帶與亞熱帶地區海灘微生物與塑膠垃圾汙染及含氯碳氫化合物的逐漸累積。然而不同區域的情況各不相同，反映出當地的情況與優先次序。此外，在全世界大眾對於其他像是輻射核、微量元素及油等的汙染海洋，更能感受到其重要性。

儘管海洋當中尚無一處，也無一主要資源，顯現出受到無以復原的傷害，並且大部分範圍仍尚未受到汙染，甚至還有些令人鼓舞的跡象顯示，在有些地方海洋汙染的情況正趨於緩和，吾人仍需擔心對有些需改正或立即採取行動的狀況做得太少，對海岸開發所造成的後果考慮不周，以及繼續對岸上活動所造成的影響漠不關心。最終判斷究竟是不是汙染，恐怕還是得看社會的目的了。不同的社會目的，顯然會對海洋汙染下截然不同的定義。

除非一致採取強而有力的國家與國際行動，吾人恐怕，特別是顧及人口持續成長與經濟持續發展，海洋環境可能在未來十年當中嚴重惡化。特別是在國家層級，協力採取減少廢棄物與保育原生生態的措施，將愈形重要。可預期，所需付出的努力必然很大，成本也會很高，然捨此，實無其他能確保海洋持續健康，並保育其資源的選擇。

2.6 汙染與食物鏈

　　棄置於海洋的廢料與汙染物，對海洋環境與生物有各種不同的影響。而且各種汙染物與其所造成影響之間的關係相當複雜，決定促進這些影響的，則是整個過程中究竟發生了何種生物、化學及物理作用。

　　所有生命體皆需要進食，為的是一方面藉著燃燒食物（呼吸）獲取維持生機所需要的能量，同時藉著新陳代謝，獲取蛋白質、脂肪等生命組成，認清此事實對於了解水汙染乃至海水汙染問題，會很有幫助。

　　從汙染的定義解釋，包括有機體、無機物、有生命的（細菌等）與無生命的（粒子、溫度等），我們考慮某樣東西是否屬於汙染物時，首先想到的是，它是否對人體健康有害？

　　例如從一艘魚貨加工船產生的廢棄物及用來處理油汙染的化油劑，皆為頗受爭議之「汙染物」（pollutants）。在環境當中的汙染物，包括像是病原、粒狀物、石油、熱、淡水、滷水、無機毒物、有機金屬化合物、鹼、酸、養料、重金屬、放射性物質、BOD、COD 等耗氧物質。其中有一些屬天然存在，另外還有像是不容易判斷是否存在的烷基汞、某些聯苯、四乙基鉛、甲酸酯、人工放射性物質、汞系農藥、合成有機物、六價鉻（Cr^{+6}）農藥等。

　　以上看起來可以說都是汙染物，但實際上在有些情況下，卻並非如此，其反倒有益於環境。例如，在海洋當中適量的水肥，反而有益於水生植物與生產力，以及漁業資源數量。

　　當然，有爭議的可能便在於：什麼是適度的量？若控制不當，很可能立即導致某些嫌惡植物無度蔓延，壓過許多本應存在的物種，甚至因大量耗氧，導致大部分生物都受到威脅。同樣的，排放到海裡的廢熱（waste heat），亦同時具有類似的正面與負面效果。

　　上述加入海洋的汙染物都還在持續增加當中，且種類也更趨向繁雜。儘管如此，人們過去普遍認為海洋既然如此廣大，又不停翻騰，應可將大量的汙染物稀釋（dioution），並分散到一個相當安全的程度。然實際上許多汙

染物進了海洋不僅未分散掉，還會隨著其進入海洋當中的食物鏈，而變得更加濃厚。

　　經由食物鏈，例如汞等汙染物，可一階接著一階傳送至高階獵食者。經由食物鏈，生態系中不同生命體之數量也大受影響。例如汙水當中含有對植物很重要的氮和磷。一旦汙水進了水體，先是促進了某些植物的生長，接著使得吃植物的動物也跟著生長。而根據邏輯，可以想像，接下來會怎樣？愈來愈多？好或是不好？這些都是當今海水汙染的大問題。固然我們的確有時會以類似的方式，來試圖增加某種水生物，來收成它，不幸的是，絕大部分的生物，包括對人特別重要的生物，在如此高生產力的環境中，反倒不易生存。

　　圖 2.2 所示，為人類活動與海洋環境之關係。在食物鏈最底層，例如海洋浮游動物等微小動物，會持續吸收水中化學品。由於這些化學物質不易分解，便累積在攝食者器官內，在體內濃縮的程度，會比在周遭的水或土裡的高得多。這些生物接著成了海洋小動物的食物，汙染物也隨著在這些動物體內更加濃縮。接下來，較大的動物吃了這些小動物，進一步在體內提高了汙染物的濃度，同時也游得更遠，擴大了海洋環境中汙染的負荷與範圍。

　　根據調查數據，位居食物鏈高層的海豹等動物體內的汙染物，程度很可能是其所在海水內的數百萬倍。而吃海豹的北極熊體內的汙染程度，則可能比所在海洋環境當中的，高出三十億倍。

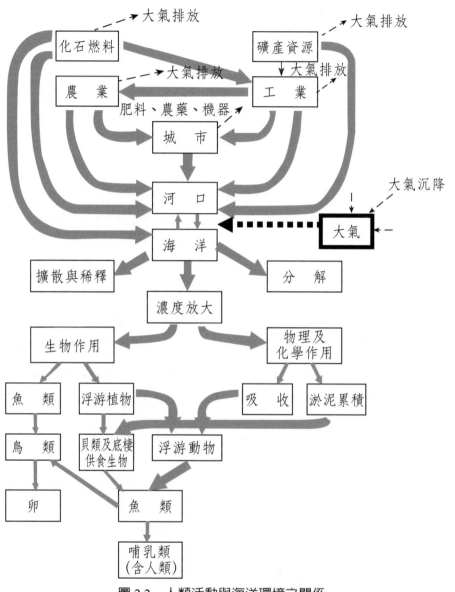

圖 2.2　人類活動與海洋環境之關係

2.7 海洋汙染的來源

在前面我們已定義了「汙染」二字，假設社會上普遍已經同意什麼是汙染，接著我們來看一些較常見的海洋汙染及其來源。這些汙染並非全都是人為產生，有些是自然發生的。但終究，我們也了解在大部分情況下，人類的各種活動的確都會造成或增加一些汙染。

【問題討論】

一、你知不知道每年有多少垃圾從陸上進入海洋？

二、海邊的垃圾從哪來的，接著會跑哪去？

2.7.1 源自陸地的汙染

全球源自陸地的汙染物（land-based sources, LBS），據估計占全部來源的 80-90%。源自陸上各種活動的非生物性海洋汙染當中，最明顯的便是經由管路，直接排放到海裡的生活汙水、工業廢水、各種化學品及食品加工廢料。而同樣的，溪、河也可將源自於整個流域的各種汙染物帶進海裡。非點源汙染（nonpoint source pollution），可使河川與海洋對人類和大自然生物構成威脅。有些地區，這類汙染情況可以嚴重到，必須在降雨之後隨即關閉海灘。非點源汙染一旦存在，要復原便要付出極高代價。

進入海洋的汙染物，大多源自於陸地上的各種活動。我們在陸地上產生的，從塑膠袋到農藥等各種廢棄物，最後都有可能進入海洋。有些是任意棄置所致，有些則是隨著地表逕流，進入溪河、海洋。在內陸和海岸的人為活動加上自然作用，便可對我們的海洋造成各種形態的影響，其中最大的來源便屬非點源汙染。這些既多且雜的非點源，涵蓋了像是路上的車輛與水上船艇，以及範圍較大的，像是農田與牧場等，雖非直接進入海洋，卻是重要的汙染負荷。常見的非點源實例包括含有農藥、肥料之逕流，及其他來自道路、停車場等硬地面的汙染物，以及來自大氣的揮發性有機沉降物質等。

源自像是溢油和化學品等單一來源的汙染，稱為點源汙染（point source pollution）。通常這類汙染會在短時間內造成巨大衝擊，但還好只偶而發生，從不合格或受損的工廠或廢水處理廠來的排放，便屬點源汙染。

點源通常是一些既清楚又很容易指認的放流口，其來源不難找到。由於世界上大部分地區的廢汙水都未經妥適處理即順勢排放，加上世界上大部分海岸延線人口的不斷成長，都市廢棄物質便很快成了海洋環境中分布最廣的汙染物。以臺灣的基隆港為例，其所面臨的汙染源包括：河川汙染物、港口船舶廢棄物、家庭與工廠汙水排放，及漁港與漁市場的汙水、汙油等。

2.7.2 多少才會構成汙染

有些材質雖然本身無害，然一旦濃度達到一定程度，便可能成了汙染物。例如氮、磷等植物生長所需養分，若集中在某個水體，便會刺激藻類過度成長形成藻華（algae bloom）。有些藻華對生物可能構成相當程度的缺氧（hypoxic）等負面影響。而當這些大量的藻沉至海底並進行分解，又會進一步耗氧，對海洋生物的健康構成威脅。接下來，住在這些地方的海洋物種不是死，便是移居它處。而這樣的棲地，也就漸漸變成了海洋中的生物「沙漠」。

臺灣本島陸上對沿近海所造成的汙染，最明顯的，當推來自都市與工業，高 BOD 值的廢汙水。另外，臺灣西部河川及河口水中與沉積物中，源自各類工業廢水及偏高的重金屬含量，也可能對民眾健康造成威脅。

儘管目前在臺北八里和高雄大林埔、左營與中洲，以汙水管將工業及都市廢、汙水收集，經處理後經放流管排放於海洋，然值得注意的是這些放流管，位於離岸 3 至 7 公里的排放口，所在的海域很可能正是臺灣重要養殖及重要海洋生物資源的棲地和繁殖區。加上這些放流口海域，水深大多不超過 20 公尺，恐怕尚不足以稀釋放流水。其長期影響尚待持續調查、研究及評估。

2.7.3 海洋汙染類型

自有人類文明以來，海洋就持續承受著人們對她的「貢獻」。最近的研

究顯示，海洋情況的惡化，特別是在海岸線一帶，隨著經濟發展，工業排放及來自農田與海岸城市逕流量增加，在過去三世紀內急遽加速。或許透過教育，大眾得以了解各類型汙染，並協助預防海洋進一步受到汙染。

　　一般人們所熟悉，進入海洋的人為汙染物包括油、清潔劑、工業廢水、農藥、化肥、生活汙水和塑膠垃圾。有很多海洋汙染物，是在離海岸上游很長一段距離，進入環境的。這些汙染物當中有很多都會沉澱、集中到海洋深處，被小型海洋生物消化並帶進全球食物鏈當中，進而汙染我們吃的海鮮，例如重金屬等汙染物便會累積在海鮮內，危及食品安全。

　　儘管溢油算得上是最能引起社會大眾關心的海洋汙染議題，然實際上從統計數字來看，全球這類事件加起來，也僅占每年進入海洋油量約 12%。換言之，有別於一般的印象，海洋油汙染來源當中，溢油事件以外的，反而占了大部分。

　　海洋當中的許多生物，從最小的浮游動、植物，到鯨魚乃至北極熊，都受到人類所生產的農藥等化學品汙染的威脅。這些化學品有些長期以來，持續被當成廢料任意直接與間接排放入海。

　　源自農田與庭園含肥料成分的逕流對海岸地區，也可構成相當大的威脅。這些過剩的肥力會造成水體優養化，接著導致藻華，耗盡水中溶氧（dissolved oxygen），導致水中其他生物窒息。全世界包括墨西哥灣與波羅的海在內的許多海域，都有這類因為優養化所導致的廣大死亡海域。

　　內陸地區農夫在農田上施灑的氮肥，會進入鄰近的溪流、河川及地下水，最終滯留在河口、海灣和三角洲內。這些過剩的養料可導致茂盛的藻類奪去水中溶氧，使得最終只有極少數，甚至根本沒有海洋生物得以倖存。據科學調查，全世界這類「死區」（dead zone）約有 400 處。

【海汙小方塊】

死區

如下地圖顯示人類所到之處，對海洋造成的衝擊。死區所指為，多半發生在已開發國家的海岸附近，因為細菌分解過度茂盛的植物，導致缺氧的區域。自 1990 年以來，受此影響的地區已經倍增。源自陸地受汙染的逕流，是死區的重要成因。

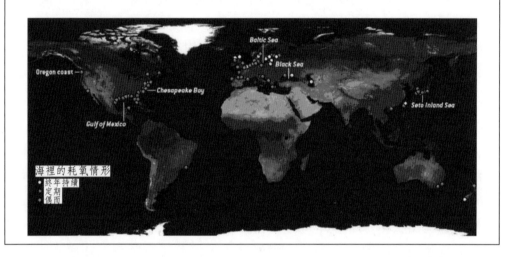

迄今世界上仍有許多地方產生的汙水，是在未經處理或處理不足的情況下，放流入海洋。例如地中海，便有八成的都市汙水未經處理便直接排海。這些汙水也可導致前面所述的優養化，嚴重時，為顧及導致人們生病，必須全面關閉海灘。

歸納起來，海洋汙染主要包含以下類型：

• 油（oil）
• 化學品（chemicals），包含金屬與放射性物質
• 農業逕流（agricultural runoff），包含農藥與肥料在內
• 生活汙水（sewage），包含細菌與養分
• 固體廢棄物（solid waste）

- 生物（biological）
- 沉積物（sedimentation）
- 能量（energy），包含熱、光及噪音

以下討論幾種最常被提及的海洋汙染物。

耗氧物質（oxygen-demanding substances）

即便是極少的氧，對於維繫大多數類型的生命，都具相當關鍵性。有幾種常見的作用，可使在水中和底泥當中氧的程度降低。首先，微生物利用氧，以分解或轉換多數廢料都含有的有機質，成為例如二氧化碳、水和硝酸鹽。在此過程中用掉的氧量，便稱為生化需氧量（biochemical oxygen demand, BOD）。其次，廢料也會經由化學作用（與生物無關）分解，並用掉一定量的氧，此稱為化學需氧量（chemical oxygen demand, COD）。

當水中溶氧降到一臨界水平時（一般為 2 ppm），此水便稱為貧氧（hypoxic）；溶氧全數耗光時，便稱為缺氧（anoxic）。水中一旦達到貧氧與缺氧，便會使大量魚類死亡，若氧量僅略少，則水中生物仍可在壓力下勉強生存，而水團中的化學反應則會隨之改變。相較於大洋，河口與海岸水中這類問題較為常見。

營養質（nutrients）

個別生物能夠適度生長與生產，進而維持海洋環境的整體生產力，營養質扮演重要角色。優養化（eutrophication）指的則是水體中營養質的提升，此可能自然發生（例如在開放大洋底部營養質隨著水湧升），或也可能是人類活動所造成（例如從施了肥的農田來的逕流，或是汙水放流入海而來）。

上述兩種情形都可增加氮與磷等營養質，而提升一些海洋生物，尤其是藻類的生產力。若不超過某限度，這類生產力提升確屬有益，例如可提升原本缺乏營養質的海域的魚量。然若此營養質過高，便可帶來如下一些負面影響：

- 提高水的濁度，阻礙陽光到達水下植物
- 改變物種的分布數量及多樣性（例如一般較豐富的物種被較稀有物種

　　取代）

- 接著改變食物鏈關係
- 繼大量藻類死後被微生物分解而消耗溶氧量，接著引起包括魚群死亡等改變

　　比起在大洋，這類營養質提升的情形，在河口與海岸水中較爲常見。大量營養質可隨著溪河、逕流、海拋及海岸湧升流，進入河口與海岸。而在這些地方，營養質的稀釋與擴散也相對較弱。

懸浮固體（suspended solids）

　　海洋植物一般在相對清澈、陽光充足之處，生長情形最佳。而一旦懸浮固體進入了淺水區，濁度隨即提升，陽光受到阻礙，光合作用速率大幅降低，水下植物便大受影響。此外，這些懸浮固體還可在水團中沉降累積在水底，進而改變底泥的特性及相關的底棲群落。例如大量濬泥集中拋在小範圍內，便可能導致這類結果。

　　惰性的懸浮顆粒物質會堵塞海洋動物的覓食與呼吸器官，且會阻擋光線穿透水層，妨礙水中植物進行光合作用。而當其沉澱至水底，又會導致底棲動物窒息，並改變海底面貌。這類汙染物包括：棄置濬泥（dredging material）、燃煤電廠產生之飛灰（fly ash）、棄置陶瓷黏土、礦場棄土、海底石材等開採所產出的黏土，及塑膠（plastics），包括小塑膠球（poly-styrene spherules）、容器（containers）、板（sheeting）、繩（ropes）、網（nets）、漁具等。

病媒（pathogens）

　　環境當中有包括病毒、細菌、黴菌及寄生蟲等諸多病媒。這些病媒一旦進入海洋環境，有些得以存活，有些則因爲突然暴露在各種環境因子（例如光線）當中，而迅速死亡。有些存活下來，靠的是吸附上粒狀物，得到充分的保護，免受周遭環境之害。此外，也有一些病媒雖被海洋生物攝取而得以存活，卻可對攝取該生物者的健康構成嚴重影響。比方說，貝類透過「濾水」攝取食物，而在此過程中同時攝取了病媒，其濃度可在體內累積到相當高的程度。

有機化學品與金屬（organic chemicals and metals）

金屬與有機化合物等毒性汙染物所造成的負面影響，取決於許多生物與化學因子之間的交互作用。僅有部分毒性汙染物屬可被生物利用的（bio-available），亦即生物可實際暴露在該形態下的。例如，有許多金屬都會附著在粒狀物上並深埋在底泥當中，但僅有很少數生物有機會接觸得到。若某汙染物屬可被生物利用，則對其暴露的影響，取決於其濃度與暴露時間長短，以及正處該生物生命週期當中的哪一階段。

即便某生物暴露並攝取某汙染物，並非所有金屬與有機化學品都會造成負面影響。而實際上，生物需要少量在海洋環境中自然產生的某些金屬，以維持其重要的生理機能。有些汙染物可能在水中以某種形態通過某生物，而其他的則易溶於油脂，而累積在脂肪組織當中。例如 PCBs 溶於生物體內油脂，而海洋生物只能緩慢代謝，因此容易在脂肪組織當中累積下來。鳥（例如鸕鶿）和哺乳類動物（例如海豹、海獅）位於海洋食物鏈頂端，往往擁有大量的脂肪組織，且特別容易累積有機化學品。

生物累積的有機化學品，可對整個食物鏈當中各階生物都構成影響。鹵化有機化合物（例如 DDT 等農藥），由於其持久性加上容易溶於油脂，屬最容易生物放大的有機化學品。PCBs 會造成植物減損並改變群落結構，和魚的死亡與生理異常，亦有一定關聯性。有些生物有能力將一些有機化學品，降解成其他形態。例如一些微生物便可在特定條件下，將某些具高度持久性與毒性的氯化物降解掉。

金屬影響海洋生物的能力，取決於其形態（例如溶解的或顆粒狀、與另一物質吸附在一起或是單獨的），而此受某特定地點特殊狀況的影響很大。若為顆粒狀，多數金屬會與其他顆粒吸附在一起，終究從水團中沉澱，成為底泥。而只要是沉澱到一般缺氧的底泥當中，這些金屬的化學狀態都還算穩定。

然而，假使該底泥接下來又充氧了，有些金屬（像是鎘、銅、鎳和鋅）可溶解，接著慢慢釋回到水團當中，而可能因此為非底棲生物所攝取。例如

鋅在貧氧環境當中與硫化物結合後很難溶解，但在富氧環境中卻可溶解。底泥也可藉生物擾動（bioturbation）、風暴及其他類型的擾動而氧化，並得以重新懸浮。其他例如河口鹽度的變動，也可導致金屬釋出。

海洋生物可攝取溶解了的金屬，或者其也可攝取吸附了金屬的顆粒。有些金屬，一旦被攝取了便會通過腸道而排出，然有些則會穿透腸膜，累積在生物的組織當中。就人體健康而言，最值得關切的四種金屬當中，鎘與汞傾向累積在海洋生物體內，至於砷與鉛則未見顯著累積在海鮮當中的情形（除了有些甲殼類當中，有鉛的累積情形）。然甲基汞則為確認在水食物鏈接續階層當中，會生物放大的唯一金屬。

重金屬一方面流入岸邊的海洋，同時亦隨著降雨落入海中。波羅的海於1880年之後，美國南加洲海岸於1940年之後，都曾發現在底泥中有顯著的重金屬流入其中。而隨著冶金工業與化學工業的蓬勃發展，重金屬亦循各種管道進入海中。在歐洲、過去的蘇聯以及美國的海灣、河口與封閉海域，都曾承受最重的劑量，往往足以殃及海洋生物。

燃燒化石燃料、電氣材料等廢五金、鋼鐵煉製、石油提煉、燃料添加劑以及都市垃圾焚化等，都是大氣和海洋裡所含重金屬的主要來源。又例如銅、錫對於海洋生物可造成危害，但卻長期被調配到船用防汙油漆（anti-fouling paint）當中，以防止海生物附著。其可隨著時間，逐漸從船體上脫落、釋出，而成為海洋當中的有害金屬。

金屬：危害性金屬包含汞、鉛、銅等重金屬。重金屬之所以成為眾所關切的問題，主要在於其會進入食物鏈，並隨著傳遞過程濃縮、放大，直到進入人體，接著進一步累積，危及健康。

汞和鉛對人腦會造成傷害，也會妨礙孩童的行為發展。陸地上含有這類汙染物的逕流及雨水，夾帶著空氣汙染沉降，最終皆可進入海洋體系。固然天然因素如火山爆發，也可對環境釋出重金屬，但相較之下，人類活動所釋出的汞和鉛，分別是自然釋出的5倍與17倍。

如上所述，有些水汙染的源頭其實是空氣汙染，包括當地附近排放到空氣中接著沉降到鄰近海裡的，以及全球經由長途大氣傳輸的大氣沉降物。其

可沉降到地面、溪河、湖泊及海洋。一些因爲道路、停車場等土木設施所產生的塵土，也可很容易順著逕流，進入河道、海洋，危及魚和水生物棲地。

固體海洋殘屑

此即一般所稱海洋垃圾（marine debris）。其可直接對海洋生物造成傷害、危及航行安全並對人體健康構成威脅。當今我們的海洋，從表層到深層乃至海底，皆飽受各類型殘屑的汙染。這類從飲食瓶、罐、盒、袋，到棄置的漁具乃至廢棄的船艇，幾乎無所不包。如今整個地球海洋，可說已無一處得以倖免於這類問題。大量覆蓋著我們海洋的這類垃圾殘屑，有可能來自都市排水，也可能是海岸休閒娛樂活動所留下的。我們用過的塑膠容器、鞋子、包裝材料等幾乎任何東西，若未妥善處置，都有可能進入海洋。

人們直接或間接棄置到海裡的塑膠廢棄物，往往被海洋哺乳類、魚和鳥等當做食物吃進體內，導致嚴重危害。棄置海裡的繩、線、網，也可以在漂流了幾年後，纏住魚和哺乳類動物。而其中棄置的漁具，還可能纏住、危及人、船和動物，並損及經濟。在某些海域，洋流可持續將無數這類型的塑膠，捲集成爲極龐大的垃圾「島」。先前有北太平洋的太平洋垃圾漩渦（Pacific Trash Vortex），近幾年在大西洋也發現類似的垃圾帶，面積都遠超過臺灣。

可分解廢棄物（degradable wastes）

至今人類排放到海岸或河口水裡最大量的，應屬一些由有機物組成、會引來細菌攻擊的物質。這當中主要是經由氧化過程，將有機質分解成像是二氧化碳、水及阿摩尼亞（NH_3）等穩定的無機質。屬於這種類型的廢棄物包括：

- 大部分的都市汙水
- 農業廢棄物（隨著農業規模的擴大，所占比例也愈來愈大）
- 屠宰廠及冷凍廠等的食品加工廢棄物
- 含高木質纖維的紙漿廠廢棄物
- 釀造及蒸餾後的廢棄物

- 化學工業廢棄物，包括多種相當不穩定、易於分解的高分子化合物
- 外漏或溢出的油

基本上，以上這些廢棄物和動、植物所留下的排泄物或殘餘物，一旦進入環境，便很容易引來細菌分解。由於細菌在許多海洋食物網中是很重要的基礎，在海洋裡添加有機物，其實等於在海洋中施以養分，這和在花園、菜園中施用水肥，是同樣的道理。

只是如果養分施用的結果讓細菌來不及分解，這些有機質便會累積下來。而這些細菌的活動情形，主要取決於溫度、溶氧等因素。假使這些因素有限，那麼該水體承受有機質卻不至於累積下來的容量，也隨著減低。若供應的有機廢棄物夠多，細菌的活動則會升高，直到這些分解的耗氧過程，超過了能夠供氧到水裡的速率時，缺氧（deoxygenation）的情形也就跟著出現。在此情形下，進一步的分解，就完全看厭氧（anaerobic）菌的活動而定，這過程會很慢，而其最終產物則是甲烷（CH_4）和硫化氫（H_2S）等，很不利於人體健康與環境品質的化合物。

有機質的累積與缺氧狀態，皆會對水中的動、植物產生很大的衝擊。當水中溶氧量低時，有很多的動、植物都將難以存活。因此，如供應的有機質尚低於承受水體涵容量（決定於水溫、供氧、水流等），則可導致水中營養豐富，而水中植物將首先受惠。反之，當供應的有機質超過承受水體的涵容量時，將很不利於水中動、植物。

農業肥料（fertilizers）進入水體，其效果與上述有機質類似。肥料主要成分為硝酸鹽與磷酸鹽類，從耕地流出或滲至河川，進而進入海洋。此固然在初期可促進浮游植物的生長，但有時過多了，卻會導致植物殘骸積存海底，成為厭氧的狀態。

易擴散之廢棄物

一些包括有形物質與能量形態在內的各種工業廢料，一旦進入海洋或河口，便會立即大幅降低甚至失去殺傷力。雖然所擴及範圍依排放率及水流等因素而定，其所能影響的範圍多半也僅限於排放口附近。以下為幾種常見的

易擴散「廢棄物」。

廢熱（waste heat）：主要來自海岸邊的發電廠或工廠排放的冷卻水。一般在剛排出時，其溫度比承受水體的要高出近 10℃。此排出熱的分散情形，主要依其與環境當中冷、熱水的混合情形而定。在溫帶地區，熱排水還不至於構成大問題。但在熱帶地區，由於大部分時間的水溫原已接近可使許多當地生物熱死的溫度，一旦加上熱排水所導致的水溫上升，便很容易造成大量生物死亡。

酸和鹼（acids and alkalis）：海水具有很高的緩衝（buffering）容量，因此，這類排放的影響通常都侷限在排放口的局部範圍內。

守恆性廢棄物（conservative wastes）：有些廢棄物雖不會引來細菌分解，卻可能經由種種途徑與動、植物進行某種反應，而有時具危害性，例如重金屬（heavy metals）、鹵化碳氫化物（halognated hydrocarbons, 如 DDT, PCB, Dioxins）、放射性物質（radioactivity）及氰化物（cyanide）等。氰化物主要來自冶金工業，入海後會迅速解離，從一些實例可知，除靠近排放口附近外，其他很少會受到波及。

2.7.4 熱汙染

熱汙染（thermal pollution）可定義為：任何改變周遭水溫以致造成水質惡化的過程。例如火力發電與核能發電過程中所產生的廢熱（waste heat）必須加以處置，而當此熱釋出進入環境，又勢必將造成有害影響，因此被歸為另一類型的汙染。

廢熱來源

工業區附近的海洋等水體最常見的熱汙染肇因，為源自工廠的冷卻劑排放。工廠的生產機械不乏以內燃機（internal combustion engine）與蒸汽機（steam engine）等熱機（heat engine），作為驅動的原動機（prime mover）。這些熱機在運轉過程中所產生的廢熱必須隨時排除，以免機器過熱。而鄰近擁有廣大水體的江、河、湖泊與海洋，也就成了這些廢熱的現成去處。在此冷卻過程中，承受水體的水溫可上升攝氏 5 至 10 度。

　　此外，快速工業化加上無度的土地開發，也是造成當今世界各地包括海洋在內水體，熱汙染擴大的主要理由。土地在開發過程中，會先將地表植物與樹木砍伐殆盡，導致逕流量提高。而受侵蝕（erosion）的土壤，也就一併被攜帶進入鄰近水體。此含泥水體因為吸收了更多陽光，溫度也因而提高。接著，土地開發之後源自街道、停車場及屋頂的更多逕流量，亦增加了鄰近水體，包括熱在內的汙染。

　　溫度可對一水環境中的整個群落結構造成影響。例如，不同種的淡水藻類一同競逐光、空間及營養。而當溫度起了變化，儘管此變化還不及致死，不同物種的競逐位置已然隨之改變。

對生物的影響

　　溫度對於所有生物而言都是一項重要因子。而對各物種而言，都各有維繫其生命的溫度範圍。即便是在北極水域，凍結在冰中的魚仍得以存活。但對於任何特定物種而言，維繫其存活的溫度範圍卻相當窄；在有些情形下甚且是非常的窄。舉例而言，加勒比海珊瑚礁的一些生物，便僅能承受不超過若干度的溫度變化。

　　恆溫動物，像是人類，則已進化出幾種不同的機制，以維持其體溫在一定的範圍內。消化食物以產生熱，當體溫過高，則藉著出汗來增加熱的釋出。然而大部分水生物，卻無以如此維持其特定體溫，這類生物必須維持在，與其生活周遭水溫相同的體溫。不能移動的，像是成熟的牡蠣或生根的植物等生物，就完全得視其所在的水溫，決定是否得以倖存。一旦超過某特定限度，即面臨死亡。至於像是魚等有能力游泳的，則還得以尋覓適合牠的溫度，此即所謂溫度的行為調節（behavioral regulation of temperature）。

對生態系的影響

　　熱可導致水中溶氧程度降低，以致對水生態系構成負面影響。當熱水消耗了水中溶氧，也會造成深水區的厭氧狀況而提升細菌菌落。水下動物的代謝速率會因熱汙染而提升，使其在短時間內吃得更多，而導致資源減少。

　　當魚群從熱排放區附近移出，食物鏈也隨即受到干擾，進而影響到該區

的生物多樣性。而高水溫也會對許多水生物種的再生循環造成影響。隨著藻類覆蓋面積擴大，溶氧程度亦告降低，縮短了水生動物的生命期。

整體而言，熱所造成的影響在於簡化水生群落，亦即，雖然各個物種都還存在著相當大的個體數量，能找到的物種卻已然減少了。研究發現，在31℃所能找到的物種，不到在26℃所能找到的一半；在34℃的溫度下，另外的24%隨著消失。而此簡化後的生態系，即很有可能不如原來較複雜者來得穩定。

較佳廢熱處置

熱汙染問題可從兩方面著手解決。照理講，廢熱，終究是一種能源的形式，應可加以利用，而非僅棄置於毗鄰水體一途。源自動力廠的廢熱可妥善利用的途徑包括：

- 海水淡化
- 農業灌溉以防霜害
- 汙水處置之去除鹽或礦物及消毒與乾燥
- 以熱取代化學方法之飲用水消毒
- 冷凍，氣體吸收冷凍
- 空氣之加熱與冷卻、溫室、融化極地冰雪、及乾燥地區灌溉用水
- 加熱發電廠進水以防管路汙損
- 防止寒帶航道與港口結冰
- 廢油回收製程
- 用以誘捕魚群或用做北方養殖熱帶魚
- 熱電發電
- 野生動物保護，例如用做野水禽溫水塘
- 飛機跑道之去霧與除冰
- 液壓採礦技術所需之熱水與蒸汽
- 空間加熱

若以上所建議用途無一可行，則可採行例如封閉冷卻循環（closed cycle cooling）等解決方案。熱汙染所導致的問題，起因於類似傳統火力與核能電廠的開放冷卻循環。而當今將冷卻水中大部分廢熱傳至大氣的技術，已然成熟。此即封閉冷卻循環，其採用包括冷卻水池、冷卻水道、或冷卻水塔等。

2.8 海洋汙染為什麼是個問題？

　　儘管前面我們談到各類型海洋汙染及其在各方面可能造成的影響，但我們可能還是要問：既然海洋的容積，遠遠大於人類從各種來源所排入的量，為什麼還需要擔心有所謂的「海洋汙染」呢？吾人之所以關切海洋汙染問題，主要乃在於一個事實，即進入海洋之汙染物，並非均勻分布在海洋當中。

2.8.1 海洋已被汙染？

　　一般而言，海洋汙染對於生態系、民眾健康、休閒水體水質及經濟利益，可從機械性（mechanical）、優養化、腐原性（saphrogenic）、毒性（toxicity）及致癌與突變（mutagenic and carcinogenic）等方面，造成影響。但問題是，浩瀚無垠的海洋受了這些類型的影響，結果就構成了海洋汙染？

海洋很大？

　　地球上有大量的液態水，覆蓋了超過七成地球面積，這一大片藍色海洋，在太陽系堪稱獨一無二。只有地球有那麼多可自由流動的水，在其他星球，就算有水，絕大部分不是冰就是在熱氣圈中的水氣。以下是有關這片海洋的幾個基本事實。其中有關海洋的深度，最早要測海深不外乎從海面船

在地球上覆蓋面積	70.8%
有多少水	$1.36 \times 10^9 m^3$
經火山爆發加入海洋之水	$0.1 km^3$／年
海洋之平均深度	3.8 km
平均鹽分	3.5%
平均水溫	2℃-3℃
最深之洋	太平洋（3.9 km）
最深之處	11 km

上，以長繩將儀器沉放到數千公尺海底。如今藉由聲納及音效深度計，人類已能很快且精確的測得海洋各處的深度。

海洋很小？

海洋有大量的水，人們也一直認爲海洋容量無限，是個最理想的「垃圾場」。而我們若光是想海洋所擁有的龐大水量，也實在看不出這種想法有什麼不對。比方說美國所有河川，大約在一年內要排放 2.0×10^{11} 噸水到海洋當中。而其中又挾帶了大約 4.5×10^8 噸的溶解物。雖然也不少，但比起已經存在海洋中的水，這就好比在一桶水中滴進一滴墨汁一般，似乎起不了任何作用。

海洋所接受的溶解物當中，也有來自大氣的。例如美國每年燃燒約 1.2×10^9 的石油，每公斤石油在內燃機中與空氣中的氧氣結合燃燒，會排放 2 至 3 公斤廢氣。其中氮氧化物（NO_x）、二氧化碳（CO_2）、一氧化碳（CO）、硫氧化物（SO_x）等氣體和很多細微顆粒（PM），隨風飄到遙遠處。通常，這些微粒又會形成雨滴、雪花或冰雹所需要的核心。據估計，其他傳統的木材和煤等化石燃料燃燒所產生的排放量，大約相當於由河川進入海洋的量。

大量養分進入海岸水體，可形成俗稱爲「死區」的缺氧區（hypoxic zone）。其深處溶氧過低，以致魚和泰半底棲生物（例如蝦、蟹、貝等）非死即被迫逃離。早年在墨西哥灣這類情形，一年當中可持續約八個月，範圍更可擴及 18,000 平方公里。這主要是由於密西西比河廣闊的排水區上游，大量農作施肥所致。

研究顯示，自 1960 年以降，密西西比河出口的溶解氮上升三倍，磷酸鹽上升爲原來的二倍。而根據美國地質調查局（US Geological Survey, USGS）的報告，其中有 56% 的氮來自肥料逕流，25% 來自動物糞便，另有 6% 來自於生活汙水。

接受過多養分餵養的毒性藻類之暴盛現象，有愈來愈頻繁的趨勢。在波羅的海，這類人爲造成的優養化，幾乎殺光了大約 109,000 平方公里（大約爲瓜地馬拉領土的大小）範圍海域內所有的底棲生物。1998 年中國大陸沿

海所出現的紅潮，前所未見，在數小時之內將所有養殖場掃蕩一空，留下數千公噸的死魚。

2.8.2 汙染的分布

物質進入海洋後，並非均勻分布至整個海洋，反倒是，大多數汙染物在海洋中形成後，就停留在該處。加上海洋本身的一些特性，例如海面水流（surface current）使得各水層之間分界明顯，形成了混合的障礙。而人類原先所期望的混合或稀釋，便被大大阻礙了。結果就不如理想中平均分布於海中，且在沿岸的濃度也因此比想像中高出許多。

海洋垂直分層（vertical stratification）

海水平均鹽度約為 3.5% 或 35‰（ppt），而一般入海的河水鹽分只有1‰至5‰，因此在河口便有如一層輕質的水，覆蓋在一層較重的水上一般。此外，上層海水接受陽光照射，吸收熱能，更加強了此上輕下重的現象。很多汙染物本身比水輕（例如農藥 DDT），又更使得進入海洋的汙染物，無法進行上下的交換。除此之外，由於表面降溫帶（thermocline）的關係，汙染物與水可混合的深度僅侷限在 100 公尺之內，比起約 4,000 公尺的全球海洋平均深度，可用於混合或稀釋的海水，其實僅占全部水量的一小部分。

表面洋流（surface current）

在海洋表層所形成很規律的水平移動，和前述缺乏垂直移動的情形正好相反。且在整個地球看起來，其始終發生在一特定範圍之內。因而某汙染物一旦進入某流海內，雖然可以在其中充分擴散，但流到其他洋流的機會卻很小。此外，這些洋流也構成了屏障，妨礙了擴散。比方說，墨西哥灣暖流便將其西邊的陸棚與馬尾藻海（Sargasso Sea）隔開。

海洋的利用範圍

海洋的可用範圍，其實大致僅侷限在離岸最近的一小部分。海洋利用最多的部分，應屬海岸或河口這些部分。此處人們利用海洋來游水、釣魚、泛舟、養殖及作為主要漁場。魚在此地產卵、覓食，從岸上放流的有機廢棄

物，也提供了水草和魚豐富的肥料與「飼料」。在陸棚處由於水淺，風與潮水可充分垂直攪拌大片水域，而使已沉入水底的養料，得以重新進入食物鏈。然而不幸地，這塊大部分海洋生物賴以活動的地方，同時也是人們用來作為休閒娛樂活動，和棄置廢棄物最多的地方。

雖然海洋浩瀚無垠，人們所能利用來棄置東西的地方，卻只是其中一小部分。而這一小塊，又正好是對人類最有價值的一塊。當我們說：海洋被汙染了，確實相當值得商榷，因為要把整個海洋全給汙染，表面上看來可能得花上億萬年的時間。問題是，我們目前所關切的，畢竟也只是海洋的一小部分。而即使有人問：海洋之海岸地區受汙染了嗎？吾人還是可以從不同的人，得到許多不同的答案。對於看慣汙損嚴重河口或海港的人，會很難想像世上還有許多海岸或河口，其實可以很乾淨、美麗，且健康。

我們關心環境汙染問題，主要是因為擔心動、植物，和最重要的，我們自己的健康。而汙染物是否構成「有害」，仍在於其數量的多寡，也就是說，在某時、某地的濃度是否已逾限度。雖然汙染問題的影響是生物性的，但是其分散至生態系統，乃至被微生物吸收的過程，卻是物理和化學的。

2.8.3 我們如何保護海岸？

從以上我們可大致結論：海洋很小，汙染物不是均勻分散到海洋。其產自人類居住與活動的地方，而絕大部分又從最靠近人的地方進入了海洋。結果，因為進入海洋後稀釋與擴散有限，大部分又都累積在海岸，而此處汙染物的濃度也就高得多。

不僅如此，海洋的結構更加促進了此一現象。海岸地區之所以具有高濃度的汙染物，不只是因其接受速度較快，而且也由於海洋的自然結構，更使得這些汙染物被阻礙與海岸地區以外的海洋容積相混合。

保護海洋的關鍵，在於減少源自陸地及河川的汙染流入海洋。以下以幾個不同研究所建議為例，舉出幾個用以防止海岸海水遭受汙染的方法。

• 在海岸城鎮地區建立汙水與雨水分離系統。

- 停止汙泥與有害濬泥海拋。
- 對敏感及具生態價值的海岸地區進行特別保護，使其遠離開發、鑽採及運送石油等活動。
- 藉由符合生態原理的土地規劃，管制並規範海岸土地開發。
- 要求所有油輪都配備雙重船殼（double hull）。
- 港邊提供回收船上所產生廢油與廢棄物的設施。
- 落實壓艙水管理（Ballast Water Management, BWM）計畫，以減輕非原生物種透過壓艙水傳輸之可能。

此外，上述努力尚需與空氣汙染防制相結合。據估計，全世界進入海洋的所有大氣排放物當中，有33%源自陸上。

【問題討論】

一、既然海洋的容積，遠大於人類從陸地上排入的，為什麼還需要擔心有所謂的「海洋汙染」呢？

二、就各種觀點舉例解釋，海洋是否已被汙染了？

三、為什麼要減輕造成優養化的非點源汙染，是這麼的難？

四、試想有哪三件事情是您可以做，有助於立即減輕海洋汙染情況的？

第三章

海洋汙染所造成的影響

3.1 汙染物的命運

3.2 促使海洋汙染物擴散的力

3.3 海洋汙染物的影響

3.4 汙染影響爭議

　　算不上很多年以前，海洋仍普遍被當作是個無限大的落水槽，似乎永遠都有容乃大，不會被傷害。如今這種想法已被完全推翻，我們已察覺到海洋是個脆弱的環境。而我們人類的一些行為對她造成的傷害，也可實際量測出。

　　海洋當中的水是最複雜的一種溶劑，而且數百萬年來都未曾改變過。因為海洋環境具有這般穩定性，海裡的生物也變得很嬌貴，而難以承受些微改變，所以海洋是脆弱，而容易受汙染影響的。

3.1 汙染物的命運

　　海洋既廣且深，因此長期以來她也就被廣泛認定，具有近乎無限的「海量」，足以容納各種人們丟棄的垃圾、化學品，而不需考慮後果。甚至在剛發展各種陸地上的汙染防治技術時，以海洋稀釋或擴散，也往往成了「解決方案」。直到最近，當我們親眼目睹北太平洋與北大西洋廣達千里的塑膠垃圾，我們總該驚覺此稀釋或擴散策略，恐怕終將使我們的海洋生態系統瀕臨瓦解。

　　一些陸地上產生的廢棄物，像是燃煤火力發電廠的煤灰和煉鋼廠的廢鐵礦石（爐石，steel slags），由於數量龐大，難以在岸上處置，且經過評估對海洋不致造成太大的負面影響，便只好選擇海洋棄置或簡稱海拋（ocean dumping, ocean disposal）。採取海拋的廢棄物和其中所含的汙染物，在進入海洋後的散布與沉降，會受到各種複雜因素的影響。大致上，這些廢棄物一開始都會被充分稀釋。在此同時，其他一些像是海流的作用，也開始將廢棄物與汙染物傳送一段長距離，並且在一段時日後，改變了其化學與生物特性。歸納起來，除了初始的稀釋，這些廢棄物與汙染物還會受到以下影響：

- 物理傳輸（例如可能持續懸浮或溶於水中，和水整體一併傳送）
- 生物傳輸（例如被植物或動物攝取，接著隨著生物體或其排泄物傳送）
- 沉降（例如附於黏土和有機質上，在水團中沉澱終至加入底泥）

　　圖 3.1 與圖 3.2 所示，即爲廢棄物海拋和汙水處理廠海洋放流的大致情形。

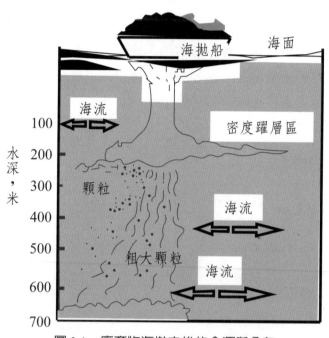

圖 3.1　廢棄物海拋之後的命運與分布

初始稀釋

　　廢棄物一旦進入海裡，隨即與海水混合在一起，整個廢棄物流便接著擴張，其中的顆粒也分散開來。如此稀釋比率往往可達 5,000 以上，持續數小時，水團中的廢棄物顆粒接下來便不再垂直移動，也可能沉到海底。這些廢棄物顆粒在水團中的垂直運動情形，取決於其密度和存在的密度躍層（pycnocline），顆粒密度大於周遭密度者下沉，反之上升。

物理傳輸

　　物理傳輸往往可導致顆粒和汙染物從棄置點散開。造成這類散布的兩個主要的物理作用，一爲海流另一爲混合。海流分成永久性與暫時性兩類型，永久性海流在海岸和開放大洋皆有，長期性海流的影響較大且長遠；暫

時性海流發生的距離與時間相對較短，可出現在所有的海洋環境，包括河口等，其因為風、潮汐和波浪而引發。當廢棄物自岸邊拋入或排入海洋時，暫時性海流對其造成的影響至為重要，例如這類海流可使拋海的濬泥，沿著海岸傳輸一段相當長的距離。

當二密度不同的水團相遇而交錯時，便發生了混合，接著會因波浪與潮汐而增強。至於其影響，則依各種不同的海洋環境而異。例如在開放的大洋中，表面與底部水混合，可能需要好幾百年。而在河口和有些海岸水，則可在廢棄物棄置後隨即進行混合，而有助於廢棄物的稀釋。

海流與混合可將廢棄物傳輸並散布逾數百公里，而這類傳輸進行的深度，則取決於密度躍層的存在。例如海拋的濬泥，可先沉降到季節性密度躍層（seasonal pycnocline）的深度，接著再進行橫向傳輸。

生物性傳輸

廢棄物顆粒和汙染物可被植物與動物，經由不同管道從水團中攝取，包括直接吃進、通過腮或其他機制。一旦攝取了，這些廢棄物可經由和該生物有關的幾種不同的作用，從一處移至另一處。

隨著生物體移行，許多生物的生活形態可移動相當長的距離，因此便攜帶著廢棄物顆粒與汙染物，來到不同地方。有些生物會經常垂直或是在河口與海岸間水平移動。例如一些浮游植物，每天在水團中垂直上下移動，一些魚則呈現季節性類似的移動。鮪魚和一些海洋哺乳類動物則採長距離水平移行。而鮭魚則會在海洋與溪河之間移動，以孕育下一代。因為如此，這些移行生物便不可避免，會經常暴露在各種汙染物當中。

有些生物所產下的卵，可能隨海流攜帶到其他地區，或是做垂直移動。例如有些卵會沉至深海，有些則浮升至某水層，而和某些汙染物結合。這些生物一旦死亡，同樣情況也可能發生在其殘骸上。

生物排泄

海洋生物攝取廢棄物後，往往最後都可排泄（excretion）掉。而如同上述一些生物可移行相當長距離，其排泄物也可能位於遠離攝取點的海床上。

漂沙沉降

　　前面所討論的是有關於物質在水團中傳輸的情形。其他作用還有，特別是沉積（sedimentation）和凝聚（flocculation）對於粒狀物和汙染物如何沉積到水底，也會構成影響。另外還有，重懸浮（resuspension）與生物擾動（bioturbation）等作用，則有些微的反向影響。這些作用綜合起來的影響，便決定了整體粒狀物在水底累積的速率。

　　沉積（deposition）指的是，粒狀物通過水團沉澱到水底。沉積的速率，取決於顆粒的尺寸與密度、水的密度、混和及凝聚作用。例如較重的大顆粒比小顆粒要沉積得快。而密度躍層的存在，則會改變此顆粒移動的速率；當顆粒來到與其密度相等的水時，往往也就停止移動而留在該密度躍層中，直到有其他的傳輸作用出現，將它們送到其他地方。

　　凝聚指的是，能導致小顆粒聚集成大顆粒，以致顆粒的尺寸、密度及沉降速率，都隨之提高的化學反應。凝聚往往出現在淡水與鹹水交界之處，例如含有金屬的放流淡水，進入到較鹹的河口水的情形（圖 4.2）。

　　海拋的方法和廢料中固體濃度，可同時對沉降與凝聚造成影響。例如相較於從放流管排出，從船上拋入海中的廢料，往往含有高濃度的顆粒（即便是在稀釋初期之後），而會呈現出較高的沉降與凝聚。此外，加上向下的動量，沉澱的速率也可大些。

　　在充分混合的水中，少了密度躍層，顆粒可直接沉降至水底。然而，若有強到足以將顆粒廣為擴散的物理傳輸作用，則在某特定地點累積沉降顆粒的程度，也就會相當小。相反的，若是在平靜或較淺的河口與海岸水，或即便是在較深的海岸水，進行快而連續的海拋，顆粒便很容易在水底累積起來。如此累積，可改變底泥的顆粒大小或化學組成，接著對底棲生物和群落結構帶來改變。

　　即便顆粒已然沉積到了海底，其也可重新懸浮回到水團當中。例如，海底水流和風暴，都有能力激起底泥將其送回水層當中。而顆粒本身的物理特性，便影響著這類行為。

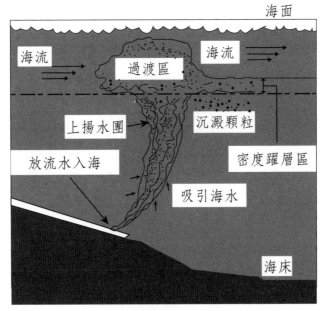

海面

海流

過渡區

海流

上揚水團

沉澱顆粒

放流水入海

密度躍層區

吸引海水

海床

圖 3.2　汙水海洋放流之後的命運與分布

3.2 促使海洋汙染物擴散的力

　　一旦汙染物進入了海洋環境，比如說海上發生了溢油事件，我們必然會很想知道油會往哪裡去，以及在某時、某地油的濃度是多少？回答這兩個問題，主要考慮的是兩個因素：一是移流（advection），即由一處移至另一處，二是稀釋（dilution），即由濃度大的變成濃度小的。在圖 3.3 與圖 3.4 當中，我們分別可看出，海上溢油發生及工廠與城市排放廢棄物與汙水進入環境，接下來一段時間可能的命運。

　　而在海上，作用在汙染物的力主要包括：

- 重力（gravity, F_G）與離心力（centrifugal force, F_S）
- 壓力梯度（pressure gradient, F_P）
- 科氏力（Coriolis force, F_C）
- 摩擦力（frictional force, F_F）

・潮力（tidal force, F_T）

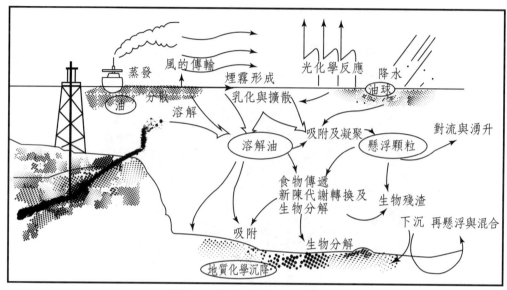

圖 3.3　海上溢油可能的命運

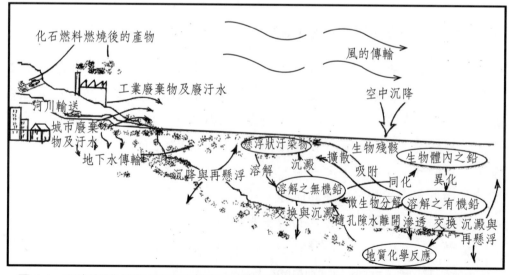

圖 3.4　工廠和城市排放廢棄物與汙水進入空氣與水環境之後，接下來可能的命運

根據牛頓第二運動定律，綜合以上造成汙染物移流的力爲：

$$ma = F = F_P + F_C + F_G + F_S + F_F + F_T$$

式中 m 爲汙染物的質量，a 爲其加速度。實際上已知造成汙染物分散的最主要因素是移流，然此移流卻極不易量得，因爲需要得到水流對地球某固定點的相對運動。而要得到這一固定點卻又極不容易。所以通常都先儘可能精確的量出密度，之後再以密度場（density field）來取代。

從圖 3.5 可看出，驅動海洋表面環流，主要受到重力、風壓及地球轉動產生的力所影響。全球大氣環流所造成的盛行風（主要是指低緯度的信風和中緯度的盛行西風）常年吹拂海面，推動海水的漂流，並使上層海水帶動下層海水流動，形成海流。赤道附近偏東的信風作用，則會使赤道洋面的海水往西方流，在陸上地形的阻礙及地球自轉偏向力的作用下，再分轉南北向，之後在西風帶的作用下，水再順勢由西向東流，形成完整的主要環流系統。

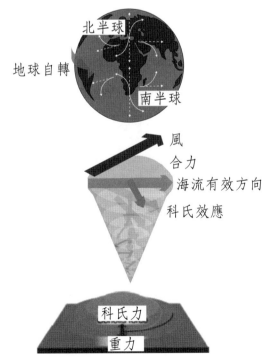

圖 3.5　對海洋表面大規模海流的主要影響來自地球自轉、海面風、重力

　　穩定的洋流（長期保持一個方向）導致上述諸力之間的平衡。同時，太陽、月球也對海洋構成一重力拉扯。因為地球轉動與軌道運動所產生相對於地球的位置變化，則可導致海洋當中的潮汐與潮流相混合。

艾克曼螺線

　　艾克曼螺線（Ekman Spiral）是海洋表面海流因風和科氏力的作用，造成海流方向的旋轉結構。19 世紀末挪威探險家弗里喬夫・南森（Fridtjof Wedel-Jarlsberg Nansen），便在北極將船扣在冰塊上隨風漂移，發現其方向並不與風向一致，而是與風向成某個角度移動。1905 年艾克曼發表了他的理論，不只解釋了漂移現象，且建立了在海洋整個水柱（water column）隨風改變運動方向的數學模式。

　　圖 3.6 所示，為全球海洋環流的分布情形。通常海流由低緯度地區流向高緯度地區時，海流水溫會較流過地區的海洋水溫高些，故稱之為「暖流」（warm current）；反之，由高緯度地區流向低緯度地區的海流，則為「寒流」（cool current）。

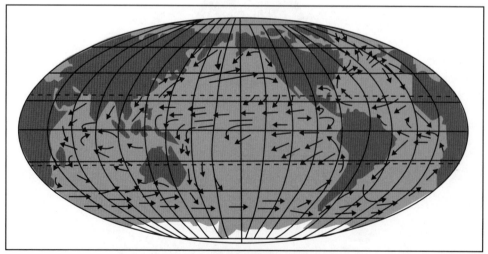

圖 3.6　全球表層海水環流

　　如圖 3.7 所示，臺灣周圍海域有以下三個洋流系統，其附近的海流狀況

亦隨季節而改變。

1. 黑潮暖流（Kuroshio）：由北赤道洋流在菲律賓東面外海轉而向北，流經臺灣與石垣島之間的海域，通過臺灣北邊後漸轉向東北，沿琉球群島北側東海大陸斜坡，向日本的方向推進。

2. 中國沿岸流（China coastal current）：源自中國大陸北部沿海，沿著海岸南移，夏季水溫與黑潮相近，冬季則略低於黑潮。

3. 季風流（monsoon drift current）：源自南中國海，具有高水溫。

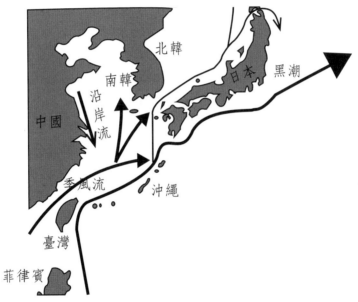

圖 3.7　臺灣周圍海域的三個洋流系統，附近海流狀況隨季節改變

　　波浪來到海岸面前的前進方向，若是和海岸形成一夾角，則波浪破碎後會形成與岸平行的沿岸流，有相當大的帶沙能力。例如臺灣海峽主要風向所產生的沿岸流，在西岸北段流向南，在南段則流向北。如此一來，臺灣西海岸沿海的汙染物，便傾向集中在中段，接近雲嘉彰的沿海魚貝養殖區。前面所提，河水出海是汙染物傳送的重要推力，而沿岸流則往往成了重要助力。

湧升流

　　湧升流（upwelling current）是深處海水向上移動的現象，經常發生在沿岸地區。促成湧升流現象的主要包括地形、季風以及冷暖水團界面的效應，結果可產生約 10.3 cm/sec（4m／日）的流速。由於湧升流可將富含養分的深層冷海水帶到海面附近，所以其存在可從營養鹽與水溫的差異，得到印證。也因為湧升流可提供生物所需要的食物，所以其附近也往往可以成為重要漁場。過去一些水文與化學數據顯示，臺灣東北角和臺東外海，便有湧升流現象。

預測模型

　　研究海洋汙染議題，可透過模型預測某汙染物在生態系當中的行為。以第六章所提的海洋垃圾為例，在建立海洋垃圾傳輸與命運的預測模型時，必須將風、海洋表面流及包含垃圾類型在內的其他因子，一併納入考慮。

　　輕巧、漂浮性好的塑膠等材質在水中會傾向高高的浮在水面，被風和水面流推動，稱為高風力修正（high windage）。其他有些較重的，像是木質建材殘骸，則會漂浮在水面下方，主要受水流的影響，此稱為低風力修正（low windage）。由於水面下的流比起在水面的移動快得多，此殘屑在水柱中的垂直位置，便會影響其從一點移至另一點的快慢程度。除此之外，該殘屑的特性會隨著時間而改變。硬殼生物（encrusting organisms）可影響其漂浮性，大型物件可破成小碎片，而不同類材質的分解也各有快慢。

　　例如 Surface CUrrents（SCUD）模型採用 AVISO 人造衛星測高法（satellite altimetry）以決定地轉流（geostrophic current）分量，再用 QuikSCAT（人衛散射計 satellite scatterometry）洋面風數據，以計算風驅動的 Ekman 分量。幾年前 SCUD 模型便被用來，預測 2011 年三月發生在日本宮城縣的海嘯海洋垃圾（Japan tsunami marine debris, JTMD）的可能軌跡。SCUD 模型的準確性，在近岸附近因為衛星數據誤差變大而變差。這主要是因為大氣的影響，加上海象與潮汐使複雜性提高所造成。

　　另外，Ocean Surface CURrent Simulations（OSCURS）數值模型，則

是最初用於調查洋流對於北太平洋與白令海各類魚群的影響，而建立的研究工具。該模型讓海洋學和漁業學家，得以針對北太平洋與白令海峽，從 1901 年至今的每日海面洋流，進行回顧性分析。OSCURS 亦曾被用來追查，從北太平洋一艘貨櫃輪上落海的 1,300 隻鞋子的軌跡。

3.3 海洋汙染物的影響

3.3.1 對人體健康的影響

累積的鎘與汞等重金屬，有時會透過甲殼魚類等生物毒害人體。最悲慘的，莫過於曾經發生在日本九州，一個稱爲水俁（Minamata）漁村的一個例子。

當年智索株式會社（Nippon Chisso）在水俁灣蓋了一座化學工廠，接著當地逐漸在 1950 年之前發展成一個人口近五萬的城鎮。自 1932 年以降，智索即進行製造需要無機汞作爲催化劑的脫水縮醛物（acetaldehyde）（脫水縮醛物在生產用於印刷、塑膠、相片沖印及很多其他東西所需要的醋酸上用得很多）。智索將含有高濃度汞的廢料傾倒入水俁灣中，細菌逐將汞轉換成了一種有機化合物，甲機汞，進而順著食物鏈，攀升至更高的濃度。自 1940 年代起，魚群開始無以明狀的相繼死亡。該工廠在 1950 年代加速生產並傾倒廢汞入海。隨即很多水俁的貓都瘋了，醉酒般的跳舞、嘔吐、死亡，人們稱之爲「貓舞病」。

到了 1956 年，水俁開始出現孩童腦部受損，得了世人所稱的水俁病。後來證明當初對魚的懷疑果然屬實。而當地一位傑出醫生細川始（Hoso-kawa Hajime）確定水俁病屬水銀中毒，然該項發現卻一直在其雇主，智索公司的施壓下一直保持機密。直到 1959 年，因地方上的漁民無力制止該公司將水銀排吐至灣中，乃揭發了眞相。然水銀仍舊持續流入海灣達十年之久，其間數以千計的人都起了症狀，死者逾百人。

儘管智索、水銀、魚及死者間的關聯性早已被釐清，然直到 1973 年，

一直與智索站在一邊的市長仍維持其一貫的基調：凡是對智索有利的，便對水俁有利。受害者遂提出告訴，智索公司敗訴，到了1977年對水俁的受害者及其家屬賠償了相當於美金一億元。數十年以來，別處的日本人再也沒有明明知道，卻仍願意和任何水俁人結婚的。理由不外乎，這麼做將可能會生下有缺陷的後代。

　　自1984年起，日本政府對水俁灣進行濬渫，試圖降低海底的汙染，達到最起碼的程度，花費了將近四億美元。1997年，主管當局終於宣布水俁灣已無水銀，並撤除了在1970年代所設置，用來將無疑慮的魚隔離在受汙染水域之外的網子。

　　水俁事件可能是二十世紀（及任何世紀），最慘痛的海洋遭受汙染的實例。然其畢竟只是個簡單的例子，所涉及的，僅限於單一國家、單一工廠及單一種汙染物。實際上更為常見的實例，卻是汙染過程涉及幾個國家及幾種不同汙染物的情形。

3.3.2 對環境的影響

　　河川在沿海出口處，由於海水富含鹽分、比重大，傾向集中在河川底部，注入的河水輕，便自然位於上層。而當河水因暴雨等因素流量大增時，便將下層「重水」捲揚到表層，一道入海。臺灣地區有豐沛的降水（每年約2,500 mm），隨季節變化相當大，近76%集中在5至10月的豐水期。其他乾旱期間，許多源自工業的廢水排放累積在河床泥土中，待雨季來臨，順勢流下的暴雨將河口底泥中的汙染物，帶到包括牡蠣、文蛤等養殖區的海域，水中溶氧量、pH值及鹽度，隨即下降。這類汙染不僅可造成養殖魚、貝類大量死亡，當地曬得的鹽也都需經過反覆清洗，方得食用。

　　從深海與大洋的觀點來看，人為所造成的衝擊已逐漸擴及內海與海岸地區以外的其他地方。這些地方，由於是絕大多數鹹水生物棲息之所在，殊屬重要。

　　封閉的海，由於少了保持攪擾的潮湧，自然也就易於受到優養化（eutrophication）之害。最嚴重的例子，早年歐洲內海首先受害，主要在於都市

人口成長及早先採用化學廢料。如此情況在 1950 年代末期之前的波羅的海（Baltic Sea），不僅可以目睹且還能聞得到。斯德哥爾摩、赫爾辛基、列寧格勒及華沙的都市廢棄物，加上源自農作，使用化學品日益嚴重的農村逕流，一併將過剩的營養質加到了波羅的海的負荷當中。地中海的港灣，像是做為營養質充斥的波河（Po）河水收受者的亞得利亞海（Adriatic），於 1960 年代之前藻類茂盛，多瑙河（Danube）之於黑海，亦復如此。圖 3.8 以氮為例，顯示其對海岸水中溶氧構成的影響。

　　全球諸多封閉與淺水海域亦很快上演類似情節。1970 年之後，優養化首度影響到馬來西亞水域。只要是有人類進行活動引入過度營養質的地方，例如紅海、波斯灣、黃海或日本海，其海岸漁業皆受到影響。一些實際的情況是海水養分提升，導致引進更多魚的食物，而促進了漁獲。然而一旦此營養質負荷形成嚴重的藻類過盛，魚群數量及漁獲即告崩盤。

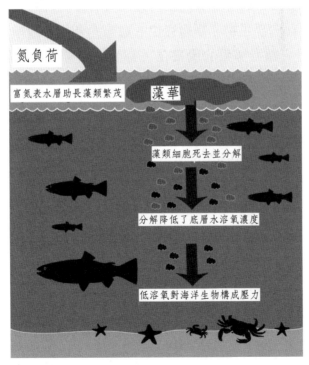

圖 3.8　氮對海岸水中溶氧構成的影響

3.3.3 對水與底泥的影響

　　近幾年來，在世界上許多地區的海岸水域，都有有害藻類及其他生物突然繁盛，在量和趨勢上皆快速上升之勢。這類突然繁盛的有毒生物，依其所呈現出的顏色被稱為紅潮（red tides），由甲藻（dinoflagellates）所引起；綠潮（green tides），由藍藻（cyanobacteria）所引起；或棕潮（brown tides），由稱作金藻（chrysophytes）的海洋浮游生物所引起。這些造成紅潮與綠潮的生物，會釋放出水中或空氣中的毒性物質，以致傷害漁業、殺害食魚鳥類、損及觀光業、並毒害海洋產品。

　　優氧化堪稱最受關注也最普遍存在之汙染物對海洋環境造成的影響。優氧化的衝擊，可從對個別生物構成壓力，到對生態造成的大規模改變，這類現象往往被稱為綠潮（green tide）、棕潮（brown tide）或紅潮（red tide）。

　　從圖 3.8 可看出，當這些毒性生物死亡接著分解時，海岸水域中的氧氣隨之耗竭，而各種海洋生物亦相繼死亡。愈來愈多的證據顯示，這類有害的突然繁盛現象與人類所導致的優養化，有直接關聯。而此優養化主要源自於含有施用肥料的逕流及動物排泄物進入內陸河川，再藉此進入海岸水域內。例如 1997 年在美國中大西洋各州海岸所發生，殺害近 480,000 尾魚的暴盛毒性微生物，即被懷疑為雞的排泄物所致。

　　大量養分進入海岸水體，可形成俗稱的死區（hypoxic zone）。其水底溶氧過低，以致魚和泰半底棲生物（例如蝦、蟹和海星等）非死即被迫逃離。在墨西哥灣，這類死區在一年當中可持續約八個月，範圍更可擴及 18,000 平方公里。此區主要由於密西西比河廣闊排水區，農作物大量施肥的結果。

　　研究顯示，自 1960 年以降，密西西比河出海處的溶解氮上升三倍，磷酸鹽上升為原來的二倍。而根據美國地質調查局（US Geological Survey, USGS）的報告，其 56% 的氮來自肥料逕流，25% 來自動物糞便，另有 6% 來自於生活廢棄物。1976 至 1996 年間，墨西哥灣內過多養料所餵養的毒性

藻類暴盛，也有愈來愈頻繁的**趨勢**，而在美國海岸水域則增為將近原本的四倍。

在波羅的海，這類人為造成的優養化幾乎殺光了大約 109,000 平方公里海域範圍內所有的底棲生物。1998 年出現在中國大陸沿海的紅潮，其恐怖程度則創下前所未有的紀錄。其於數小時之內，將所有養殖場掃蕩一空，留下數千公噸的死魚。

3.3.4 對海洋資源的影響

海洋汙染除了對魚與植物等食物資源的開發會造成影響外，其他如砂石等資源的開採活動，也會直接構成影響。同樣的，當用於冷卻或淡化的海水受到油等汙染時，其價值亦告降低。

迄今已有充足證據顯示，因海拋等活動進入海洋的汙染物，可對水質、底泥和海洋生物造成衝擊。然要決定出對海洋環境構成衝擊的肇因，卻又相當困難。海洋環境的改變，不僅可起因於廢棄物棄置活動和逕流、大自然擾動、漁業活動或其他人為構成的，其他如棲地結構改變或淡水引入，也都可能是肇因。即便有些研究結果顯示，某些汙染物和所造成影響之間存在著關聯性，但真正的汙染物根源卻可能仍不詳。其可能來自逕流、各種工業排放、城鎮排放、海拋活動及大氣沉降等的任何組合，且其也可來自海洋水體當中或相鄰海域，或是遠處上游等來源。

另一複雜因子，便是汙染物造成的衝擊，並不一定是在該汙染物釋出之後幾年或幾十年內便可觀察得到，或者其也可能發生在釋出區很遠以外的地方。例如，某種可以在環境當中維持得極穩定的汙染物，或是在水流與循環都很大的情形下，該汙染物可傳輸很長一段距離。此外，有些對生物的衝擊，僅在汙染起始點很遠以外的地方才發生。

因此，要建立過去與目前影響的肇因，並預測長遠未來對海洋群落的影響，實屬艱鉅任務。其困難程度還往往因為缺乏資訊而更加嚴重。

3.3.5 對漁業與養殖業的影響

在世界許多地方，海洋汙染對漁業和養殖業，都可構成嚴重影響。即便

是在美國、日本等許多高度開發國家，由於海洋汙染的緣故，吃魚往往有健康的隱憂。而食物鏈當中的生物累積（bioaccumulation），便是主要考量因素。

　　愈來愈多的調查數據顯示，位於食物鏈頂端的海產體內，所含汙染物濃度已足以構成毒性影響。而隨著對海產攝取量增加，這類隱憂也跟著提升，相關產業亦因此受到海洋汙染的不利影響。

　　此外，海洋汙染亦對漁獲的質與量造成影響。例如疏濬工程與濬泥海拋等活動，往往可對海岸棲地與海洋生物孕育場所帶來摧毀效果。食用海產對健康的潛在危害包括：

- 甲殼類當中的病菌可致病甚或致死
- 旋鞭毛藻（dinoflagellates）構成的腹瀉性貝類中毒（diarrhetic shellfish poisoning, DSP）
- 石房蛤毒素（Saxitoxin, STX）造成的麻木或失去知覺
- 硅藻的大量繁殖（硅藻華，diatom bloom）造成淡菜（mussels）軟骨藻酸（domoic acid）濃度過高，使人致病或致死
- 油中芳香烴使魚變臭、變硬
- 自由基（free radicals）使魚體脂肪酸（fatty acid）氧化，產生醛類（aldehydes）

　　尤有甚者，汙染所導致的損害往往會通過整個食物鏈，在長時間之後，影響到許多世代。同樣的，生物孕育區、遷徙形態及特定的棲地，也都會受到影響。

　　影響魚數量的因素，還包括過度捕撈（overfishing）及自然現象等。世界上許多地方，尤其是海岸地區，魚數量、魚的健康狀況和魚的大小與再生能力，都受到海洋汙染的影響。據估計，由於汙染和相關環境影響，導致全世界整體漁獲量至少減半，而對於像是波羅的海、黑海及地中海等，汙染所及多屬局部者，漁獲減損更為嚴重。

　　表 3.1 所整理，為一些較常見的海洋汙染物。表中所列順序與其重要性無關。畢竟，某汙染物或許在某時空條件下較為重要，但在其他時候則不一

定。影響其重要性的因子包括：造成汙染的壓力、充斥情形及氣候等。

表 3.1　海洋汙染的主要汙染源及其影響

汙染種類	主要汙染源	對環境的影響	對生物的影響
有機廢棄物，包括病原體，例如細菌、原生動物、病毒、霉菌	未處理或僅部分處理的家戶汙水及農業、工廠廢水排放至河流、河口、海洋	• 受汙染海水浴場、近海海水及海灣，有機物沉積在海底 • 海水濁度提高、水中含量降低，危及水生植物	• 人類吃下致病，包括傷寒、眼、腦部感染、小兒麻痺症、霍亂、A 型肝炎 • 生物攝取致病，導致生態系不平衡
過量養分，包括磷酸鹽、硝酸鹽	農業與家庭含氮、磷之逕流與汙水排放至河川、河口、海洋	• 隨著植物吸收進行循環 • 瀉湖、海灣及半封閉海灣藻類加速繁殖，導致紅潮、綠潮	• 水中缺氧造成水棲生物的死亡 • 人接觸有毒海藻造成皮膚炎 • 若能適當排除有毒海藻，水中養分亦可對漁業帶來助益
耗氧物質	放流水生化需氧、化學需氧	• 有機質可引來細菌分解，改變水體水質 • 從大氣補充水中溶氧緩不濟急	• 溶氧量對水中動、植物極重要 • 這類汙染一旦升高，動物數量隨即降低
工業化學物質（汞、鎘等重金屬與有機化合物等）	• 未妥善處理的工業用廢水排放至溪河、河口、海洋 • 家戶、都市汙水、廢棄物 • 船舶排放 • 排至大氣接著沉降	沉積物集中在特定海域，構成特定效應或現象	• 魚貝類、海洋哺乳類及海鳥等動物體內重金屬累積 • 對人體健康構成潛在威脅
農藥、化肥等農業用化學物質	• 農業排放至溪河、河口 • 經由空氣沉降	• 在海藻床上沉積 • 危及濕地與水生植物	• 累積在魚類、海洋哺乳類及海鳥等動物體內，造成肉食性鳥類的生存危機

汙染種類	主要汙染源	對環境的影響	對生物的影響
			• 局部累積有機磷酸鹽，造成魚類死亡並危及人類
氯等常用毒性化合物	發電廠、工廠等放流水		• 多氯聯苯（PCB）等鹵化碳氫化合物傾向累積在生物脂肪內
石油碳氫化合物	• 船舶與工廠的排放 • 民生汙水，經由放流管或直接排海	• 水面浮油、海灘上焦油塊 • 海洋產品受汙染 • 設施、船隻等表面受到汙損	• 魚類、海龜、海鳥及海洋哺乳動物皮膚上沾滿油漬會危及生命
塑膠等固體廢棄物	• 海岸垃圾、船上棄置以及由遊客與當地居民產生的垃圾 • 農、漁業產生的垃圾	• 岸上堆積與水上漂流垃圾有礙觀瞻 • 發電廠、海水淡化廠設施、船舶進水口阻塞 • 若不具毒性也可能對海洋有益，例如構成人工漁礁	• 魚類、海龜、海鳥及海洋哺乳動物因誤食或被垃圾糾纏導致死亡 • 威脅沼澤、溼地等重要棲地
底泥，包括沉澱與懸浮的	• 農地土壤水土流失 • 不當砍伐、採礦及土地開發 • 汙泥等海洋棄置	• 水變混濁 • 水變淺，阻礙航道 • 沉至水底後，可因風暴或船艇造成擾動，重複揚起	• 水濁度提高、阻擋陽光，妨礙植物生長 • 因覆蓋而影響底棲生物，甚至使其窒息、死亡 • 可能含有重金屬等毒性之物質累積在魚體內，進而威脅人體健康
餘熱排放	• 發電廠、工廠等冷卻排水	• 局部水溫驟升	• 珊瑚白化、死亡 • 魚等海洋生物變異

汙染種類	主要汙染源	對環境的影響	對生物的影響
淡水與滷水	• 海水淡化廠排水 • 疏洪道等水利工程出水口	• 水中鹽度改變	• 對鹽度敏感生物構成威脅
酸與鹼	• 例如食品工廠廢酸、廢鹼排放	• 改變水酸鹼值	• 不利於生物的生長 • 某些毒物在低 PH 值情況下會釋出
放射性物質	• 核能、火力電廠洩漏 • 燃煤電廠煤灰海拋與大氣排放 • 醫院、實驗室、工廠亦為可能來源 • 核武測試		• 生物體變異
觀感上的顧慮	• 肉眼可見的水面浮油 • 聞得出來的硫化氫等氣體	• 儘管對生態無大礙，但可能降低遊憩價值，引發社會議論 • 因問題明顯卻難以測得具體數據，爭議往往最大	

資料來源：Peter, 2000

3.3.6 綜合效果

在實際情況下，汙染物在海洋當中衍生的問題，往往比起預期的要複雜許多。當不相同的汙染物同時存在於海洋當中，所產生的問題，除了本身單獨的效果之外，尚可能有個別汙染物之間交互作用所帶來的綜合效果（synergistic effects）。例如早年美國東南海岸的乞沙比克灣（Chesapeake Bay），原本分別有汙水處理廠和煉鋼廠放流水的汙染。但該汙水處理放流水當中的磷酸鹽在與煉鋼廠含有硫酸鐵排水作用之下，產生磷酸鹽沉澱，而不致溶入水中，得以同時解決兩個問題。然而，重金屬與粒狀物作用後，往往會沉入水底，而使底棲生物受到更大危害。

　　由於農藥在油當中的溶解性往往高於在水中的，加上接下來和粒狀物之間的親和性，以致於在此情況下，沉至海底的產物，會對底棲生物構成危害。所以，當我們提出海洋汙染整治方案時，必須充分考慮可能帶來的其他綜合效果。否則解決了某項汙染，其結果可能反而成為其他更嚴重問題的肇因，得不償失。

3.4 汙染影響爭議

　　各類型海洋汙染的影響，乃至所採防治策略與作為，究竟在各不同層面得到的結果屬正面或負面，往往可持續存在著爭議。以下以船舶 TBT 塗料議題為例，討論之。

3.4.1 禁用 TBT 衍生的議題

　　儘管目前相關規範尚稱成功，在聯合國 IMO MEPC 內部，全面在海運油漆中禁用 TBT，卻是國際間政治辯論的主題。這主要在於國際間仍缺乏對環境確實友善的 TBT 替代品，以及禁用 TBT 之後，可能反而對整體環境造成傷害的關切，與日俱增。

　　根據 1997 年 Hunter 所指，禁用含 TBT 防汙塗料之後，將迫使船東使用無錫防汙油漆，而需要比過去所用 TBT-SPC（平均為 60 個月）短的進塢與重漆間隔（平均為 30 個月）。這些替代性油漆在一定期間內，防止特定種類和數量上的生物汙損效果較差。增加汙損的船舶航行較慢且推進效率較差，燃油消耗率也因而提高，以致提升廢氣排放量，造成更嚴重的船舶空氣汙染。此外，無錫油漆所需要的 12 至 36 月重漆頻率，亦等於要求船舶進乾塢更為頻繁（停擺期間更長），同時亦增加船塢內溶劑排放量。這些都將超乎預期地開啟額外的環保議題討論，而可能導致針對船舶大氣排放及油漆使用與處置等，所增加相關法規的研議。在缺乏可接受替代品的情形下，對海運船舶進行全面性禁用有機錫，可能帶來的經濟與生態後果，摘要如下：

- 由於船殼汙損未能適當管控及油漆薄膜結構完整性降低，所導致潛在腐蝕與安全上的危害。

- 防汙保護系統失效，所導致外來生物侵入生態系的全球性汙染。
- 大幅縮短海運船舶的進塢維護間隔。
- 由於增加使用替代殺蟲劑及其衍生物，所導致的未知環境風險。
- 有機殺蟲劑在環境中的累積潛力，可能更加嚴重。
- 由於重油耗燃率提升，導致溫室效應與酸雨問題更趨嚴重。

3.4.2 禁用後造成的經濟性影響

　　船東都明白，些微汙損即可對船舶耗燃造成可觀的影響。船殼平均粗糙度只要增加 1%，即可因汙損和表面相當程度的摩擦力，而使一艘船在一年的航程中提升燃油消耗達 1,700 噸。而由於燃油成本在例如散裝船的整體營運成本中，可占去高達百分之 50，這筆額外支出顯然相當可觀。Abbolt 等研究人員於 2000 年公布的估算結果顯示，由於 TBT 油漆的使用，每年為全世界省下了 720 萬噸船用燃油，相當於一年省下 25 億美元營運成本。當然，由於額外消耗燃油所造成的，例如廢氣與微粒排放所導致進一步全球暖化、酸雨及空氣汙染等環境上的影響，亦不在話下。

　　使用無錫油漆，亦可能需重新改裝船舶機械。繼採用 TBT-SPC 油漆之後，造船廠得以安裝較小的引擎，並在接近其最大效率與容量下運轉，而不需擔心因汙損造成機器故障。其同時得以在接近引擎容量的情況下，運轉以符合較快時間目標的要求。使用無錫油漆後，若效率因而明顯降低，其引擎與冷卻系統等亦必須隨之更換或調整。另外的做法是降低航速，而如此將影響運送航程，造成船東損失。

　　在估算進乾塢的成本時，除塢內維修支出外，還需計入因停擺所造成生意上的損失。據估計，無錫油漆的重漆與維護費用可比含 TBT 油漆的高出達 1.61 倍。若將燃料、乾塢使用及資本節約等一併納入估算，TBT-SPC 油漆比起無錫油漆，全年全世界可省下 40 億美元。尤有甚者，若將替代品本身的價格納入計算，其比 TBT-SPC 基油漆還要貴上 30～70%。Damodaran 等人（1999 年）在另一偏保守的研究中估算出，全世界船隻使用無錫油漆，比起使用 TBT 基防汙油漆，每年要增加 5～10 億美金的成本。

　　歐洲執委會於 1998 年，針對全面禁用 TBT 對歐洲業界所造成的影響作成了評估。在歐洲生產 TBT 的公司，很可能因而面臨損失一億歐元（ECU）、喪失 450 個工作機會，以及 3 至 4 個工廠關閉的風險。除了因為需去除原來的 TBT-SPC 油漆，上無錫油漆及取得不含 TBT 證書所導致的一次成本以外，油輪船東或經營者，要為每艘超大型油輪（ultralarge crude carrier, ULCC）每年增加百分之 1.5 到 20 的成本（介於美金 $35,000 至 $502,000 不等）。針對全球禁用 TBT-SPC 所造成影響的成本分析結果顯示，其每年將增加十億美元的成本。而此經濟衝擊，預期幾乎全部由遠洋航運業者承擔。

3.4.3 外來物種入侵

　　將非原生物種從一個生態系引入另一個生態系，亦為全世界所共同關切的環境議題。非原生或所謂侵入性物種（invasive species）能嚴重破壞某個生態系，並導致生物多樣性降低。例如，1980 年代在黑海即因為梳子水母（comb jelly fish）進入黑海，而導致鯷魚大量死亡。聯合國環境計畫即在其發行的報告 GEO2000 中提到，「物種入侵在經濟與生態上的重要性，為進一步全球化後不可避免的結果，且益發顯得嚴重」。

　　侵入性物種一直被不經意的引進多處海洋水域，這類生物藉著船殼與船舶壓載進行傳輸。有二個分別針對侵入性物種的研究發現，船殼實為引進侵入性物種的較大來源。根據都柏林魚類研究中心（The Fisheries Research Center in Dublin）的報告指出，「自 1972 年起即廣泛用於船運業的有效殺蟲性 TBT 防汙油漆，藉著減少汙損生物量，明顯降低了汙損性生物散布的可能性。另一由基爾海洋研究院所執行，針對北海與波羅的海的研究，比較了源自壓艙水與船殼汙損二來源。該研究發現在 1992 與 1995 年之間，大多數具有最高重建潛力的非原生物種，實來自於汙損的船殼。在與船運有關的侵入性物種當中，超過 66% 是經由船殼攜帶、引進的。

　　值得關切的是，含 TBT 油漆等有效防止生物汙損技術，其實在過去的確構成外來物種侵入的一大障礙。而全面採用不夠有效的防汙系統，是否可

能不經意的增加物種入侵的機會，實值得全面探究。

3.4.4 長期風險

　　船殼汙損增加的頭號影響，便是船速與操縱性的降低。對於海運界而言，降低汙損之後的船舶，具有較大的營運範圍、乾塢與重漆間隔較長、以及較低耗燃等的優勢。

　　然據國際航運業界指出，目前的替代性防汙塗料不如 TBT 基油漆有效，而導致不同程度的船殼汙損。代表世界海運業界的六個非政府組織（ICS, BIMCO, INTERCARGO, INTERTANKO, OCIMF 以及 SIGTTO）在一篇向 IMO 表明立場的文章中闡明，「……用以顯示替代性油漆的防汙有效性與持久性能，和 TBT 基油漆抗衡的證據不足，且現存替代油漆未經證明，且於 2003 年 1 月 1 日之前亦無以預期，其在環境中確屬安全」。

　　過去 20 年間，TBT-SPC 油漆的替代品被多次檢驗。雖然在 1993 年 Pidgeon 提出報告指出，TBT-SPC 油漆與不含 TBT 油漆，在功效上的落差已然拉近，但迄今許多船東仍能舉出不少使用不含 TBT 油漆所造成的問題，包括提前汙損、油漆裂痕、以及油漆剝落導致耗燃明顯提升。歐盟貿易期刊上亦出現，例如由歐洲主要船東所提出的「無錫油漆做不到」等標題，描述在使用後不到 24 個月，因為提前汙損而必須進乾塢。迄今有許多船東，因而回頭使用 TBT-SPC 基油漆。顯然，船運業在可接受且有效，同時對環境更為安全的替代品問世之前，勢將被迫面對大幅提升的維護成本。

　　即便是少量的船殼汙損亦會增加船舶拖滯，而增加其耗燃。例如，某船船殼在六個月內未加以保護而暴露在水中所累積的汙損，足以使其耗燃增加達百分之五十。耗燃增加將導致空氣汙染情況惡化。據估計，如此將導致溫室氣體及硫氧化物排放量，分別增加二千二百萬噸與六十萬噸。迄今，幾乎尚無有關替代性防汙系統對海洋環境所造成長期風險的數據。

　　大多數無錫技術為求有效，皆依賴強力毒性殺蟲劑或高量銅化合物。既有數據建議，這些所選擇的殺蟲劑，對環境可造成嚴重衝擊。一份 1998 年普林斯頓經濟研究中心所做的研究發現，沒有一種無錫替代性防汙油漆，曾

經證實對環境是安全的。尤有甚者，在 1999 年十月 OSPAR 公約報告中強調有關被用作 TBT 替代品的強力殺蟲劑研究的資訊。這份報告總結道：這些替代品對環境具有令人不欲見到的影響。

3.4.5 大氣排放增加

在缺乏完整的科學研究與評估的情形下，要了解這些產品對整體環境所造成的衝擊甚為困難。除此之外，目前這些新的 TBT 基油漆替代品當中亦尚無符合美國環保署（US EPA）所定，VOC 的空氣品質要求者。

船舶上漆頻率一旦增加，VOCs 和其他有害性空氣汙染物（hazardous air pollutants, HAPs）的使用與釋出，勢必隨之提升。某些特定 VOCs 及 HAPs 除已被認定為溫室氣體及（或）臭氧層耗蝕氣體外，並因其對人體健康的不良影響，而受到嚴格規範。同時，油漆頻繁即等於是刮船殼與舊漆清除頻繁。如此，由於防汙效果降低所導致耗燃與重漆頻率提升，亦有可能連帶引發相關於全球暖化、酸雨、空氣懸浮微粒汙染及臭氧層耗時等相關法規的制定。

【問題討論】

一、試想為什麼減輕造成優養化的非點源汙染（nonpoint source pollution），會如此困難？

二、試想有哪三件事情是您可以做，可立即減少優養化，進而減緩所伴隨毒性紅潮的？

第四章

海洋棄置

4.1 廢棄物的特性

4.2 海拋物的種類

4.3 海拋影響評估

4.4 國際間對海拋議題的共識

4.5 海上焚化廢棄物

　　一個社會在發展過程中，很難避免會有大量廢棄物產生。各種廢棄物的處理與處置方法，例如掩埋（landfill）或焚化（incineration），對於環境都有其特定的衝擊，而這些大宗廢棄物當中，有不少勢必會被處分到海洋之中。多年以來，將廢棄物拋置於水中，尤其是海中，一直被認為是件既便宜又方便的廢棄物處置辦法。由於陸地上處理廢棄物，例如焚化或掩埋的規定趨於嚴格，海拋也就更容易被廣泛接受。如何利用海洋的涵容、同化能力，一面接受適量的廢棄物，而又不致於損及海洋的其他利用價值，自然成了科學家所積極探討的問題。

　　人類大概從早期文明，就知道海洋很可以用來處置不要的東西。但由於河流入海，所導致的海洋與環境惡化，大致上還是工業革命之後，一些像是倫敦等大都市，其產生的事業與都市廢棄物超過環境負荷能力，所造成的。到了 20 世紀末，全世界工業發達國家，每年都有數以百萬噸的工業廢棄物及都市汙泥，定期且有計畫的棄諸海洋。

　　因此，這些國家所進行的海洋棄置（海拋，ocean dumping），也就和其他對海洋的利用方式和活動，起了矛盾。有些人從表徵情況來解釋海洋，仍當她是尚未被人類活動糟蹋的最後一道防線（last frontier）。而另外也有一些人認為，若能明智去做，海洋仍可用來同化進入其中的各種汙染物和廢棄物。無論是上述何種情形，當漸漸失去其他選項的時候，我們對於不得不選來棄置廢棄物的海域所可能受到的影響，實有必要盡早在科學上更精準的去了解。

4.1 廢棄物的特性

　　海拋廢棄物，由於其中各組成的物理性質與濃度差異甚大，因此相當複雜。欲了解這些廢棄物在海洋當中的行徑，便需了解影響這些海拋廢棄物的物理、化學及生物作用。這些作用並非各自獨立，而可能交互作用，使影響更趨複雜。

　　迄今棄置於海洋的廢棄物有許多類型，每一種類型的物理與化學性質

的變化範圍都相當大。廢棄物在海洋中的分散（dispersion）、移流（advection）及沉降（settling），一部分取決於廢棄物本身的物理性質，諸如容積密度（bulk density）、固體密度（solid density）、液體中懸浮固體密度以及顆粒的大小。而凝聚（floculation）作用及化學組成，也都會影響廢棄物在水團（plume）當中的行為。

　　假設廢棄物在海洋當中沉降的行為只取決於密度，則各種廢棄物拋入海洋後，其分布在海水水團中的情形，也就各不相同。就以燃煤火力電廠所產生的大量固體廢棄物飛灰（fly ash）來說，其密度大約介於 2.1 到 3.8 kg/cm^3 之間，視各種因素而定。儘管差異很大，但煤灰的密度至少也都是海水的兩倍，所以照理來說煤灰一旦從駁船（barge）排入海中，應該可以很快沉至海床（sea bed）。然而，從顯微鏡檢視的結果卻可看出，飛灰主要是很小的球形固體。比較不同的煤灰，其直徑大約在 0.5 μm 至 200 μm 的範圍內。尺寸小的顆粒（小於 10 μm），在海水中沉降得很慢，大約是 10^{-3} cm／秒。

　　因此，在沒有凝聚與擾動的擴散情形下，小的飛灰顆粒要沉至海底，會比大的顆粒慢得多。除了這些不管快或慢，終會沉至海底的飛灰顆粒，飛灰中還有另一群會浮在海水上層的顆粒。這些便是被稱為煤胞（cenosphere）之一種玻璃質（glassy）球體，直徑在 20 至 200 μm 的範圍內。根據分析報告，其充滿了氮和二氧化碳氣體。在飛灰中，煤胞占去了全部體積的20%。

　　因此，縱使飛灰整體的密度遠大過海水，由於其複雜的物理特性，便不應該將其在海水中沉降行為之描述過度簡化。飛灰的一些物理特性，像是密度與顆粒大小，主要取決於像是煤的來源、燒煤前的粉碎及鍋爐單元的操作條件等因子。

　　有一種新的煤灰處置方式，是將飛灰和廢氣洗滌器（scrubber）殘渣（主要是石膏和硫酸鈣的半水合物（calcium sulfite hemihydrate）及石灰（lime）混合，固化成為煤塊之後，再進行海拋。

4.2 海拋物的種類

被合法丟入海中的汙染物有哪些？雖然在有些國家，已停止將工業廢棄物傾倒入海，但在有些開發中或甚至已開發國家，則仍持續在其海岸附近進行這類棄置工業廢棄物的活動。至於針對爲維持航道暢通，自港口或河道底部挖出的濬泥（dredging material），通常含有毒性金屬。而迄今，大多數國家仍合法持續藉著駁船，將大量濬泥分別拋棄到大西洋、太平洋及海灣岸邊的大約 110 個棄置點海裡。此外，許多國家還不斷將其自汙水處理廠產出，其大量混有毒性化學物質、感染性物質及沉澱固體的汙泥，拋棄入海。

就船舶汙染源而言，儘管擁有至少全球 80% 商船的 50 個國家，都已同意不再將垃圾與汙水棄置於海洋，但此共識卻難以落實，而經常被人違反。許多航商爲了省錢，仍甘冒被處以罰鍰的危險，將廢棄物棄置入海。每年，有超過二百萬的海鳥和超過十萬隻海洋哺乳類動物（包括鯨魚、海豹、海豚及海獅），因爲誤食或遭到漁網、繩及其他各種被棄置入海或海灘上的廢棄物，纏繞致死。

根據 1972 年倫敦海拋公約（London Dumping Convention, LDC），有超過 100 個國家同意，不再將具高度毒性汙染物和高輻射性廢棄物，棄置於其法定國家海域以外的大洋之中。自 1983 年起，同樣這些國家，共同遵守了棄置低輻射廢棄物入海的延期償付，其已於 1994 年改爲永久禁止。

全世界每年棄置到海洋的數量至少五千萬噸，其中包括 80% 浚泥、10% 事業廢棄物、9% 汙水中汙泥及 1% 其他。由於海拋地點多半離岸不遠且水也不深，以致原想充分利用海洋稀釋功能的構想，往往不切實際。而且我們還需考慮到以下可能：

- 其可附著於底泥顆粒上，或進入魚、貝類體內。
- 優養化，使沿岸有機物特別繁茂。
- 改變底棲生物生態。
- 沿岸有機生物消失，或受到感染。

然而即使在美國，也直到 1988 年，海灘連續發生泳客感染事件，才迫

使美國國會通過，自 1992 年起全面禁止海拋。至於對臺灣而言，海洋棄置則必須審慎考慮以下因子：

- 人本身的健康與福祉
- 環境生態
- 社會經濟
- 生活品質
- 二次公害的可能性及其形成的過程

臺灣過去曾長期進行海拋的項目，主要包括臺電的煤灰和中鋼的爐石（BF slag）。其他可能的海拋物還包括汙水汙泥（sewage sludge）及濬泥（dredging material）等。

4.2.1 煤灰

煤已在發電和許多工業上持續領先石油多年，為最主要的一種燃料。在燃燒過程所產生的煤灰當中，除仍存在大塊殘渣外，尚有可觀數量的細粉。細粉顆粒的大小除決定於燃燒過程外，燃燒前煤的研磨處理，亦為重要因素。此細微粉末中主要含有氧化矽（SiO_2）、氧化鋁（Al_2O_3）、鐵和鐵的氧化物（Fe_2O_3）及各種微量金屬。

雖燃煤灰可用於土木建築等用途，但整體而言仍一直供過於求，來不及消化。因此大部分煤灰最後不是被棄置於陸地上，便是被棄置於海中。由於煤灰傾倒後可能造成水生動物的枯竭，例如其可能填入龍蝦棲息的岩縫中，在歐美國家，多已全面禁止煤灰海拋。根據研究，日間進行煤灰海拋對於生態所造成的衝擊，比起在夜間進行要來得大。

4.2.2 爐石

鋼鐵廠在高爐煉鐵過程中，加入的助溶劑和鐵礦石與焦碳中的雜質，會結合成比鐵水輕的爐渣。排出的爐渣冷卻後，便成了固態爐石。

臺灣爐石自民國 73 年起，即在高雄二港外海 3 至 5 海浬的直徑 2.2 浬範圍內進行海拋。民國 76 年因海拋區和中油海上輸油設備靠得太近，而移至離岸 4 至 5 浬位置，範圍縮小至直徑 1.2 浬。到了民國 77 年，因應環保

聲浪的要求，而移至離岸 7 至 9 浬位置，持續半年。近年來由於爐石資源化獲致成效，海拋已大至不復進行。

　　過去進行海拋作業的爐石船，通常以 4 至 5 浬／時航速航行至海拋預定位置進行海拋。為有效掌握全程海拋狀況，海拋的作業管制事項包括：

- 油料管制
- 航行管制──保持對講、報船位、核對衛星導航資料、雷達掃描
- 現場親自管制──漁會派員監督

爐石海拋之前需預先完成的步驟包括：

- 棄置前先篩除小顆粒以使直徑大於 60mm
- 爐石沉降分析
- 爐石擴散分析

表 4.1 所列為爐石與卜特蘭水泥及煤灰的化學組成之比較。

表 4.1　爐石與卜特蘭水泥及煤灰化學組成之比較

化學組成	高爐爐石	轉爐爐石	卜特蘭水泥	煤灰
SiO_2	33.4	10.9	22.1	42-60
CaO	41.0	42.9	64.6	0.5-5
Al_2O_3	14.9	1.5	5.4	20-30
Fe_2O_3				2-8
MgO, S, MnO, TiO_2				0.5-2

4.2.3 汙水汙泥

　　汙水汙泥為都市汙水處理場所產生的主要廢棄物。其固體部分由包括微生物有機殘屑、纖維（含毛髮）、礦物顆粒及食物殘渣等所混合而成。因此汙水汙泥也就沒有可明確定義的性狀，而其粒狀物也包括可以從肉眼可見的，到以顯微鏡才能察覺的。

　　不難預期，當這些汙水汙泥被棄置進入海洋，便隨即依不同密度分成

幾部分，分布到水團當中。各不同來源的汙水汙泥差異性很大，取決於許多因子，例如流入汙水處理廠的來源、處理的效率及對汙泥所採行的加工技術等。

4.2.4 浚泥

　　為使航道暢通，港口、河道等的浚渫為一例行工程。此浚泥中有一大部分都海拋至外海，通常浚泥一旦沉至海底，便很難與原有底泥區分。只是通常這些底泥，並不會就此一直沉積在原處，而是會四處分散且也有相當大比例，會回到浚渫原處。

　　來自港口或工業河口的浚泥，經常都會有金屬、農藥、及不易分解的油等的毒性。這些毒性物質若能一直吸附在顆粒上，則還不至於會立即進入食物鏈，然一旦釋出，則便很容易進入食物鏈之中。一般港口濬泥中可能會有十種以上汙染物，其中大部分為鎘、砷、鉻、銅、汞等重金屬及 DDT、PCB 等。其對於海洋環境的影響程度，視以下因素而定：

- 汙染物本身的化學性質
- 淤泥特性
- 棄置地點的周圍環境

而其中最有問題的，便是濬泥當中可能同時含有多種有毒物質。

　　此外，研究發現，有一種直徑約 3 至 4 mm 的塑膠顆粒，廣泛分布在海洋、海灘及河道當中。其來源，據猜測應為塑膠工業不慎外流的塑膠粒（塑膠原料）占大部分。這些塑膠粒因太小，還不致影響觀瞻，對海中生物的影響還不確定。但從多種自海面攝取食物的海鳥沙囊中所發現的塑膠粒，可確定是海洋環境之一大隱憂。

　　塑膠無法由生物分解，當其暴露於紫外線下，雖可由光分解，但卻需相當長的時間。不幸的是，塑膠廢棄物在海洋當中及海灘上隨處可見。這些主要是各式各樣的塑膠包裝材料。其一部分應是來自船上，全球從各類型船舶棄置於海洋的塑膠，每年總共約 6.5 百萬公噸，絕大多數都在離岸 400 公里的範圍內。據估計，船上每人每天平均產生 1.1 公斤的塑膠垃圾，很可能大

部分都被棄置入海。

　　其他過去曾在臺灣附近海域海拋的還包括中國石油化學開發公司（China Petrochemical Development Corporation, CPDC）與英商石內門（ICI）合資經營的高雄塑脂公司所產生的廢酸，及食品廠所產生的味精廢料。

4.3 海拋影響評估

　　承受水體的地形與水文（topographical and hydrographical）狀況和廢棄物排放的方式，是決定廢棄物進入承受水體後分布情形的主要因素。而擾動和洋流則會進一步決定廢棄物於更大量海洋內的傳輸與交換。因此，要了解生活廢棄物被棄置於海洋後究竟會變成什麼樣時，我們便必須同時考慮海水及廢棄物的物理、化學及生物等特性。

　　將生活汙水及汙泥棄置於海洋的初步影響，只限於其在物理和化學方面的本性。依廢棄物內部成分的比重及與其相對海水密度的不同，被棄至於海中的物質可能沉入海底，載沉載浮於水團之中，或浮出水面。此時，不可避免地，海水的透光率則將會隨之降低。而緊接著的，可能就是另外一些我們所不希望有的不利影響。例如光合作用受阻、海洋生產力降低、漁產或漁具受汙泥汙染、底棲動植物遭受汙泥破壞，以及海洋給人的舒適性，因漂浮上岸的廢棄物而遭破壞，以致喪失遊憩地點。然而這些影響，大體上只侷限集中在廢棄物出口或棄置點附近。更嚴重的問題倒是在海拋物對於大量有機物質在化學與生物方面，初級與次級的破壞。

4.3.1 海洋對海拋物的作用

　　廢棄物一旦被棄置入海，便會受到物理、化學及生物的作用，而分散、移流及轉換。有些作用會同時發生，有些則需經過一段相當長時間後才會發生。廢棄物在海水當中所承受的化學與生物作用大多是短期的，而且所受到持續稀釋等物理作用的影響也很大。在海底所發生的地質化學及生物作用，則是屬於較長期性的。一旦抵達海底，由於沉降（settling）、沉澱

（sedimentation）及生物累積（bioacumulation）等過程，汙染物便不再被稀釋，反倒是被濃縮了。

　　此外，海拋廢棄物各種成分的移行性，也取決於地質化學因子與整個過程。因此，海拋廢棄物或其成分的短期與長期效應，實難以決定。且另一方面，該廢棄物在水團當中和在水底，所受到的生物、化學、物理及沉積等整體作用，亦需一併考慮。

物理作用（physical processes）

　　分散具有很好的稀釋作用，而船駛過所造成的船跡（wake）更有利於此作用。經稀釋後約數小時至數天後，此廢棄物往往僅剩下背景濃度（non-detectable or background level）。在水中的團狀廢棄物（waste-plume）究竟會穿透入水下多深，端視何種廢棄物，其物理與化學性質，水團層化（water-column stratification）及棄置點的水流（current）而定。有些廢棄物可迅速沉至海底，有些則在靜水狀態下會在水面逗留好幾個小時。

稀釋（dilution）

　　以從一艘航行中的船上，進行海拋為例，受到船跡的作用，各種廢棄物的稀釋程度從 10^3 到 10^5 不等。以酸鐵廢棄物海拋為例，其混和係數與該廢棄物從船上排放的速率成正比。

　　有了船跡的協助，搭配在海拋區周遭水域的自然擾動和水流，棄置的廢棄物在棄置後數小時至數天後，便可望被進一步分散到無法偵測出或背景值的程度。海洋對廢棄物的稀釋，取決於廢棄物本身、處置場址及物理作用的時間尺規。而要實際將整個含有稀釋廢棄物的水替換掉，則取決於需歷經數月至數年的大規模循環過程。

　　至於廢棄物團在水層中的穿越深度，則將取決於廢棄物的種類及其物理與化學性質、水柱分層及在棄置場址所具有的水流。有些廢棄物可迅速沉至底部；有些則會在棄置後逗留在水面，或緩緩下沉。

化學作用（chemical processes）

　　廢棄物的物理與化學作用常會在廢棄物與海水混合後起很大的變化。這

種情形包括，酸鹼中和、固相的溶解（dissolution）、參與（participation）與凝聚（flocculation）、顆粒與海水間的表面交換反應，例如吸附（adsorption）與脫離（desorption）、海面的揮發（volatilization）、氧化狀態的交換（change in oxidation state）。鋁、矽、鈣、鐵、鎂、錳、鈦為煤灰當中的主要元素；氮與碳則為汙水汙泥當中的主要元素。

　　廢酸鐵（acid-iron）海拋，便是個很明顯的例子。酸一旦進入海洋，即很快被海水緩衝系統（buffering system）所中和，而水合鐵的氧化物（hydrous iron oxide）之沉澱物，則會在船的跡象中顯出柱狀混濁。如此將使此溶解鐵轉換成顆粒狀（經與海水混合），其中亦包含了將原本在廢棄物中為還原狀態的 Fe^{2+} 氧化成 Fe^{3+}。凝聚的現象亦常在此酸鐵（acid-iron）與海水的混合物中發生。

　　廢棄物在海洋當中的化學與生物行為，取決於某元素在某液態廢棄物當中的形態，而並非該元素的總濃度。某元素的化學形態（speciation）包括要考慮其氧化狀態、其離子對與有機複合物（organic complexes）的形成，以及其所結合成的固體。

　　一旦廢棄物當中的沉澱部分來到海床，其將進一步進行地質化學與生物性的改變。有些生物會持續消化廢棄物顆粒，將它們轉換成生物質量或糞便，而有些生物則會攝取這些糞便。因此任何特定元素，都可在成為穩定的沉積物之前，歷經多次循環。

　　例如汙水汙泥等有機廢棄物沉至海床後，將被海底微生物進行分解，有些會轉化成溶解形態，同時釋出植物的重要養分。假若這些營養質向上混入了水團透光區，則還可被植物所利用。沉積在海床上的廢棄物顆粒，也可藉由穴居生物（burrowing organisms）混入更深的沉積團。而這些顆粒接下來在底泥中的化學活動性（chemical mobility），則取決於底泥的物理與化學性質。

　　如此可知，廢棄物在海床上的行為與其在水團中的大不相同。一般而言，作用在水底區廢棄物的過程，可延長進行一段時間。

生物作用（biological processes）

評估廢棄物海拋在生物方面所造成的衝擊時，通常可將其作用分成三類：

1. 海洋生物的反應：廢棄物中可能含有毒性物質，而對海洋生物不利。另外在廢棄物中也有些物質會刺激海洋生物活動，使其在某些狀況下有利，而另外在某些狀況下則可能很不利於海洋生物，如：毒性物、重金屬、PCB、氮、磷等營養質。
2. 廢棄物當中物質與生物體的結合：生物可將物質結合到體內，並使體內濃度增至周遭環境當中的十倍、百倍以上。
3. 生物作用所導致廢棄物性質的改變：海洋生物可能因新陳代謝作用而改變化合物的性質，例如將石油改變成其他碳氫化合物，或將其完全氧化成二氧化碳與水。

生物作用對海中廢棄物的影響相當複雜，所需要考慮的不僅止毒性的影響，還在於其次致死的影響，以及其如何透過受汙染海產食物進入人體。而規範海拋行為的目的，便在於避免傷害到海洋生物以及對海洋生態造成負面改變。當人攝取了遭受汙染的海鮮，其健康即遭受到威脅。而若能妥適保護海洋生物使免於不利影響，則人體健康當能得到保障。

4.3.2 對生物的影響

廢棄物海拋的生物性破壞最主要是，降低了水中的供氧量。若水體範圍受限，便很可能耗盡水中溶氧。而生物氧化過程甚至可能持續，亦即持續消耗水中溶氧，起初得自於硝酸鹽，接著得自於磷酸鹽分子，而將其還原。該水體會接下來的產物是具毒性、能妨礙高等生命生存的硫化氫。

廢棄物材質當中的物質，可能包括各種具毒性的重金屬與有機化合物。倫敦海拋公約便禁止海拋汞、鎘等有機鹵化物及多種石化產品，其他各種物質，則需先進行特殊處理，並取得特別許可方得海拋。

某生物對於毒性物質的反應，取決於毒物濃度，及該生物暴露其中的時間。毒性在實驗室生物檢定法當中，通常以 96-hour LC_{50} 來表示。其意指

在該毒物 96 小時內，殺死半數受測生物的濃度，這顯然並非安全濃度。而通常我們會明示在環境當中的濃度，不應超過此以生物檢定法所測出，致死濃度的十分之一或百分之一。

　　毒性物質的慢性次致死（sublethal）影響，則更難以在實驗室情況下，進行評估。若某生物可在實驗室中養大並繁殖，則可進行包括該生物完整生命週期的長期試驗。在此情況下，需建立一套讓毒物濃度不會在環境中隨時間改變的流通環境。如此評估這類長期次致死影響，可用以研究大自然中受汙染的環境。

　　廢棄物海拋的另一衝擊，是對各種不同生物作用的刺激。最常見的刺激物，包括讓浮游植物數量成長的光合作用重要養分，特別是氮與磷的化合物，排放的汙水與其汙泥當中，都不乏這些化合物。促進光合作用可增進生態系的生產力，包括可收獲來供人食用的物種。然而若這類肥力過量了，正常的浮游植物類聚也可被摧毀，取而代之的是不宜作為系統中，草食性動物的食物或營養來源的嫌惡性物種。其結果是：整個自然生態系因此環境汙染，而告崩解。

物質進入生物體內

　　海水為一複雜溶劑，其中含有生命所不可或缺的所有元素。一些在海水當中僅有低濃度的重要元素，可在生物形成其結構的過程中顯著濃縮。當然，在此同時也有一些不重要，卻具毒害性的組成，在同一生物體內進行濃縮。假若海洋生物將這些物質濃縮到相當程度，便會對食用此「海鮮」的人構成危害。

　　美國國家海洋與大氣諮詢委員會（National Advisory Committee for Oceans and Atmosphere, NACOA）將生物從海洋環境攝取這些物質的三個主要過程定義為：

- 生物濃縮（bioconcentration）為物質經由水生物鰓（gill）或植物外皮（integument）經水溶解，直接進入水生物體的過程。大多數水生物都會將大量的水，經由其鰓面通過其消化道。如此可在其生體組織

與周遭的水之間，建立平衡狀態。而其體內的平衡濃度會比水中濃度小或多上幾個數量級（orders of magnitude）。

- 生物累積（bioaccumulation）為海洋生物將物質儲存在身體組織或器官內的過程。這些汙染物的來源，可能是和溶解在水中或所消化的食物，直接交換來的。各種不同物質會以不同程度，累積在不同的組織或器官，例如肝臟、肌肉、消化道、骨骼或脂肪內。
- 生物放大（biomagnification）為經生物累積汙染物濃度，隨著在食物鏈傳遞，透過二階以上營養層級而增加的過程。

由於海洋中各種生物各有在不同生命階段中，對各種不同物質的不同反應，其可能排列數（permutation）也就極大。

代謝過程中改變廢棄物

含有各種有機物質的材質，大部分都可經由海洋生物代謝掉。而在廢棄物當中的大部分天然有機材質，也都可輕易代謝掉。這些物質的半衰期大約為幾天，最多幾個禮拜。例如原油，是在缺氧狀態下歷經數百萬年形成的自然產物，其可在海洋環境當中經過數世紀的自然滲出釋入海洋環境。

但在最近幾十年來，卻藉著人類活動，加速添加到海洋當中。這些物質會在海洋環境當中，在有氧狀態下慢慢氧化。各種不同組成的半衰期，從幾年到幾十年不等。至於人工合成的有機化合物在海洋環境當中，則更難分解。有些合成有機物質的半衰期，介於數十年到數世紀。

4.3.2 海拋區選擇

一般海拋區域在選擇時需考慮的因素包括：

1. 當前海域的水質等環境背景、生態組成、對各類外來物質涵容能力的大小、及進入海域後可能的衝擊輕重程度等。一般而言，海域所含汙染物質的背景濃度，愈是遠低於其可能對海域水質、生態造成不利影響的濃度，則可能具有對此汙染物質的涵容能力也就愈大。
2. 漁業與其他自然資源。
3. 海域的洋流、混合及能量狀況。在不同的海域具有不同的能量及混

合、傳送等特性。在具有高能量的情況下較易於混合、擴散及稀釋，因此理論上也較適合海拋。長期大規模海流傳送形態固然有利，但需確定不至於將海拋物帶至敏感區域。若有，則其濃度應遠低於背景濃度，並需注意長期累積的可能（能量大者較不易有此可能）。

4. 水深與海底地形。一般而言，淺水處生物多而旺盛，比起水深處生物所受影響為大。水深處，海拋物沉至海底需時較長，受擴散及傳送影響的時間亦長，累積範圍大，影響底棲環境的範圍也較大。然同樣的海拋物，若其累積厚度較小，則對水深及地形的衝擊也較小。

5. 海拋物的特性、數量及所採排放方法。海拋的衝擊性除與自然條件有關外，尚與海拋物本身的特性及數量有關，故必須考慮擬海拋物的分類與管理，以充分利用海域的涵容能力，而又不致過分破壞自然環境品質。

6. 投棄物的產地。

7. 對其他活動的干擾。

【問題討論】

試想一樣你所認為，對海洋環境衝擊最大的海拋物，就其來源、數量、海拋位置、以及影響其進入海洋後的命運的因素，說明其對海洋環境的衝擊。

4.4 國際間對海拋議題的共識

4.4.1 公約

在過去幾十年裡，海拋活動從原本極少規範或限制的情形，成為國際間公認對海洋造成威脅，而必須制定完整國際標準的情勢。1970 年美國環境品質諮詢委員會（United States Council on Environmental Quality, CEQ）針對海拋問題建議立法，隨之才有海洋棄置法案（Ocean Dumping Act,

ODA）在參議院生效。而大約在同一時間，國際社會也開始討論海拋問題。二十幾年當中，國際間對海拋問題已陸續獲致重大成果，例如：

- 1971 年國際奧斯陸公約（Oslo Convention, OC）
- 1972 年國際倫敦海拋公約（London Dumping Convention, LDC）
- 1982 年聯合國海洋法公約（LOSC）

奧斯陸公約

這是繼英、荷兩國建造了兩艘專門作爲海拋用途的大船，所得到的直接反應。該公約會議於 1971 年 10 月舉行，共 12 國參加，1972 年 2 月 15 日簽署此公約。此爲第一個用以規範海拋的多國性公約。只可惜，其只用以限制在北海地區進行海拋，以及在海上進行焚化活動的歐洲國家，實質上屬於區域性公約。所以，緊接著在後來才有倫敦海拋公約。

奧斯陸公約附則壹（Annex I）當中所列，禁止海拋的黑名單如下：

1. 有機鹵素化合物（organohalogen compound），即在海域中可能會形成此類化合物的物質，但不包括無毒性，或是在海域中很快就能轉化成對生物無害物質者。
2. 參與國間所認定，在海洋棄置作業情況下，可能致癌的物質。
3. 汞及其化合物。
4. 鎘及其化合物。
5. 不易被消化，而能在自然界長久存在的塑膠類和其他人工合成物質，可長期漂浮在水體或沉降到海底，以致嚴重干擾水體生物、漁業、航運、景觀、以及其他合法海域活動的運作者。

倫敦海拋公約

1972 年的倫敦海拋公約爲全球共同合作，以避免日後繼續將海洋當作廢棄物最終去處的一大步。倫敦公約於 1975 年夏天生效，有關核發許可的技術性因素列於三個附錄當中。在 1996 年訂定的「倫敦公約 1996 年議定書」，於 2006 年 3 月起生效施行。1996 年議定書改採正面表列，允許七大項物質可從事海拋外，其他廢棄物禁止海拋。這七大類物質包括：浚泥、汙

水下水道汙泥、漁產加工廢棄物、船舶或海洋設施、無機材料及位於離島偏遠地區，無妥適處理方式的鐵、鋼、混凝土等無害材質。

　　LDC為唯一僅針對海洋廢棄物棄置的全球性公約，其要求締約國（Confronting Parties）分別建立各國對於擬進行海拋的廢棄物，或其他物質的國家管理體系。LDC所規定的較OC的涵蓋範圍為廣，其禁止任意自船上、飛機、平臺或其他人造建築物上丟棄廢棄物。而在OC中則只規範了從船上及飛機上丟棄廢棄物。LDC中分別在三個附則（Annex）中列出所規範的海拋物。其禁止了所有有害物質（hazard substance）的海洋棄置，此為所謂的黑名單物質（black list substance）。

　　附則壹（Annex I）──黑名單（Blak list），為某些絕對禁止的特定物質的清單，除非其為極微量，或很快就對海洋環境不致造成傷害，包括汞（Hg）、鎘（Cd）、DDT與PCB等氯的有機化合物、持久性塑膠物、原油及石油產物、高濃度放射性廢棄物及生化戰劑。在Annex I中，Cd與Hg常見於焚化爐灰當中，而可能用於人工魚礁。

　　附則貳（Annex II）──灰名單（Gray list），依特別許可加以規範其海拋，需有特別許可證始得以海拋的特定物質，例如砷（As）、鉛（Pb）、銅（Cu）、鋅（Zn）及其化合物、氯化合物、氟化合物、矽的有機化物。附則壹中所列除外的農藥、低放射性廢棄物及可能對捕魚或航行造成嚴重妨礙的大型廢棄物，如貨櫃等。

　　附則參（Annex III）──其他物質，需得到一般許可。發證的考慮因素包括：物質的特性與組成、棄置方法及棄置場的特性。

　　除此之外，LDC要求每個締約國對於掛該國國旗的船隻、飛機，及在該國裝載海拋物的船、飛機採取必要措施，以符合LDC的要求。

　　至於其他的廢棄物，亦需經過國家當局發給許可後，始可為之。而審核發放許可的過程，亦必須事先經過審慎考慮，該海拋物對於環境所可能造成的危害，及其他亦可用以處理廢棄物的替代方案。在上述國際公約公布實施後，傳統的海拋已不再常見，而且也受到嚴格的限制。然而，由於在LOSC中留下了一些尚未確認的條約，目前國際間所採納的海拋標準，卻尚有混

淆不明之處。其他尚有一些類似的區域性公約，如地中海的巴賽隆那公約
（Barcelona Convention）及波羅的海的赫爾辛基公約（Helsinki Convention）。

4.4.2 因應停止海拋趨勢

　　儘管美國、以色列等許多國家仍將持續進行廢酸等海拋，然法國、荷蘭
等國家則將因無適當海拋場等理由，逐漸停止海拋活動。而實際上，愈來愈
多國家，尤其是北歐諸國，強烈認為以海拋處置廢棄物是無法被接受的。其
認為廢棄物應該在產生源頭就加以減量或處理掉，即使仍有剩餘，也應當選
擇安全的方法，在陸地上加以處置。此一政策主要是基於：

1. 所有海拋的廢棄物對於海洋生物皆有害，而應禁止。加以長期對海洋
   生態究竟會有何影響的詳細情形，尚不得而知。
2. 海拋廢棄物最終將損及其他國家在利用海洋上的利益，而此結果的成
   本與效益均無法在國與國之間取得平衡。
3. 陸地上處理廢棄物，包括再生等替代方案其實都已存在。

　　要完成廢棄物海拋問題評估終究相當困難，這需要不同領域的科學家共
同合作，進行大規模完整的調查，並根據科學原理建立妥適的策略。針對海
拋，聯合國海洋汙染科學層面專家小組（Group of Experts on the Scientific
Aspects of Marine Pollution, GESAMP）於 1982 年提出的四個優先調查領
域包括：廢棄物的種類、數量及特性、廢棄物對海洋生物的毒性、廢棄物的
命運與傳遞路徑，及預測廢棄物影響的數學模型。

回收相對於處置

　　社會上擴大消費的趨勢不可避免，因而導致大量廢棄物的產生。產業固
然需要有這些消費以支持其發展，但產業界對於社會也有責任，促使將產生
的廢棄物降至最少，或得以透過回收，重複使用廢棄物。回收有助於顯著降
低廢棄物產量，進而將其對環境構成的負面衝擊，降至最輕。

　　回收的額外效益是減緩資源的消耗。一些像是銅、鉛、銀、汞等元
素，從自然蘊藏中的消耗速率都相當高，亟待回收。此外，促進回收還可省

下用來提煉鋁、銅、鐵等金屬，所需耗費的大量能源。

　　新的回收技術，應包括在製造過程中，便進行回收廢料，隨即以此作為原料。例如數量極為龐大的飛灰，便可望從中回收大量鋁、矽、鐵、鈣、鎂等元素。而是否回收這些元素，主要取決於回收過程的經濟性、市場考量及可望回收材質的取代價值。一般而言，所用礦石的等級愈低，便愈有利於進行廢棄物回收。多年來臺灣從燃煤發電廠產生的煤灰之回收，多半是提供水泥廠用以生產水泥。

　　此外在農業方面，過去廣泛的研究顯示，煤灰可用作促進土地貧瘠地區植物生長所需要的中和劑與稀釋劑，並可對土壤提供一些補充養分。美國持續在腳踏車道、鄉間小徑、露營野餐區，以燒結（sintered）煤灰添加在持續使用的泥土地上，以維持低壓實密度，並增加保水率以促進草皮生長。燒結煤灰在此應用上的優點，在於其孔隙率與抗分解。

　　針對含 75% 黏土與 25% 飛灰的磚頭所作的研究發現，添加煤灰可增加磚頭的穩定性和耐用性。而這類煤灰磚，也已在美國賣了幾十年。將煤灰以掩埋處置的好處不外乎容易處理，加上其壓實密度低，可隨時間逐漸趨於穩定。而一些實際工法顯示，經過適當的摻配用於公路鋪設，還可提升防滑效果。

　　以飛灰作為生產混凝土的原料，一方面可補充或取代其中的細小骨料，同時也可提供有效的火山灰反應（pozzolanic action）。研究顯示，此合成骨料可超越 ASTM 規格，洛杉磯磨耗指數（Los Angeles abrasion index）可達30，密度961 kg/m^3。工業界也已建立了利用飛灰極輕顆粒，稱為煤珠（空心微珠，cenospheres）的應用技術。例如有一種稱為「合成泡沫體」（syntactic foam），便可用以在深海環境下達到一定浮力。另外也有針對以飛灰生產高分子水泥（polymer cement），以改進其性質的研發。

　　也有研究針對利用飛灰復原優氧化（eutrophic）或藻華（algae-bloom）的河川、湖泊，建立一套方法。此法可藉著飛灰去除磷酸鹽並封住底泥，以防止汙染物釋出。此外也有針對前述煤珠應用於太空的研究。從此研究得到了一種用於太空梭的封閉中空隔熱材料。此煤珠也可用於生產一種防火膠

帶，和高壓電電纜的絕緣材料。

　　我們終究必須承認，要免除廢棄物是不可能的。但我們的社會確實可以從源頭減少它的產量。或者，我們也可嘗試開發出新的廢棄物利用方式。

人工魚礁爭議

　　一些創新的想法，包括利用汙水排放與汙泥為開過礦的貧瘠土地復原，利用受汙染的濬泥作為陶瓷原料，以及以水泥電桿等大型廢棄物作為人工魚礁（artificial reefs）等。

　　就在國際間海拋活動大幅減少的同時，人工魚礁的種類與數量卻持續成長。安置人工魚礁的原意，是在增加漁業資源的棲息地，並滿足成長中的潛水活動，甚至還可因為魚礁具破浪作用，而可用以保護海岸線。然而，由於海拋規定得很嚴格，魚礁乃成了海拋的一項新出路。很多被禁止海拋的廢棄物，被人藉此漏洞當成人工魚礁，棄置海洋。

　　通常在將廢棄物處置，轉換成為廢棄物利用的過程中，都需跨越一道法律界線，而在進行所倡議的作法相關研究時，首需面對的便是各種環境法令的限制。因此，針對這些利用新構想的評估便很重要。而相關主管機關，為鼓勵這些創新計畫得以迅速進展，便需針對這些實驗與評估，修訂法規條款。

【問題討論】

一、投置人工魚礁向來深受肯定，然而實際上卻不免其隱憂。哪些情形是可以預見的？如何界定廢棄物海拋與人工魚礁投置？如何防範其漏洞？

二、根據海拋物的物理、化學、生物性質，究竟應選擇以下哪一種投拋區：

　　1.使獲致最大擴散與轉換（dispersal and transformation）如毒性大的廢棄物或廢酸等，還是？

　　2.使海拋物儘可能限制在一特定獨立（confinement and isolation）的區域。例如煤灰等淺海區？

4.5 海上焚化廢棄物

海上焚化化學廢棄物（chemical waste incineration at sea）開始於 1969 年歐洲北海，但直到最近二十年前由於環保團體的反對，海上焚化的技術等相關問題才成為國際間熱門話題。以下摘要列述進行海上焚化所用的船舶、對環境的影響、應急計畫及許可要求。

焚化船

為確定焚化船進行焚化的地點確實為所指定的，必須確切知道並持續記錄其位置。首先，根據國際規定，焚化船必須視為化學船。依照 IMO 的要求其必須符合 Type II 船的結構要求（雙重船底、雙重船殼，艙間細分隔）。

各艙必須裝設液位指示器及安全裝置，以防滿溢出，且必須具有可在裝載同時收集從通氣孔和其他可能來源漏出的氣體。船上幫浦不得用於裝載，而只能從岸上進行裝卸工作。貨艙之管路配置連接，必須使船上廢棄物只能從焚化後的出口排出。

對環境的影響

從過去在歐洲或美國進行海上焚化的經驗，只要是符合國際間的規定，便不致對環境造成可偵測出的負面影響。相關文獻皆未測出：

- 對水質（如 pH、氯、金屬）造成的改變
- 水中存在未經燃燒的廢棄物（例如有機氯、PCB）
- 生物直接受到排煙衝擊的影響
- 生物體內有未經燃燒的廢棄物成分

應急計劃

所涵蓋的主題包括：

1. 應急計畫之行政 —— 申請者之責任、政府涉及部分。
2. 意外事故應變計畫 —— 應變網路系統、廢棄物漏洩之應變程序（裝載貨物、船駛至開始登陸地點途中、船駛至焚化位置途中、船在焚化地點）、預防對策（人員之預先準備、船舶之預先準備、針對廢棄物之預防）。

3. 附錄：針對港口之資訊、陸上運輸、貨物傳送設施、船舶裝載計劃、在港廢棄物洩漏應變所需資源、在港海洋災變計畫、清場計畫、港口與開始登陸點之遷移。

申請許可應符合之要求

- 財產責任證明
- 應急計劃
- 船舶規格明細及證照
- 瀕臨滅絕或危險物種之評估
- 焚化爐之詳細說明
- 驗證與已經認可的國家海岸管理計畫之一致性
- 監測與記錄之詳細說明
- 廢棄物裝載、儲存及分析程序之詳細說明
- 與其他中央、省及地方機關合作活動之詳細說明
- 試運轉（試燒）計畫
- 許可申請費用
- 擬定之焚化地點、港口及焚化時間表、焚化率
- 廢棄物之詳細說明
- 對許可需求性之評估

第五章

垃圾對海洋造成的汙染

5.1 塑膠垃圾對海洋構成的威脅

5.2 海洋垃圾類型

5.3 海洋垃圾的影響

5.4 船舶垃圾管理

5.5 解決海洋垃圾問題

5.6 海洋垃圾與消費主義

　　人類爲了維生，或能進一步享受生活，而不斷使用地球上的水、空氣、土地及礦產與食物等資源，以致改變了環境，破壞了平衡。由於水、空氣、土地、食物和人類之間的關聯程度各有不同，加上問題所呈現的徵狀有所差異，以致環境問題受到重視的優先次序，也有差異。比如說水與空氣的問題，迄今各國不論是對問題的了解程度，或是解決問題的能力，乃至用以預防和控制汙染的法令，都已相當成熟且完備。

　　至於人稱「第三汙染（3rd Pollution）」的土地汙染，即便是在美國，也直到 1960 年代中期，才開始被認眞看待。美國在 1965 年通過了固體廢棄物清理法（Solid Waste Disposal Act）。臺灣儘管起步較慢，但之後卻進展迅速，時至今日已達一新境界，法令趨於周延，民眾也普遍願意關心，並配合進行垃圾收集與處置。

【海汙小方塊】

抹香鯨的世代劫難

　　2018 年 11 月印尼國家公園海岸發現一條抹香鯨屍體，腹中有 6 公斤塑料垃圾。世界自然基金會（WWF）印尼分會表示，該隻抹香鯨長約 9.5 公尺，肚裡塞了 6 公斤的塑料垃圾，當中包括 115 個塑膠杯、4 個塑膠瓶、25 個塑膠袋、一個尼龍袋和一對拖鞋，加上約 1000 片塑膠碎料。

　　十八世紀，點「燈」照明主要依賴動物油脂。鯨油堪稱最理想的光源，而鯨油當中又以取自抹香鯨頭部的鯨蠟，最爲珍貴。1851 年發表的美國偉大長篇小說《白鯨記》（Moby-Dick, The Whale）便是以當年人類大肆捕捉抹香鯨爲背景。

5.1 塑膠垃圾對海洋構成的威脅

人類活動對海洋當中的生命構成各種類型的威脅，例如過度開採與捕撈、廢棄物棄置、汙染、外來物種入侵、土地開發、濬渫以及加速地球暖化。而塑膠垃圾對海洋生物構成嚴重威脅，則屬相當特別的一種形態海洋汙染。

儘管長期以來，塑膠對海洋環境持續構成威脅，卻並未得到該有的重視。例如多年前，英國塑膠聯盟委員會的 Fergusson 便曾公開表示：塑膠垃圾只占全部垃圾的一小部分，對於環境除了礙眼，不致構成傷害。如此說法，所顯示的不僅止對於問題的輕忽，也低估了塑膠在接下來數十年的生產與使用規模。而人類長久以來所認定的，海洋當中的龐大生物數量與涵容能力，更註定了塑膠垃圾勢將加速危害海洋。

儘管垃圾出現在海上或海岸的景象往往令人怵目驚心，這些垃圾如何進入海洋，接著對海洋環境構成威脅的相關資訊，其實仍相當有限。隨著人類擴大使用塑膠，對海洋環境構成威脅的塑膠數量，也持續增加。這類威脅，主要在於動物攝取塑膠殘屑，和遭到塑膠包裝袋、繩、線或流網的糾纏。

當今格陵蘭與巴倫支海（Barents Sea）幾乎已淪為垃圾場。這主要是因為被稱為「全球海洋輸送帶」的溫鹽環流北大西洋分支，將塑膠微粒帶到此區。科學家使用 17,000 個衛星浮標追蹤，才找出這批塑膠垃圾穿越北大西洋的途徑。而在赤道附近地區，也發現了類似數量的塑膠垃圾堆。此外，儘管住在北極圈的人並不多，該區的垃圾殘屑估計卻重達數百噸，當中包括釣魚線、塑膠薄膜、碎片與顆粒。

除了漂浮在水面上的，累積在海床上的塑膠殘屑，也會對海洋生態系構成危險。根據日本在 1995 年的研究報告：東京灣海床上的垃圾當中，有八成到八成五都是塑膠。這打破了一般認為：塑膠都浮在海上的迷思。這些覆蓋在海床上的垃圾，會妨礙上層水與底泥空隙水之間的氣體交換，而導致底棲生物缺氧，進而妨礙生態系的正常功能。而當然，一如浮游的生物，底棲

生物也同樣會因攝取與糾纏，受到沉積海床垃圾之害。以下列述各類型海洋
廢棄物，所可能對海洋生物構成的各類型威脅。

攝取塑膠

Moser 與 Lee 於 1992 年的研究報告指出，在他們收集到的 1,033 隻海
鳥，55% 物種的胃裡都有塑膠顆粒。該研究證明有些海鳥，會特別挑選塑
膠的形狀與顏色，當作食物來攝取。其他一些研究發現，魚也會特別攝取某
些特定塑膠殘料。

受塑膠殘料糾纏

海洋生物遭棄置漁具等塑膠殘料糾纏，已構成相當嚴重的問題。塘鵝
（gannets）、海龜及海豹等海洋哺乳類，都是主要受害者。好奇的小海豹
會傾向將頭鑽進漂浮的塑膠套環和孔內，接著便被套在脖子上。這些套環若
未能在海豹長大之前滑脫，接下來將緊緊勒住海豹致死。更悲哀的是，研究
顯示，隨著此套著塑膠的海豹屍體逐漸分解，塑膠套也將脫離，重新尋找下
個受害者。據研究估計，此塑膠套本身的分解，需要 500 年。

海洋中的動物一旦遭到塑膠糾纏，便有可能溺水、失去覓食與逃避獵食
者的能力，或遭塑膠刮傷。北方海獅、夏威夷僧海豹、北方海豹等的數量減
少，至少有一部分和遭到塑膠糾纏致死有關。

PCB

研究顯示過去數十年來，多氯聯苯（PCB）對整個海洋食物網，尤其是
海鳥的汙染，益發嚴重。PCB 可導致生殖障礙（reproductive disorders）或
死亡，並具有導致疾病與賀爾蒙改變的風險。

這類化學品，即便數量微小，也會對海洋生物構成嚴重威脅。而塑膠碎
屑便是 PCB 進入海洋食物鏈的一條途徑。1988 年 Ryan 等人的研究顯示，
海鳥身體組織內的 PCB，來自海鳥所消化的塑膠顆粒。此研究首次指出，
海鳥胃裡的塑膠，可被轉化為有害的化學汙染物。而 1994 年 Bjorndal 研究
團隊在海龜身上，也發現到同樣情形。除了 PCB，塑膠殘屑也可能是其他
汙染物的來源，其影響尚待進一步研究。

微塑膠洗滌劑

自 1991 年起，一些有關海洋當中，主要源自於洗手乳、洗面乳、空氣沖洗等所產生的微小（大小不到 5 mm）塑膠（一般稱為柔珠，micro-beads, micro-scrubbers）汙染研究，引發世人注意。這些微粒加上類似大小的塑膠碎屑，究竟對環境會造成什麼影響，目前仍不明朗。

因為太小，這些微粒若隨著汙水進入汙水處理系統，僅有少部分會被攔阻下來，大部分將隨著放流水，排入海洋環境，隨著洋流擴散開來。其接下來可能的影響，包括攜帶重金屬等汙染物，進入濾食性（filter feeding）等無脊椎動物（invertebrates）體內，而最終被食物鏈中高階動物攝取。

隨塑膠殘料流浪的外來物種

引進外來物種可對海洋生態系帶來嚴重後果。浮在海上的塑膠殘料可附上細菌、矽藻、藻類、貝類、水螅（hydrois）及被囊動物（tunicate）等生物。而這些塑料繼續在海上漂泊，也因而可將一些生物帶到「新」的生態系和環境當中。

5.2 海洋垃圾類型

塑膠

塑膠質輕、強韌、好用且便宜。如此特性，使得塑膠適合製作成各式各樣的產品。同樣的，這也使塑膠成為環境的最大威脅，加上絕大多數塑膠都容易漂浮，往往可隨波逐流，旅行到相當遙遠的地方。而就算最後沉至水底，也可長保數世紀不毀，過程中還會伺機回到水層，甚至水面或岸上。

圖 5.1 與圖 5.2 所示，為在臺灣基隆附近海岸和 2009 年世界各地，所搜集到各類型海洋垃圾的分配情形。海洋垃圾當中，塑膠為最常見的類型。塑膠屬不可生物分解（biodegradable），且極耐候的材質。其在海洋當中經過數日、數週、數月甚至數十年，也不致被解離。研究發現，一個進入海裡的塑膠水瓶，大約要經過 450 年，才得以化解掉。而如今，每天都有大量塑膠袋、工業塑膠粒及產品包裝，持續進入我們的海洋。

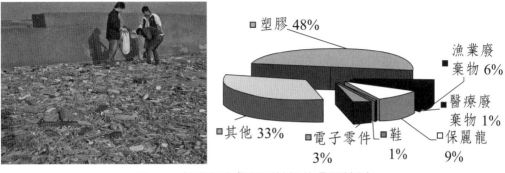

圖 5.1 　基隆海岸各類型垃圾的分配情形
資料來源：作者淨灘調查

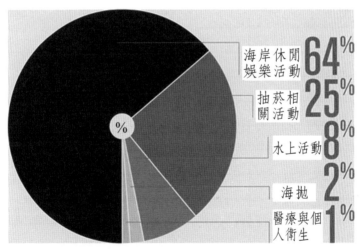

圖 5.2 　2009 年全世界收集到的海洋垃圾來源分配
資料來源：http://gpgarbagepatch.blogspot.tw/2015/03/specifics-of-problem.html

漁具

　　早期的漁具以棉、麻等天然材質製成。然自二次世界大戰之後有了塑膠，漁業界便以合成材質製作各種捕魚的工具。其傾向以聚乙烯（polyethylenes, PE）及聚丙烯（polypropylenes, PP）等漂浮材質，及單股尼龍等會下沉的材料來製作漁網。而這類漁具也成了當今進入海洋垃圾的最大宗。

　　在經濟壓力下，各類型漁業的經營，也隨著更加努力並進行轉變，此

勢將使至全世界漁具流失量更趨增加。在海洋當中的漁業殘料，可以從不到 $1 m^2$ 小片的到整片（包括數公里長的流網）的，乃至好幾種不同類型網纏成一大堆的都有。由於當今大多數合成材料漁網仍相當便宜，損壞的漁網也就被棄置而不修復。漁網、魚餌、浮標和於釣魚線等，對野生動物特別危險，這些漁具可在海洋當中維持數月至數十年，持續對生物構成威脅。

　　表 5.1 所列，爲在北澳大利亞進行調查，所收集到各類型海洋垃圾的來源。值得提醒的是，各項垃圾的製造國並不一定是該項垃圾產生國。

表 5.1　在北澳收集到各類海洋垃圾的來源

來源	項數	占已知製造來源百分比
印尼	3525	68
臺灣	415	8
中國	398	8
新加坡	345	7
日本	335	6
菲律賓	78	1
馬來西亞	69	1
泰國	26	0.5
南韓	20	0.3
越南	6	0.1
已知製造者總項目	6008	21
未知製造者總項目	23267	79

資料來源：Alderman 等，1999；Kiessling & Hamilton, 2003

　　在澳洲北海岸便曾拾獲，尚能正常運作的臺灣製，用來追蹤流網與長線的信號傳送器。當中的電池則是印尼製造。透過漁網的網目、繩徑、顏色結和纖維的股數與類型可以大致推斷其來源。只不過，漁網的材料往往在某國製造，被另一國買去製造成網，接著整片漁網又被另一註冊國漁船使用，而

終致流失在海洋當中。因此該網的可能來源國，也不見得就該爲其流失或棄置負責。如表 5.2 所示，在澳洲北部所收集到，可以指認來源的漁網，臺灣製造的占 26～39%，印尼與日本製造的則分別占 17% 與 11%。

表 5.2　北澳海洋棄置漁網的可能來源

製造國	漁網類型	網數目	占漁網總數 %
臺灣	拖網	108	26
	流刺網	94	
印尼	拖網	131	17
	流刺網	6	
臺灣／韓國	拖網	99	13
日本	拖網	63	8
菲律賓	拖網	52	7
日本／韓國	拖網	25	3
泰國	拖網	23	3
韓國	拖網	19	2
	流刺網	1	
澳大利亞	拖網	68	12
	流刺網	26	
無法指認	拖網	7	9
	流刺網	3	
	未知	59	

資料來源：Alderman 等，1999；Kiessling & Hamilton, 2003

　　除了漁網，其他類型海洋垃圾也很可能和漁業有關。這些包括玻璃瓶、厚塑膠與橡膠板、漁網浮子、選別籃、籠、桶、滾輪、燈泡、繩和手套。海岸水域的養殖活動所用的浮子、籃子等各類塑膠器材，也都往往可在海岸發現。

由於在海上時間短，相較於漁業，每人、每船娛樂小艇與釣魚所產生的廢棄物量較小。但研究顯示，海灘棄置物與娛樂小艇數，呈現正相關關係，與娛樂小艇有關的棄置物主要有塑膠袋、鋁罐及玻璃瓶。休閒釣魚主要產生的有魚線、魚餌和網，而由於棄置的單股魚線對海龜等海洋生物可構成纏繞的威脅，值得特別注意。

食品包裝

塑膠袋、一次性杯子和塑膠餐具等，因為既輕且便宜，都可很容易從岸上與船上，經由直接棄置和排水系統及風、雨、浪帶入海裡。

玻璃

最常見的屬破掉的玻璃瓶，對人和動物都可構成危險。

金屬

海邊常見的金屬，包括瓶蓋、飲料罐等。一個鋁罐在海裡可維持 200 至 500 年，此期間可對生物構成威脅，包括被誤食下肚。

醫療廢棄物

海邊的醫療廢棄物，尤其是針頭，對人可構成嚴重威脅。

香菸頭

香菸頭可吸收菸草當中的致癌性化學品。95% 的香菸頭，都是醋酸纖維素（cellulose acetate）這種塑膠製成的，不僅細微且分解掉需要好幾年。其往往被海洋動物誤食，1998 年的調查結果顯示，當年全世界有將近 1 億公斤的香菸頭被丟棄。

【海汙小方塊】

太平洋大垃圾堆

圖 5.3 所示為大洋垃圾堆的分布情形。聽到太平洋垃圾堆（Pacific Garbage Patch）這個名稱，會很容易讓人以為這是一大塊連續由一大堆，像是塑膠瓶所組成的整片範圍。就像可以從人造衛星或空照看到的垃圾島一般。而實際上，其中固然有一些像是丟棄的漁網等殘料，但大部分卻是

肉眼所不易察覺到的漂浮性碎小塑膠。這些碎屑會持續透過風浪的作用混合，並分布在極大水面的水團當中。當船航行穿過這整片垃圾堆時，有可能很難或根本看不出，有碎屑漂在水面上。而又由於其邊界持續被洋流和風改變，我們也很難確認其大小。

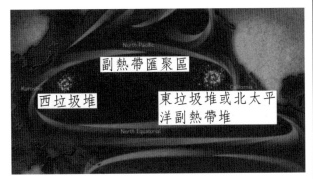

圖 5.3　大洋垃圾堆分布

5.3 海洋垃圾的影響

　　塑膠類海洋垃圾的威脅主要在於其耐久性。儘管有些塑膠可隨時間破碎成小片，但相較於在陸地上卻相當緩慢，且難以生物分解。這些塑膠殘屑在環境與形體上的影響，可大致分成在感官、生態（海洋物種與海洋棲地）、經濟、公共安全及社會文化方面的。

　　海洋垃圾對潛水者和海灘遊客也可構成傷害。例如遊客被燈泡碎片和裝有殘留有害物質的生鏽鐵罐割傷的事件，在世界各地也都時有所聞。而海洋垃圾也同樣可損及船舶和漁具，構成相當的財產損失。

海洋生物

　　有關全世界海洋野生生物攝取及遭到纏繞，這類受海洋垃圾影響的報導極多。其中有些物種已在國家與國際保育公約當中，被列入瀕臨危險或受威脅清單當中。研究顯示，當海洋裡的垃圾被動物錯認為食物攝取，可因阻礙消化而使其飢餓並減低營養吸收，導致潰瘍，進而增加浮力而阻礙潛水。

　　降解後的塑膠殘料可能被濾食性動物（filter-feeders）攝取，接著阻礙其攝食能力。許多研究結果也顯示，透過對懸浮微塑膠的攝取，生物也很有可能吸收到重金屬和其他毒性物質。在海洋食物網當中，塑膠殘料可同時扮

演傳送媒介及 PCB、內分泌活性（endocrine-active）物質及 DDT 等毒性化學品的來源。這些化學品都已被證實，即便是很低的程度也可傷害動物的免疫系統，並構成不孕不育。

廢棄的漁具堪稱各類海洋殘料當中，能對海洋物種構成最大威脅。流失在海裡的漁具可使北極海獅與澳洲及紐西蘭海獅等物種的數量減少。而留刺網也早已被證實，對於漁獲量有負面影響。此外，也有一些調查報告指出，有大量海洋生物物種，除了在海上被垃圾所殺，在岸上也會受其傷害。

有一些物種的海龜會誤食塑膠袋或其他塑膠。另外也有些海龜，尤其是玳瑁，會去吃漂浮塑膠與網上的結殼生物。除了海龜，根據一些報導，其他還有許多受到保護的物種，像是鯨魚、儒艮（dugong）與鋸鰩（sawfish）都會被漁網和其他垃圾纏害。針對澳洲北部海域的調查發現，被流失的漁具和塑膠袋纏害的海洋生物最起碼有數百隻，包括海龜、鯊魚、海蛇、鵜鶘等海鳥、儒艮及鯨魚。

海洋棲地

世界各地的研究發現，海洋垃圾除了會對海洋生物造成死傷外，其也可扼殺海岸與水底棲地，並直接危及珊瑚礁生態系，以及促使引進海洋害蟲與野草物種並擴散。

航海

近二十年來，海洋垃圾對於航海構成的危害趨於嚴重。這些垃圾，特別是棄置的漁網會纏住船舶的推進螺槳與舵，體積小的則會堵塞冷卻水吸入口，造成引擎故障。

對人的影響

海洋垃圾也會對海灘遊客造成傷害。特別是孩童遭到源自沖上岸燈泡的破碎玻璃嚴重割傷的報導，在世界各海灘的事件層出不窮。

通常都是生鏽的儲氣鋼瓶，和其他以瓶罐裝著的廢機油、清潔劑和汽、柴油等有害物質，也都是可能對人造成傷害的隱憂。在許多偏遠的海岸，由於清潔工作所費不貲，往往只能任其汙染狀況持續存在。而大量被沖

上岸的漁具，也可導致民眾對整體漁業界的不滿，構成社會問題。

5.4 船舶垃圾管理

5.4.1 船上產生的垃圾

　　各類型船舶長時間身處海上，船上產生的各類型垃圾，可能在各種情況下進入海洋，應不難想見。根據二十多年前的一項研究報告，每年從船上棄置於海洋的垃圾估計約 6,300,000 噸，也就是說每小時就有 700 噸垃圾從船上丟到海裡。這個數字涵蓋了所有，從全球漁船、貨輪、客輪、娛樂船、鑽油平臺、軍艦等船艇上，所有廢棄的固體貨物和船上產生的各類生活廢棄物，如紙張、玻璃、金屬、橡膠及塑膠等。

　　在這些垃圾當中，危害海洋生物最大的，恐怕仍屬塑膠垃圾。早年塑膠尚未問世，船上產生的垃圾丟出船外，絕大部分皆能很快沉至海底並在相當短期內分解掉，對於海洋環境來說，並不至於構成嚴重傷害。然而，近幾十年來船上垃圾的組成改變了。

　　全球塑膠製品產量快速增加，塑膠包裝材料、塑膠容器、尼龍繩、網及其他類似的塑膠製品，充斥在每艘船上。其結果，和早期船上所製造垃圾不同的是，這些塑膠垃圾一旦棄諸海上，將持續漂浮在水中，且極不易被分解掉。而這些長期滯留在海洋環境裡的塑膠垃圾，不論是存在於水中或岸上，都將對海洋生物、人類以及船隻本身造成嚴重危害。根據估計，每年有一百萬隻海鳥、十萬隻海洋哺乳類動物與海龜及五萬頭北方海豹被海裡的塑膠袋、尼龍線或六罐裝膠環等殘害致死。死因主要是吞食了這些塑膠，或遭這些塑膠糾纏。

　　在過去，對從事海洋事業的人來說，將船上所產生的固體廢棄物，或俗稱的「垃圾」直接丟棄在海上應該是再自然不過的事。然而，隨著全球普遍將環境保護的焦點，從陸上逐漸擴大到海洋，並在連續通過採納了若干嚴格防止海洋遭受汙染的國際公約之後，航行於世界各國的各型船舶，皆需面對港口國或環保主管當局的管制與檢查，甚至依據其國內法令處罰。未來無論

是基於保護自己免受法令懲罰，或是基於保護海洋環境免受汙染，都應充分了解其執法的目的與要求，進而由自身落實各項規範。

郵輪（cruise）占全球商船數不到 1%，然據估計其所產生的廢棄物占所有商船所產生的四分之一。如此大量的廢棄物，對於其所造訪的港口構成相當的壓力。

在過去 30 年間，郵輪產業穩定成長，每年大約有 1,200 萬人搭乘。源自郵輪的廢棄物包括大氣排放、廢水、有害廢棄物及固體廢棄物。據估計在郵輪上，平均每人每天至少產生一公斤固體廢棄物，加上兩隻瓶子和兩個罐子，以及每天 50 噸的汙水，對環境與生態構成一定壓力。

根據歐盟的 EU Directive 2000/59, Article 4(2) 規定，任何郵輪都需依所產生的廢棄物量，配備妥適的廢棄物管理設施。然儘管如此，非法排放（主要是油和其他碳氫化合物）的情形，仍屬常見。如此一來，在熱帶海域活動的郵輪，對於珊瑚礁與海草床也就構成相當的威脅。

5.4.2 禁止塑膠等能長存海洋環境廢棄物的公約規則

MARPOL 附則伍（Annex V）於 2011 年經過修訂，並於 2013 年元旦生效，所針對的涵蓋了幾乎所有船舶以及漂浮與固定的海域設施，近乎完全禁止了將廢棄物棄置入海。表 5.3 當中所列，為 MARPOL 公約所提供，各材質垃圾在環境當中分解所需時間。

表 5.3　各材質垃圾在環境中分解需時

材質	分解需時
鐵罐	100 年
鋁罐	200 年
報紙	6 星期
玻璃	永久
保麗龍	永久
硬紙板	2-4 個月

材質	分解需時
六罐裝塑膠環	400 年以上
塑膠瓶	450 年
上漆木材	13 年

資料來源：https://ww2.eagle.org/content/dam/eagle/rules-and-resources/forms/ABS-Garbage-Management-Manual.pdf

　　在船上暫存和處理垃圾的程序，最好能依照船型與大小、運行區域範圍（例如特別海域、和最近陸地或冰棚距離）、船上的垃圾處理設備與存放空間、船員與乘客人數、航行歷時、以及造訪港之相關法規與收受設施等因素進行規劃。然顧及不同垃圾處理選項的相關成本，在經濟上最好能首先限制將可能成為垃圾的材料帶上船，其次在於將依法允許棄置海上的垃圾與可能不准棄海的垃圾分開。

　　有鑑於廢棄物管理計畫的重要性，相關船員所擔負與執行的所有垃圾處理與儲存責任與程序，都需在船舶操作手冊當中加以明訂。船上垃圾處理程序可分成收集、加工、儲存及處置四個階段。

5.4.3 船上垃圾收集、加工、儲存及排放

收集

　　垃圾的收集應考慮的是船在航行中，哪些可以棄置海上，哪些不可以，以及某些特殊類型的垃圾，是可以交到岸上收受設施進行回收的。如圖5.4 所示，在輪船上的垃圾收集容器可以是大鐵桶、金屬箱、罐子、袋子或是有輪子的塑膠箱子。垃圾可分成如表 5.4 所示幾類：

表 5.4　輪船上垃圾分類

• 不能回收的塑膠與混有塑膠的垃圾	• 塑膠（包括保麗龍和其他類似的塑膠材質）
• 破布	• 玻璃
• 可回收材料	• 鋁罐
• 食用油	• 紙張、厚紙板
• 可能危及船舶或人員的垃圾（例如混油破布、燈泡、酸、化學品、電池等）	• 木頭
	• 金屬

　　收集容器上應清楚標明，並藉著顏色、圖案、形狀、尺寸或位置，加以區分。接著應對船員與乘客宣導，什麼垃圾應當、或不應丟入哪些容器內，並應指定船員負責收集與清空這些容器，將垃圾進行加工或移至適當存放位置。

圖 5.4　輪船上垃圾收集專區

塑膠與混有塑膠的垃圾

　　船上禁止將所有各類型塑膠棄置入海。若未能將塑膠從其他垃圾分出，便應將該混合垃圾視為，全部都是塑膠。

加工

　　船上可能配備可用來加工垃圾的焚化爐（incinerator）、壓實機（compactor）及絞碎機（comminuter）等設備。船上可訓練適當人員來使用這些設備，以減少船上所需儲存垃圾的空間，且也可較便於將垃圾交由岸上處理，同時也有利於棄置入海。

壓實機

　　壓實有助於減少垃圾體積。通常經過壓實後，垃圾可形成規律形狀，有助於船上儲存和配合岸上設施，交由岸上處置。表 5.5 所列為船上垃圾可進行壓實的選項。

表 5.5　船上垃圾壓實選項

垃圾類型	壓實前另外處理的需求	壓實特性			船上儲存空間
		改變速率	壓實後保持率	壓實後的密度	
金屬、飲料食物容器、玻璃、小木片	無	很快	幾乎 100%	高	最小
切碎塑膠、纖維、紙板	很小，需壓小，人力需求小	快速	約 80%	普通	最小
小金屬桶、未切碎的貨物包裝、大片木材	中長，需用到人力以縮小材質	慢	約 50%	相當慢	普通
未切碎的塑膠	很長，需用人力縮小，往往不實際	很慢	小於 10%	很慢	最大
大型金屬容器、厚金屬	不適合用船上壓實機，不可行	不適用	不適用	不適用	最大

絞碎機

在非特別海域，若船舶主要在離最近陸地 3 海浬以外航行，則最好在船上裝設絞碎機，以將廚餘攪碎成能通過孔目小於 25 mm 漏篩。如此，一方面可確保合於法規，同時也有助於棄置入海的廚餘融入海洋環境。當在特別海域內航行，則所有廚餘皆一律需絞碎，始得排海。

焚化爐

船上的焚化爐在設計、建造、運轉及保養上，都需遵循 IMO 的規範標準（Standard Specification for Shipboard Incinerators）。MARPOL Annex VI 要求 2000 年元旦之後在船上裝設的焚化爐，需符合空氣汙染特定限度。

船上的焚化爐只能用來燒該焚化爐廠商明訂的材質。Annex VI 禁止焚燒 MARPOL Annex I, II, III 當中所指貨物殘料、受相關汙染的包裝材料、PCB、受重金屬汙染的垃圾、含有鹵化物的石油煉製產品及廢氣清潔系統。

基於燃燒生成的副產物對於環境與人體健康的潛在影響，在船上禁止

焚化聚氯乙烯（polyvinyl chlorides, PVCs），除非是在持有 IMO Type Approval Certificates（MEPC.59（33）或 MEPC.76（40）規格）的焚化爐內進行。國際間有些港口主管機關會針對焚化爐另訂特別法規，船在港內使用焚化爐之前，應先取得這些主管機關的認可。

儲存

從船上各部位收集來的垃圾應送到指定的加工或儲存地點。垃圾儲存之道，在於避免危及安全與健康。若船上儲存空間受限，船舶營運者便應考慮裝設壓實機或焚化爐。無論是否經過加工，所有儲存的垃圾都應確實裝在加蓋容器內，以防不慎釋出。

準備送岸處置的廚餘和其他攜有病原與害蟲之虞的垃圾，應緊密加蓋並和其他不含這類廚餘的垃圾，分開存放。上述各類垃圾皆需在容器上清楚標示，以防誤排或誤送。

排放

儘管 MARPOL Annex V 允許極少數的垃圾排放入海，將垃圾排至岸上收受設施（reception facility）仍應屬首要考量。在排放垃圾時，應考量以下兩點：

- 一般排海，應在船舶航行中進行，並儘可能遠離最近的陸地。
- 儘可能在水深超過 50 公尺處，分散排放，並考慮海流與潮汐的影響。

防止汙染的垃圾管理原則

為符合成本有效及對環境有利，垃圾的管理可結合以下原則：

- 在源頭減量
- 重複使用或回收
- 在船上處理
- 遵循規定排海及送岸上收受設施

基於以上原則，船公司在訂購料配件時，應鼓勵供應商提前減少或去除包裝，以減輕在船上產生的垃圾量。一旦在船上產生垃圾，船員可隨即依照既定程序，將可重複使用或回收，以及要交給岸上收受設施的材料分出。

5.4.4 公約與法規之挑戰與因應

一般而言，船公司為遵循 MARPOL Annex V 所遭遇到的困難，包括像是：處置廢棄物的預算如何吸收？所購置壓實機與焚化爐等廢棄物處理設備在船安裝的時間表如何安排？以及如何提供船員所需要的相關教育、訓練及督導等。

MARPOL Annex V 當中建議，儘可能在船上減少塑膠製品的使用。然實際上，儘管許多船公司確曾嘗試過，但迄今卻難得看到成功的例子。這主要在於各產品製造廠商配合減少使用塑膠製品與包裝的意願，始終過於低落。

廚餘

有些政府為了防疫，會針對國外引進的廚餘及與之接觸過的材料（例如食品包裝與丟棄式餐具）進行規範。這些法規可能會要求做焚化、消毒、雙層包裝或其他特殊的處理，因此需將這些材料與其他垃圾分開，並根據該國法令另行處置。需特別注意的是，沾了廚餘的塑膠（例如包過食物的塑膠袋），不得和其他廚餘一道棄置入海。

此外，一般美國港口都由訂約的私人公司進行船舶垃圾收受工作。而其農業部的動植物檢驗所（U.S. Department of Agriculture's Animal and Plant Health Inspection Service, APHIS），還要求所有從國外水域帶到美國港口，受到食品汙染的廢棄物都必須加以焚化或是消毒。唯此規定不適用於僅航行於美國大陸與加拿大港口的船隻。

APHIS 的規定在 MARPOL Annex V 實施前就已存在，因此 MARPOL Annex V 其實並不影響 APHIS 的規定。然而由於船上的塑膠類垃圾當中有很大一部分是來自廚房，而受到食品汙染，因此這類廢棄物，事實上仍必須同時遵循 MARPOL Annex V 與 APHIS 的規定。對此，一般船公司所反應的問題包括：

- 航行於該航線的船員必須同時了解兩套規定。
- 美國有些港口缺乏 APHIS 所認可的收受設施。

- 有些港口在週末或假日無 APHIS 檢驗員在場，以致無法卸下其所規定的廢棄物。

船上因應對策

Annex V 生效至今雖已逾十年，然其實施結果與其對改善海洋環境品質的成效，至今尚存有許多爭議。不過儘管其規定嚴苛，卻也不是全然不切實際。當今世上許多大型郵輪，分別搭載數千遊客，穿梭航行於許多地球上最美、最亟待保護的地方，對環境所帶來的威脅可謂不小。而藉著如圖 5.5 所示，船上裝置的整套垃圾處理系統，應不致需要將任何垃圾棄之於海洋。

該整套系統包括：一座焚化爐、一套廚餘處理系統及一套玻璃、金屬和紙的儲存、回收系統。尤其是該系統在設計上，特別著重使廢棄物產量減至最少。例如，該焚化爐尚包含了一組廢氣洗滌器，以減少酸性廢氣及毒性飛灰、微粒的排放。此外，該回收系統還得以將鐵鋁罐和玻璃搗碎並壓實，暫存於船上，俟靠岸後再送至陸上的回收廠。

於產生源進行分類是關鍵

從保護海洋環境或從實際避免誤犯規定遭受處罰的角度來看，船上宜儘早建立一套設在產生源的分類系統。即將所有塑膠垃圾及人工合成非塑膠類皆以塑膠袋來裝盛，暫時存放於特定位置或空間。至於其餘的非塑膠類，亦需依規定經初步處理後，才允在許可範圍內棄置海中。

由於船上空間、人手與安裝成本等的限制，適用於船上的垃圾處理設備必須具備：價格合理、操作簡單、所需人力最少以及便於安裝等條件。所以每一項單元的設計必須為單一容量與大小，以使其有最高的共通性。

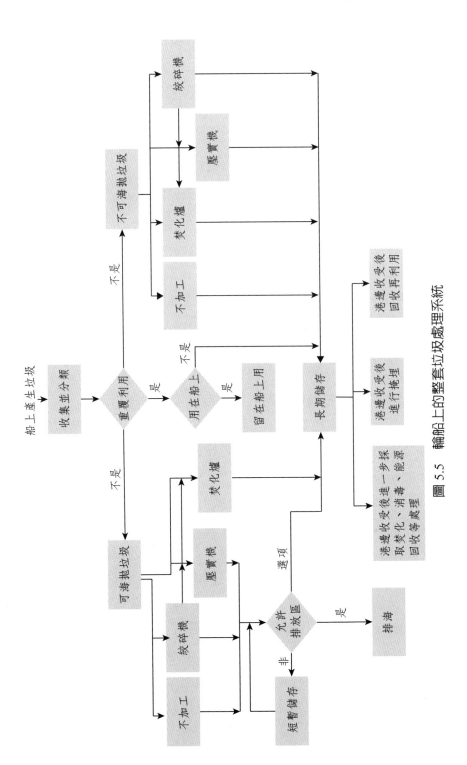

圖 5.5　輪船上的整套垃圾處理系統

　　以上所建議系統的發展，短期內主要著眼於證實其目前的可行性，而長期來看，將會結合較新的科技來加以修改。該系統主要開發的領域，依優先次序為：

1. 可適用於絕大部分船舶的壓實系統。
2. 可適用於大型船的焚化系統。
3. 可適用於小型船的商業化壓實機。
4. 包括利用熱壓及微波技術在內的最新消毒程序，以處理沾過食物的塑膠。
5. 可適用於大型船的類似紙漿機以作為焚化爐的另一選擇。

　　基於成本等現實條件的考量，究竟採何種系統或程序來進行船上廢棄物處理，以符合國際公約與各國法規的要求，各船自有其認為最適當的選擇。以下分成三種情況，分別建議一套管理構想。

　　第一種情況，船上既無壓實機又無焚化爐時，塑膠廢棄物先藉由船上人工從其他廢棄物中分出，交給岸上的收受設備。其餘非塑膠垃圾依 MARPOL Annex V 所限制的棄置於海中，船上需保有其廢棄物紀錄簿。

　　第二種情況，船上僅配有壓實機，塑膠廢棄物先以船上人工從其他廢棄物中分出，再經過壓實，最後交給岸上的收受設施。自其他國家（不含加拿大）航行至美國的船隻其受到食物沾汙過的塑膠垃圾還需另外分出，最後才棄置於 APHIS 認可的設備中。其餘非塑膠垃圾，則依據 MARPOL Annex V 所設限制進行棄置，船上需保有其廢棄物紀錄簿。

　　第三種情況，船上配有焚化爐，塑膠廢棄物與其他廢棄物皆進行焚化，灰燼棄置於海中。唯如此做法已於 1997 年 MARPOL Annex VI 空氣汙染防制規定通過後受到嚴重挑戰。同樣地，船上需保有其廢棄物紀錄簿。

MARPOL Annex VI 對船上廢棄物管理的影響

　　1997 年 9 月 IMO 在 MARPOL 73/78 公約中增訂了附錄陸（Annex VI），用以限制源自船舶的空氣汙染。規定中禁止了利用船上焚化爐焚燒一些特定物質，像是 PCB、含有重金屬的垃圾、以及含有鹵化物的石油提

煉製品等。而且只有經過 IMO 認可的焚化爐才得以用來焚燒 PVC。此外，其亦規定允許使用主機、輔引擎及鍋爐來燃燒汙水處理器所產生的汙泥和油泥渣，唯不得在港口、海灣或河口內進行。

Annex VI 並規定必須持續監測排放的燃氣，而焚化爐若是屬於分批進料型式的，當溫度低於 600℃時，需停止供應廢棄物至爐內；若屬於連續進料型式，則當溫度低於 850℃時，必須停止送入廢棄物。這些規定使得焚化塑膠受到限制，而由於在 MARPOL Annex V 中已嚴格禁止將塑膠海拋，因此在船上勢必採行另類廢棄物管理模式。換言之，未來很有可能會排除在船上使用焚化爐。在此情形下為了減少廢棄物在船上所占據的空間，壓實機勢必成為船上所必備，船上可用它來幫忙暫時存放垃圾，俟靠岸再交由岸上收受系統處置。

總而言之，船上（包括貨輪與客輪）的垃圾處理乃至處置方向，可歸納成以下做法：

- 垃圾分類，將塑膠類廢棄物暫存於船上，俟靠岸後棄於岸上。
- 垃圾分類，將塑膠類廢棄物壓實後暫存於船上，俟靠岸後在陸地上做最終處置。
- 垃圾焚化。
- 改選用替代性產品。

5.5 解決海洋垃圾問題

面對海洋垃圾問題的主要挑戰在於，在廢棄物（尤其是持久性廢棄物）的產生，和對其採取有效且符合環境永續的處置之間，求取平衡。

1975 年國際公共衛生專家在瑞士齊聚一堂，召開第一屆「世界垃圾大會」，提出有關垃圾的專題研究報告數百篇，討論主題集中在：「垃圾是廢棄物？還是，垃圾是原料或燃料？」最後大家一致認為，面對垃圾問題，應該提倡「處理垃圾」，而非「消滅垃圾」。

固態的廢棄物或垃圾，不但可能容易腐敗而且也可能會滲漏出化學物

質。這些廢棄物也會沉積在海底、覆蓋海床並滲入下層土壤，此將導致沉積層表面的缺氧情況，而垃圾及動物殘骸也會影響海底沉積層的移動。如今儘管各先進國家所採行的垃圾處理方法與技術不盡相同，但總括而言，朝向「資源化」、「能源化」或「肥料化」的努力方向，卻是一致的。一個共同理想，是「將最大公害轉變爲最大公益」，也就是「化垃圾爲黃金」和「化腐朽爲神奇」。

汙染行爲在許多不同程度上，受到一系列的經濟、規範、社會及技術上的影響所驅使。海洋垃圾的來源繁多，對於生態、經濟、大衆安全及文化上，都有其複雜的影響。也因此，海洋垃圾問題也就沒有放諸四海皆準的解決之道。其需要一整套經過仔細找出目標，進行整合，並在符合社群利益當中透過對特定民衆進行良好的溝通，有效的依法配置、管理與執行，及適切的遵循技術方法，通力合作。

社區的淨灘與調查，可在提高關注與提供基礎數據上，扮演重要角色。其同時對於招募當地居民參與防止海洋垃圾對當地的影響上，也很重要。然而淨灘畢竟需耗費相當資源，且大致只是在垃圾生命週期末端採取行動。眞正解決海洋垃圾問題，終究需賴從一開始，就對減少進入海洋的垃圾採取行動。

政府與業界在所有層次上都參與，是一大關鍵。同時，即便大衆與業界都有意願，同時也有有效的法規與執法，若是少了處置垃圾與避免其影響的技術與方法，海洋垃圾問題仍無法解決。

【海汙小方塊】

清除海洋垃圾點子

美國一位 19 歲學生 Boyan Slat 公開了一套清潔海洋陣列（Ocean Cleanup Array），預計可以從海洋清除掉 7,250,000 公噸的塑膠垃圾。這套裝置由一套下錨的圍欄和加工平臺組成。

減輕海洋垃圾需要從以下所有方面採取行動：

- 整合政府間（國家／國際）政府機關（中央與地方）、非政府組織、研究單位及業界組織的活動與策略，發展出彼此之間的合作關係。
- 釐清海洋環境當中海洋垃圾的權責。
- 透過教育與誘導鼓勵改變汙染行為。
- 進行長期監測。

未來關鍵利害關係成員間的持續討論，對於上述合作與策略的發展，至關重要。因此能夠促進利害關係成員與利益團體間討論、合作及分享資訊的機制，也就不可或缺。透過這類互動，也可望就解決海洋垃圾，提出選項、確認優先次序、分配責任，並找到經費來源。選項包括：

- 分析海流與風，找出海洋垃圾匯集區，並嘗試透過安裝追蹤裝置，調查流刺網行蹤的可能性。
- 透過海岸線全面調查，找出海洋垃圾的熱點，並藉以決定海岸弱點。
- 建立當地社區參與的永久性陸源海洋垃圾監測站網絡。
- 建立供岸上與海上不同部門所用的，持續性統計數據收集與調查方法。
- 因物理與化學作用的影響，導致海洋生物死亡與受傷的量化。
- 建立整套海洋垃圾採樣程序與數據紀錄系統。
- 找出在附近作業的所有漁法，並就其所用漁具、努力程度、目標物種、管理配置、市場及營運結構（所有權、管理單位、發照等）。
- 找出可影響作業中損失與棄置廢棄物，而可能成為海洋垃圾的社會、經濟及技術因子。
- 透過調查，以確認流失漁網的來源。
- 找出海運業對海洋垃圾的貢獻及原因。
- 透過對船舶保險公司與修船等紀錄，評估海洋垃圾的經濟性衝擊。
- 建立 GIS 模型以分析區域性海洋垃圾匯聚和生物與船的接觸及對海岸的傷害。
- 建立一套政府、非政府組織、業界、研究單位及社區之間進行溝通與

資訊分享的機制。

- 鼓勵發表調查結果。
- 針對相關團體進行調查，並建立教育與宣導計畫。
- 釐清政府在管理與收集有害垃圾，以及建立能促進國家與區域性針對海洋垃圾議題的合作機制的責任。

目前亟需要一套能有效率的從海上與岸上收集，尤其是可危及航海、安全及／或環境的海洋垃圾的程序。而在此同時，也亟需透過協調政府部門，找出目前缺乏效率的配置。針對鼓勵收集、繳交及回收船舶所產生廢棄物的財務誘因，進行研究。可包括像是：

1. 漁具（例如可回收與不可回收）選擇的補貼計點。
2. 漁具／港／船盤查，漁具押金。
3. 清除漁具的保險。
4. 對處置、修理及重複使用與回收的補貼。

有關漁具的技術選項則包括：

- 針對在漁具上加標籤、打號碼與記號，以協助認定海洋垃圾來源，調查其可行性。此前提為不影響漁具的性能及耐用性。
- 針對例如採用聲音反射材質，以將流刺網對海洋生物的影響降至最低等，修改漁具的可行性與有效性進行調查。
- 針對漁具修理、重複使用及回收的可行性與潛在有效性進行調查。美國有幾個港推動重複使用拖網，然而由於其主要材質聚丙烯和聚乙烯會降解且很費人力，因此很困難。
- 針對以可生物分解材料製作漁具的成本效益及應用的可行性進行調查。

目前用來製作漁具的塑膠僅四、五類。研究顯示，用來製作浮在海上漁網和漁繩塑膠的分解，比起岸上暴露在戶外的，要慢得多。

5.6 海洋垃圾與消費主義

　　世界大洋當中的垃圾漩渦現象，可說是當今世代的寫照。而海洋垃圾的核心問題，正在於消費主義的無度放大與快速擴張。新世代所稱的「人類世（Anthropocene）」，可定義為：人類在地球上不再需要在大自然中掙扎以求生存，取而代之的是，控制大自然的新地質年代。諾貝爾獎得主大氣化學家克魯琛（Paul J. Crutzen）進一步解釋：長久以來存在於大自然與文化之間的障礙已告崩解。我們不再需要去適應大自然，而是由我們來決定大自然目前為何，以及將來會如何。

5.6.1 海洋垃圾問題根源

　　若有機會目睹太平洋垃圾漩渦，我們恐怕馬上禁不住要想：哪來那麼多的垃圾？而此垃圾漩渦的中心，實乃消費主義的高度擴張與放大。而傷害我們環境的，正是我們社會的這類文化。Mark Whitehead 在《環境變形》（*Environmental Transformations*）這本書當中，進一步解釋何以如此社會現象正危害著環境，大量生產和大量消費的文化，等於是住在有錢國家的許多人，對地球的環境資源構成了不永續的需索（unsustainable demand）。簡言之，消費主義在於開發地球上的資源，從中牟利。

　　自二次世界大戰以降，大量生產與大量消費帶出了福特主義（Fordism），此很快成為美國文化的發展基礎。而不停歇的獲取消費物品，也很自然地和快樂搭上關係，並持續透過商業廣告形塑成危險的誤導。倘若我們仔細解析垃圾漩渦現象的根源，我們應不難察覺到，這正是我們自己所持續建構成的次文化。

　　地球上由十七億人構成的這個階級，吃著過度加工的食物，追求更大的房子、更大的車、更大的債務，並在生活當中，累積大量實際上沒什麼用的東西。而如此堆積更多東西，在生活當中構成的困擾，卻在我們的社會當中成了常態。我們的便利和社會常態，也就不經意的導致生物多樣性及環境健康受到損害。而太平洋與大西洋垃圾漩渦所充分展現的，也正是我們社會的消費文化。

根據國家地理雜誌（National Geographic）特強（Andrew Turgeon）的解釋，太平洋垃圾漩渦是經過大量收集源自陸上、進入海洋的垃圾與殘屑所形成的。其從北美海岸一直延伸到日本，橫跨整個太平洋。依美國生物多樣性中心（Center of Biological Diversity, CBD）所宣稱，其藉著副熱帶環流系（Subtropical Gyre）形成，大小相當於兩個美國第二大州德州，且正持續長大。

其持續長大而不減損的理由不外乎，大多數當中的殘屑都是塑膠，不能生物分解。儘管目睹垃圾島景象令人吃驚，此垃圾漩渦卻有著更深層的警醒作用。事實上，持續浮在水面的，僅只是所有海洋垃圾當中較輕、較小的一部分。海洋當中更大部分的垃圾，是在水面下水層和水底的。根據研究，進入海洋的垃圾當中，近七成都會沉到海底。而正由於塑膠難以消失掉，它也就會接著破裂成愈來愈小的碎片。這正是我們在海邊淨灘時很容易看到的情形。這些被稱為微塑膠與較大片的碎片混和，便成了「海水濃湯」。

這些微塑膠對居住在海洋當中的物種構成嚴重威脅，根據 CBD 的報告：塑膠汙染對大自然的生物會直接構成致命的威脅。每年有數以千計的海鳥、海龜及海豹等哺乳類動物，因為吃進或遭到糾纏而死。而這人為塑膠汙染，同時也對海洋深處的許多物種構成危害。大多數動物將塑膠碎屑誤認為食物，而最常吃下的應屬塑膠袋。

如今我們的浪費文化與態度正摧毀我們的環境，地球實在沒有足夠的承載容量，來承受我們所加諸於其身的消費規模。如此浪費、摧毀的是生物多樣性，和我們在地球上所仰賴的各種珍貴生命體，而海洋的命運也正取決於人類的活動。

5.6.2 塑膠的產生與流通

從圖 5.6 可看出世界塑膠的生產趨勢。由 Ellen MacArthur Foundation 所公布的報告指出，在 2050 年之前，海洋裡的垃圾會比魚來得多（以重量計），除非現狀得到改變。自 1960 年代以來，全球塑膠產量增加了二十倍，預計到 2050 年會再增加大約二十倍。

全球每年塑膠產量，百萬公噸

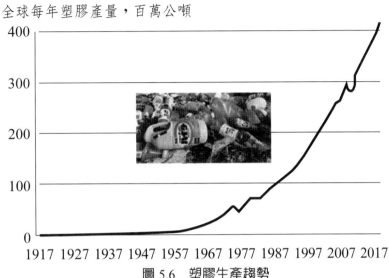

圖 5.6　塑膠生產趨勢
資料來源：Quaoman, 2016

　　大量生產塑膠對世界造成巨大的改變。藉著技術的發展，塑膠得以更輕、更好攜帶、更吸引人，且更便宜，其成為當今市面上最多樣的產品。我們在日常生活當中，恐怕已很難不碰塑膠。儘管大家都知道有些塑膠可以回收，但世界上有實際參與回收的人，恐怕是少之又少。圖 5.7 所示為全球塑膠包裝材料的流通情形。據估計，整體而言，生產出來的塑膠當中，進入回收管道的大約僅 14%。而這些收集來的塑膠當中，又有 4% 流失掉，8% 回收成為次級塑膠，僅有 2% 得以回收作為和原本相同或相近的用途。

　　至於每年這 86% 未經回收的塑膠，又都到哪去了？它們恐怕既沒被衛生掩埋，也不被焚化。

　　每年有近 25 公噸塑膠溜進了自然環境。溜進環境的塑膠可經由滲入、消化或糾纏，傷害各種生物。其同時也不利於人類，尤其是在動物體內發現的微塑膠（microplastics）。最近美國加州大學戴維斯分校（University of California, Davis）的一項研究發現在印尼和美國加州市面上賣的 25% 魚體內，含有人造殘料。

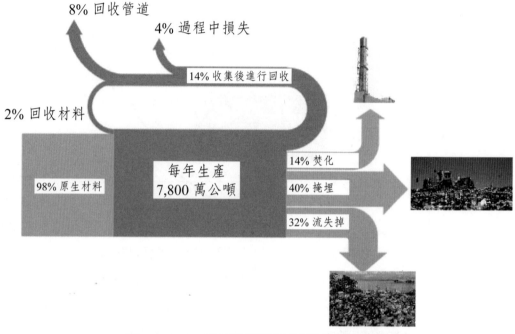

圖 5.7　2013 年全球塑膠包裝材料的流通情形

資料來源：The Ellen MacArthur Foundation, 2014

　　那麼我們該如何解決這個問題呢？回答此問題，我們首先來好好看看今天的塑膠是怎麼做出來的。

　　塑膠來自原油（絕大多數都是）、煤和纖維素三種來源之一。塑膠有如圖 5.8 所示許多種類型，技術上全都可回收。然實際上多數回收場並無法處理一些代號數字較高的塑膠，號數較高的，有像是 6 號的聚苯乙烯 PS（例如玩具、CD、錄音帶等硬殼包裝、首飾、製冰盒）和 7 號包括壓克力、聚碳酸酯（polycarbonate）、聚乳酸纖維（polylactic fibers）、尼龍（nylon）、玻璃纖維（fiber glass），產品包括嬰兒奶瓶、CD 片等其他類。

圖 5.8　塑膠種類常見製品回收再製產品
資料來源：回收綠抱抱 https://www.thenewslens.com/article/76625

5.6.3 解決塑膠垃圾氾濫

面對塑膠問題，可能的解決之道包括：

儘量減少使用與產生

當今固然有回收多種塑膠的技術，但首先仍需先將它們收集在一起。而我們也知道，眞正被回收的塑膠，只占全部的一小部分，所以儘管回收有助於減輕問題，然光是回收並不能作爲解決之道。

因此改用其他材質，應該是最佳選項。採用纖維素或其他可生物分解的原料來製造塑膠產品，可能是未來選項之一。如此可將接下來會產生的廢料，減至最低。

改進回收體系以使回收更容易些

許多人就算有回收設施可用，卻不見得會去用它，有的是因爲嫌麻煩，有的則是不想多花錢。如果能將回收體系設計成既免費且方便，回收比

率便可望提高。當然並不是每個國家都能做到這點，有些是經濟能力有困難，有些則是因相關基礎建設仍嫌不足。

　　將塑膠以其他像是玻璃等材質取代或與之結合，成為能長久反覆使用且好用的產品，應是未來趨勢。

收費或禁用塑膠袋、瓶和保麗龍容器

　　收費或禁用似乎有可能奏效，卻也備受爭議，許多人認為其並無助於解決問題。但若真想積極改變今天的消費文化，恐怕仍有賴一些強制力量，相信隨著替代容器的改良與普及，推行這類政策的阻力，也會跟著降低。例如市面上出現的許多美觀且好用的水瓶，和兼具個性與時尚的購物布袋，照說應可啟發出更多可重複使用的替代品。

防止垃圾「溜」進環境

　　我們的環境和海洋當中的垃圾，固然有許多是任意棄置造成的，但多數應仍屬不經意「溜」進去的。在亞洲有許多國家隨著人口成長與經濟發展，民眾生產垃圾尤其是塑膠垃圾的能力，也快速提升。然在此同時，其規範廢棄物和管理與回收廢棄物的能力卻相對落後。例如處置垃圾的場址與設施短缺，便往往是導致垃圾無處可去的根源，此仍有賴為政者認清問題的重要性，視其為追求經濟發展與社會進步的根本，拿出應有作為。

【海汙小方塊】

食物該不該包？用什麼來包裝食物？

　　儘管包裝在保護食物和減少相關廢棄物上有一定的功效，我們每每談及海洋垃圾議題，「包裝對環境的危害」便往往成為焦點。其實，玻璃、塑膠、紙或金屬等各種包裝材質，都各有其優、缺點，真正的問題在於，如何選用對的包裝。

　　各類包裝對於環境的影響取決於，其所採用的原始材質、生產方式、運送過程中的體積與重量、以及其回收的可能性。所以選用某包裝材質也就在於，如何詮釋永續性（sustainability）。

　　若永續性著眼的是減少廚餘，則玻璃與罐頭是最佳選項。但若在於降低運送過程中的二氧化碳排放，則以輕而精實的紙箱和彈性塑膠包裝爲理想。而假使看重的是回收性，則相較於玻璃、罐頭、紙張與紙板，塑膠屬最差的選擇。以番茄爲例，用塑膠盒包裝的番茄比起未包裝的番茄，可在市場架上多放兩週；而將番茄加工成其他產品，再以罐頭或玻璃罐包裝，則可在架上放好幾年。再比方說以保鮮膜包裝的小黃瓜，其可在架上放將近兩週，而裸露在架上的，則只能放兩三天。於此，我們應不難想見有些包裝，在減少食物浪費和廚餘負擔量上所能做的貢獻。從圖 5.9 當中，可看出各類材質包裝的成長趨勢。

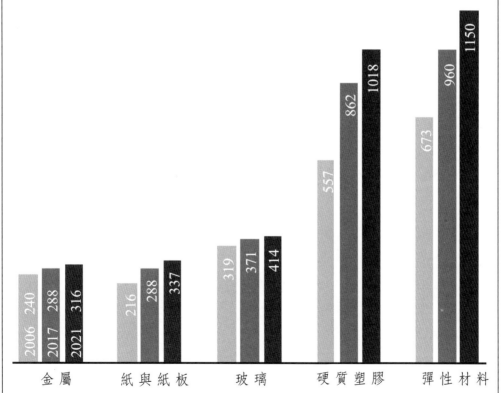

圖 5.9　2006 至 2017 年間及預測 2021 年，使用各材質包裝數量（單位：十億個）
資料來源：Rabobank, 2016

第六章

海洋油汙染

6.1 人們關切海洋油汙染

6.2 源自船舶的油汙染

6.3 清除油汙

6.4 溢油事件帶來的衝擊

6.5 溢油後之恢復、復原及修補

6.6 海上溢油應變體系

6.7 船舶海洋溢油事件的賠償

　　海洋當中的人爲油汙，無論是溢出或是慢慢釋出的，都可對環境構成嚴重問題。偶爾發生的，像是 1989 年阿拉斯加的艾克森瓦爾蒂茲（Exxon Valdez）油輪，和 2010 年墨西哥灣的深水地平線（Deepwater Horizon）鑽油平臺等大規模溢油事件（oil spill incident），由於對環境造成的損害明顯，包括沾滿油的海岸線和野生動物，特別是全身是油的鳥和哺乳動物，都可引發社會相當程度的關切。這類急性事件的影響，可能既短暫影響也小，但也可能是長期的。其對整個物種群或群落的影響，取決於溢油的時間點和歷程，以及受影響的生物數量和種類。

　　油也可能是以小量、經過長時間釋入海洋，以致造成生物慢慢暴露在油與其化學成分當中。這類慢性油汙的來源，包括一些像是自然滲出、管路漏洩、海域鑽探排放等點源，以及廣泛的岸上設施等非點源逕流。在這種情形下，油汙濃度隨著和來源間距離拉遠，會有明顯的、由大到小的梯度變化。至於其他像是源自大氣排放的情形，環境當中的濃度梯度，便可能很弱。

　　在有些地點的海底，也有大量石油因爲天然滲出，而釋入海洋。然大部分的海洋油汙染，其實是來自陸地上的活動，包括經由都市、個人及工業傾倒、溢或漏在陸地上或水溝，而進入海洋的。美國汽、機車駕駛人自行在一年內所換下來，而不當棄置的舊潤滑油（used oil），就相當於前述 1989 年超大型油輪 Exxon Valdez 所溢出油量的 20 倍。此外，全世界進入海洋的油當中，大約有 10% 來自於大氣，主要是燃燒油所排放的。

　　油在海裡會阻礙光合作用與曝氣作用的進行，因而可減少藻類與浮游植物數量，進而降低海洋生產力。一般在廣大海洋範圍當中，不管是大型溢油事件造成的，或是船舶及工業排放油與碳氫化合物所造成的；無論是水中呈現的焦油團（tar ball），沖到海灘上沾滿汙油的海鳥（例如圖 6.1 所示），或是被溢油意外事故所沾汙的海岸，儘管油汙都很容易目睹，但卻都還不致於對海洋資源造成不可復原的傷害。其他較容易受到關切的，還有溢油造成的漁業資源減損和漁貨市場價格慘跌、水產養殖受損、棲息地改變或減少，以及顧及人體健康而關閉漁場或漁具汙損等。如此種種，都可能在經

濟上造成難以彌補的損失。其他像是工業（如發電廠的冷卻水）、生活目的使用海水（如海水淡化廠）、野生動物保護區（如水鳥蘊育地）、遊憩公園等，都是值得高度關切的。當然長期對慢性海岸或河口水質及該生態系造成的改變，也同樣會受到質疑。

圖 6.1　溢油事件後出現在海灘沾滿油汙的海鳥

6.1 人們關切海洋油汙染

　　1950 年至 1970 年期間，大眾對於海洋汙染的關心，大多集中在油汙染的問題上。那時人們就普遍認爲海洋汙染，是必須靠國際間合作才得以掌控的問題。因此也就通過了若干多邊公約，明確記載各種油汙染問題，尤其是船運所產生的。那時首先提出的問題包括，有多少油進入海洋，和這些油的來源爲何？

　　歸納起來，海洋當中石油碳氫化合物（petroleum hydrocarbons）的來源包括來自陸地和海上的：

- 岸上包括工業與生活廢棄產生的油，經過都市逕流或河川排放。
- 運輸過程所產生的，包括正常油輪營運（tanker operation）、乾塢（dry docking）、船舶艙底水（bilge）排放及油輪與非油輪意外溢出。
- 海域油井探勘（offshore exploration）。

- 岸邊與海域加油站（marine terminals）。
- 大氣沉降（atmospheric fall-out），多為不完全燃燒（incomplete combustion）的排放物。
- 海洋棄置（ocean dumping）。
- 天然滲透（natural seeps），包括海底滲出及底泥沖蝕出（sediments erosion）的。

【海汙小方塊】

深水地平線溢油事故

　　2010 年 4 月 20 日墨西哥灣外海，一座名為 Deepwater Horizon 的鑽油平臺發生爆炸。此事件造成 11 名工作人員死亡，並在接下來近三個月內，溢出 320 萬桶石油，汙染了美國南方五個州的 2,500 平方公里海岸線。2015 年 10 月 6 日，美國司法部宣布肇事的英國石油公司（British Petroleum, BP），應以 208 億美元與美國政府和解，以解決此事故所有求償。

6.1.2 有多少油進入海洋？

　　儘管油輪意外事故和海域鑽油平臺噴油（在高壓之下，石油自海床鑽孔釋出），最容易成為社會矚目的焦點，但卻還有更多的油，其實是在海域油井操作、油輪洗艙排放含油廢水、以及從管路與儲槽漏洩等「正常情況」下進入環境的。地球之友（Friends of the Earth）在 1993 年估計，光是美國各石油公司在一年內，由於原可避免的溢出、漏洩或者是浪費掉的石油量，就相當於 1,000 艘與 Exxon Valdez 同樣的巨型油輪所運送的。這也等於，澳大利亞全國一年內所消耗的油量。而在地中海，源於海運的油汙染量，則大約相當於 17 艘 Exxon Valdez 油輪，每年所卸下的石油量。

　　碳氫化合物，即含碳元素與氫元素的化合物，為化石燃料（fossil fuels）的主要成分。反言之，原油（crude oil）與石油產品（petroleum products），卻不是碳氫化合物的唯一來源。增加海洋環境中碳氫化合物負荷的尚有其他來源，這些包括來自不完全燃燒過程，及近期的生物合成產物。從碳氫化合物的特性與組成，可以分辨其各自不同的來源。實際上，各個不同海洋區域的情況不盡相同，主要取決於海岸國家的工業化程度、海岸地區的人口、以及海運和海域活動的密集程度等因素。

　　早在 1973 年美國國家科學院（National Academy of Science, NAS）便曾估計出，每年進入海洋的油約有 6.1 百萬噸（million ton, mt）。到了 1985 年，該學院估計每年有 3.2mt 石油碳氫化合物進入了海洋。這倒不見得表示，在那 10 年當中入海油量減少了一半。而是 10 年下來，除了依照防治要求所採措施，降低進入海洋的油量外，估算油量的方法也得到改進了。根據後來的一些估算結果，每年大約有 1.7 至 8.8 mt 石油碳氫化合物進入海洋。其中較可靠的估計，應該是 2.5mt／年，各來源的相對數量大致如表 6.1 所示。

表 6.1　每年進入海洋的石油碳氫化合物的估計值（仟噸）
（括弧內的數字為估計的範圍）

油來源 ＼ 資料來源	NCR, 1975	Kornberg, 1981	Baker, 1983	NCR, 1985
城鎮逕流與排放	2,500	2,100	1,430(700-2800)	1080(500-2500)
油輪營運的排放	1080	600	710(440-1450)	700(400-1500)
油輪海上事故	300	300	390(350-430)	400(300-400)
非油輪海運的排放	750	200	340(160-640)	320(200-600)
大氣沉降（不完全燃燒）	600	600	300(50-500)	300(50-500)
天然滲出	600	600	300(30-2600)	200(20-2000)
海岸煉油	200	60	缺數據	100(60-600)
其他海岸流出	n.a.	150	50(30-80)	50(50-200)
海域探堪的損失	80	60	50(40-70)	50(40-60)
總共排放	6,110	4,670	3,570	3,200

6.1.3 海洋油汙染現況

　　1970年代晚期，針對全球海洋油汙染，由全球海洋測站整合系統（Integrated Global Ocean Station System, IGOSS）所執行的海洋油汙染監測試驗計劃（Project on Marine Pollution (Petroleum) Monitoring）完成了相當完整的調查。該研究以肉眼觀察水面油膜，並採集了懸浮石油殘渣顆粒、溶解與分散的石油殘餘物，及沾黏在海灘上的焦油等樣本。在近十萬個樣本觀察及測量之後，其初步結論是：全球幾乎無一處的石油殘餘物未達 μg/L 範圍。此外，其數據還顯示，這些浮著的油汙和油輪航線及其他航運活動有直接的關聯，而加上洋流的傳輸，其分布範圍亦隨之擴大。接下來發行的《地球現況地圖集》（*State of the Earth Atlas*）當中，對於全球因溢油所衍生的問題，利用地圖描述了船舶與鑽油平臺溢油分布情況，並有很詳盡的報告。可惜的是，至今尚無類似的地圖，用來介紹來自陸地的油汙分布情形。

　　過去三、四十年的來源統計數字顯示，海運油汙的情況在改進當中。國際油輪船東所屬汙染聯盟（International Tanker Owner Pollution Federation）在1986年的報告（亦可參考UNEP, 1990）中載明在1980年代，溢油在5,000噸以上的事故已比前十年少了70%。在1970年代，每年這類事故約有26件，到了1980年代大幅降至每年8件。從數據上還可看出，所降低的不僅只是油輪和非油輪所發生的意外事故件數，絕大多數船運的溢油量，也都跟著降低了。

　　雖然來自海運的油汙染，不管油輪或非油輪，也不論是意外事故造成的，抑或是正常運轉中故意造成的，向來都是大眾所關注的一大海洋汙染源，而其實從數據可以很明顯看出，岸上的城市與工業廢水在全球各地，都造成了嚴重的海洋油汙染問題。

　　但這類來源的石油碳氫化合物汙染，似乎反而較不受注意，主要是因它們通常是持續而低濃度的排放，往往只有儀器才能偵測出。與那些突然在短時間內的大量排放相較，其影響就只限於慢性的，而不易引起注意。不過，在淺水海岸地區，由於可用以稀釋和分解的水量較有限，仍會受到相當

程度的衝擊。而這些地區,往往都是在生物上具有高生產力,並且也是仔稚期生物適合蘊育的場所,較經不起衝擊。另外,在全球很多地方,特別是東南亞地區有很多是養殖區域,而更需好好保護。

　　依照前述數據,並假定來自非船運的石油碳氫化合物與 1981 年所估計正確,則全部進入海洋的石油碳氫化合物應為 235 萬噸。而各來源進入海洋的數量和相對百分比大致如圖 6.2 所示。圖中顯示,將近半數源自岸上,四分之一源自海運。值得注意的是,油經過各種方式的燃燒後排放至大氣,接著經過一段距離的傳輸後沉降到海洋的,占了全部來源的 13%,其在整個過程中對於人體健康與環境的影響,令人憂心。

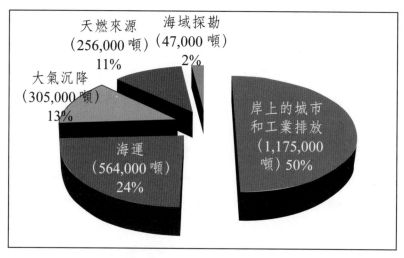

圖 6.2　海洋當中石油碳氫化合物的來源分布

6.1.4 油汙對海洋環境的影響

　　油汙對於海洋環境可能造成直接損害,或是降低該環境支撐某資源的能力。就受影響資源的金錢價值而言,油汙所及範圍,其情況的持久性及復原潛力,都是重要的考慮因素。假設其他因子都相同,類似的棲地受損面積愈大,也就愈嚴重。然而當涵蓋了高價值資源時,儘管面積小,受損嚴重程度卻可能超越面積大的。這類議題,都可望在大型油汙染事件之後,受到激烈

辯論。

　　油汙可殺死海洋生物、降低其適應性及破壞海洋群落與生態系的架構與機能。儘管在過去近四十年內，科學家已針對溢油事件，透過實驗室研究，建立了相當完整的資訊。然若要決定低劑量汙染對於生物物種群、群落及生態系的長期影響，則仍存在著相當大的挑戰。而若顧及海洋物種群與生態系在時間與空間上的改變，則尤其如此。

　　海洋生態系原本就會分別在不同時間尺度（從數小時到數千年），以及空間尺度（從數公尺到整個洋盆）上，進行自然變化。撤除油汙染，生態的改變原本就有許多成因，包括人為干擾、棲地形態變化、其他汙染、捕魚、捕食模式變化、天氣以及氣候。有些溢油事件，溢出的油對海洋造成影響的時間尺度，可以從幾天到幾年甚至幾十年。至於其空間尺度，可以從幾十平方米到幾千平方公里。

　　溢油事件可對海洋環境與社會造成相當廣泛的衝擊。尤其透過媒體傳播現場畫面，加上對受害動、植物命運的預測，往往很容易被描述成環境「浩劫」。而實際上，重大溢油事件對環境，的確可在短期內造成極重大的衝擊，並對受汙染海岸附近的生態系和居民構成嚴重損害，甚至危及其生計與生活品質。

　　類似圖 6.1 的畫面，不難讓人認定溢油事件發生之後，必然會對海洋環境造成永久性傷害，且會伴隨著海洋資源的長期嚴重損失。然也正因為這些畫面所引發的情緒性反應，針對溢油事件的實際後果與接下來的復原等問題，也就很難得到真正持平的看法。

　　過去幾十年來，溢油所帶來的影響已然經過廣泛研究，而且也已將結果發表在科學與技術文獻當中。因此，這類油汙染的影響，也已得到充分了解。一般的溢油事件，僅有少數情況會構成長遠的傷害，而大多數的例子顯示，即便是最大規模的溢油事件，受影響的棲地和相關海洋生物，大致上在幾個季節之後，都可望復原到相當程度。

【問題討論】
海洋汙染問題永遠是屬於國際性的問題，爲什麼？

6.2 源自船舶的油汙染

6.2.1 油輪溢油事故

　　在各種不同來源的油汙染當中，最爲人知的當屬油輪事故（tanker oil spill）。雖然這類來源，在每年整體進入海洋的油當中僅占小比率，每次溢油事故對於相鄰區域所造成之後果卻往往相當慘痛，特別是涉及大型油輪且發生在岸邊的情況。Torrey Canyon（1967）、Amoco Cadiz（1978）、Exxon Valdez（1989）、Braer（1993）及臺灣的阿瑪斯輪（1990），皆屬此例。

　　事實上，最常發生油汙事故的情況，是從岸邊輸油站加油到船上，或是從船上卸油到岸上的操作過程當中。由於這些事故緊鄰海岸，且往往又都是在像是港口等封閉或半封閉水域，對相鄰環境所造成的衝擊是很可觀的。不過以油的噸數計算，其總共所占整體進入海洋油的百分比還算小。從過去的統計數字來看，全球整體的情形似乎是在改善當中。圖 6.3 所示爲 1974 年至 1990 年當中，油輪溢油統計次數。顯然，十三年當中油輪所溢入海中的油，每年變化很大，而整體上是大幅下降了。

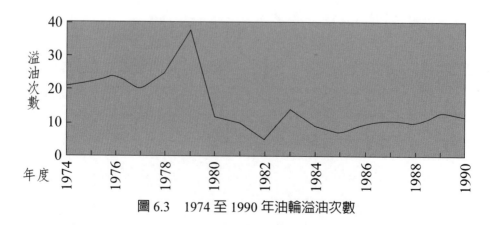

圖 6.3　1974 至 1990 年油輪溢油次數

　　油輪一如其他類型的運輸船舶，早期每年全球都有多次意外事故發生。幸好，這些事故，絕大多數情形，都因爲不傷及油艙，或是受損的船能被及時得到補救，或是船上貨油（cargo oil）得以迅速傳送到救援的船上。因此就算有，多半也只是相當少量的漏油。然而，少數情況嚴重的船，其後果就完全無法樂觀看待。1978 年 3 月，法國的 Amoco Cadiz，載了 223,000 噸沙烏地阿拉伯與科威特原油，在英國 Brittany 海岸斷裂，所有船上的原油，全部流入海裡，造成海洋汙染史上的轟動，幸好這種例子並不常發生。

　　船愈是靠近海岸，或像是海峽與港灣入口的狹窄水道等船密集的地點以及天候不良的時候，愈是危險。因此大部分油輪意外事故也大多發生在靠近岸邊，而接下來海岸的汙染，也就成了不可避免之後果。

【海汙小方塊】

阿瑪斯事件

　　民國 90 年初發生於臺灣南端龍坑生態保護區的希臘籍 35,000 總噸散裝貨輪阿瑪斯號（MV Amorgos）溢油事件，對臺灣的環境、社會、及政治均造成強烈震撼。上任約半年的環保署長林俊義因此請辭獲准。溢油後接下來近三個月的油汙清除工作，總計動員逾 21,000 人次，清除油汙 549 公噸、垃圾 3,500 公噸。總計龍坑地區有由白沙鼻至坑仔內約 3.5 公里海岸遭受汙染，其中較爲嚴重的約 750 至 900 公尺。2006 年 8 月 10 日，環保署與船東就海域生態、公部門損害求償達成和解，總計獲得賠償二億八千萬元。

6.2.2 油輪營運

　　全世界每年生產的石油當中，大約一半以上都藉由油輪運送。從過去所做的估計當中可發現，海運所造成進入海洋油的數量當中，占最高百分比的，屬來自油輪的正常營運，也就是故意造成的。這是因爲早期油輪在從貨

艙卸除貨油之後，為避免空船航行所增加的危險及船舶推進效率降低等問題，會在返航途中利用空油艙將海水泵入作為壓載（ballasting），接著將此壓載海水連同自艙中洗下的殘油，一道排入海洋所致。不過後來的估計顯示，這類問題大致已趨於解決。

　　原先從油艙卸完油後，仍會有相當比例的殘油「貼」在艙壁上（估計大約為所載油量的 0.4%），並無法徹底卸光。因此，當壓艙海水打入該艙時，便無可避免與殘油混合。為了在抵達油田附近裝油港前有一個乾淨的油艙，該油輪勢必得將這些已含有相當比例油的壓艙水排到海中。這便是過去長期以來，造成全球海上油汙的一大來源。為解決此問題，船運界發展出兩套油輪操作技術，大幅減輕了這類油汙染。一為從上層裝載系統（load-on-top system, LOT），另一為原油洗艙（crude oil washing, COW）。

LOT

　　油輪先是在船上預留一個稱為汙油艙（slop tank）的空間，通常是在最靠近機艙的位置。卸完油的空艙，先用海水徹底洗淨後，暫不排掉，「靜」置一段時間，直到艙內油與水藉重力分離後，再將位於下層的「乾淨」海水排出船外。接著再將殘油，泵送到汙油艙。如此反覆操作，直到所有油艙都清洗乾淨。船航行來到裝油港，則將新油直接加在汙油艙內舊油之上，如此操作稱為 LOT 系統。

COW

　　LOT 方法雖得以大幅減輕石油汙染海洋的程度，但卻還無法完全消除油從船上排到海裡的情形。因此，後來在設計與建造上經過改進的油輪，會在卸油後不以海水，而改以加壓的原油，在卸油的同時，一面噴洗貼在艙壁上的殘油，此稱為 COW。只不過如此操作的一大問題是，以油噴洗過程中產生的油氣，會有爆炸之虞。因此，在此同時會導入稱為惰性氣體（inert gas, IG）的引擎的排氣，用以隔絕空氣，以避免引發火災與爆炸。

SBT

　　除前述二操作上的改變外，在進一步的規定中另外要求油輪船東，在

船舶設計上將壓載艙（ballast tank）與油艙及其管路系統徹底區隔，使壓艙海水不再有任何與油接觸的機會，此稱爲隔離壓載艙（segregated ballast tank, SBT）。據估算，靠著上述油輪實務的改進，因油輪運作所導致油進入海洋的數量，果然得以從 1970 年中期的每年超過百萬噸，穩定減至 1989 年的每年 158,000 噸。

6.2.3 其他正常運作造成的油汙染

艙底水與燃油

目前因海運所導致的最大油汙來源，已不再是油輪載運的貨油，而是各類型船舶機艙的艙底水和燃油的油泥殘渣（sludge）。船舶機艙裡的引擎等設備皆不可避免，會持續產生燃油與潤滑油和水的混合物，都應依規定先行將油從水中分離到符合含油標準之後，再行排海。

乾塢

所有輪船都需定期進船塢（docking）進行維護。此時油輪的貨油艙必須清空，非油輪（non-tanker）的燃油艙（fuel oil tank）也往往需要清空，以避免產生爆炸性氣體。因此，船塢理應設有收受殘油的汙油艙。此來源已從 1981 年的 30,000 噸減至 1989 年的 4,000 噸。

非油輪意外

燃料油（fuel oil, FO），尤其是有些類似前述阿瑪斯號的大型散裝船（bulk carriers, bulkers）和貨櫃船（container ships）攜帶的重燃油（heavy fuel oil, HFO），動輒超過千噸，不比 1960 年代油輪所裝原油來的少，爲現今不可忽視的油汙染來源。

海岸煉油廠

傳統煉油廠採用蒸汽裂解（steam crack）程序提煉石油，所回收廢水中有一定的含油量，經過長期、大量排入同一地點，對環境所造成的負荷仍相當可觀。

海域石油開採

當從海底擷取石油時，不免會有一些生產水（production water），必

須先行去除，才能將油進一步提煉。此通常是在鑽油平臺上的油水分離器當中完成。所排出的水中含油量雖已相當低，但長期排放的結果亦相當可觀。

此外，油井在進行鑽探的同時，會一面將鑽泥（drilling mud）泵送回井內，如此一方面可防止當鑽到油時，油大量噴出，也可潤滑鑽頭，同時又可將鑽出的鑽料（cuttings）送回表面，此鑽泥中會有大約 70 ppm 至 80 ppm 的油和水，其中的油大部分是具有毒性的柴油。相關法令要求將鑽油過程中產生的鑽泥帶回岸上棄置。

6.2.4 海洋溢油汙染的應變

如前面所述，人為海洋油汙染可大致分成故意排放入海和意外溢油事故兩種情形。當溢油發生時，策略的選擇必須根據溢出油的相關資訊，加以嚴格限制。這些資訊包括：

- 油溢出的位置
- 溢油移動或擴散的軌跡
- 對資源的潛在威脅
- 油的類型
- 油量
- 所持有設備的有效性
- 後勤支援、清除的有效性
- 天候狀況

這些因素都需審慎考量，否則不恰當和無效的應變動作，不僅於事無補，甚至可使情況與後果嚴重惡化。

6.2.5 愛克森瓦爾地茲溢油實例

從美國普魯得合灣（Prudhoe Bay）附近阿拉斯加北坡（North Slope）油田開採出的原油，一向都經由油管輸送到瓦爾地茲港（Valdez Port），再以油輪載運到美國西岸。1989 年三月 24 日，船身長度超過三個足球場的油輪 Exxon Valdez，在阿拉斯加威廉王子灣（Prince William Sound）的瓦爾地茲港附近，偏離航道 16 公里，撞上暗礁，造成有史以來美國水域內所發

生過，最嚴重的溢油事故。事發不久，快速擴散的浮油覆蓋了超過 1,600 公里長的海岸線。全部野生動物的損失究竟有幾多，永遠不得而知，因爲大多數死去的動物，接下來都沉入海底並被分解掉，難以估計。

其實，早在 1970 年初期，環保人士即曾預告，阿拉斯加附近水域內，很可能會因爲看似堅固卻易破的冰山及暗礁或暴風等因素，造成大規模的溢油危害。當時，由在北坡開採石油的七家石油公司所組成的 Alyeska 公司向美國眾議院保證，其有能力在任何溢油事件發生後五小時內到達現場，並以其充裕的設備和受過訓練的人員清除任何溢油。

然而，當瓦爾地茲港事故發生時，Alyeska 與愛克森公司實際顯現的，卻是缺乏足夠設備和人員，且應變過遲、無效。儘管如今已經很清楚，一旦這類大型溢油發生，不可能有足夠的設備和人員將油汙清除。然可確定的是，迅速應變仍可設法限制溢出油的擴張範圍，降低其對環境所造成的衝擊。

愛克森公司直接花在清除此溢油的費用高達 22 億美金。只不過有些爲清除油汙所作的努力，實際功效反不及這些努力所進一步造成的傷害。例如，所用以清洗海灘噴出的高壓熱水，反倒殺害了一些原本倖存的海岸動、植物。結果，溢油之後一年，沾著油的地點反而恢復得比清洗過的地點要快。

次年，美國國家交通安全委員會總結該溢油事故：該油輪船長飲酒、船員過勞以及海岸防衛隊（Coast Guard, USCG）的不當交通管制等因素所致。1991 年愛克森公司雖被求處聯邦重刑，結果卻僅被判以輕刑，同意付給聯邦政府和阿拉斯加州政府 10 億罰金與民事損失賠償。但到了 1994 年，美國聯邦法庭發現，愛克森公司輕率的讓曾有酗酒紀錄的 Joseph Hazelwood 船長指揮 Exxon Valdez（後來修復更名爲 Sea River Mediterranean），判決愛克森石油公司需付與阿拉斯加漁業界、地主及其他阿拉斯加居民 50 億元，作爲懲罰及損害賠償。愛克森對此判決提出上訴，預計將使此案在法庭僵持數十年。

到案發之前，假若 Exxon 能以美金 2,250 萬，改裝成雙重船殼（double

hull），此代價高達約美金 85 億的意外事故，或許得以避免。早在 1970 年初期，當時的內政部長 Rogers Morton 即曾告訴眾議院，凡是使用阿拉斯加海域的油輪，都應當配備雙重船殼。可惜當時礙於石油公司的壓力，該項要求終被否決。

有了 Exxon Valdez 溢油事件之前車之鑑，IMO 乃通過立法，要求所有新造油輪都需具備雙重船殼，並在 2005 年之前，汰除只具單層船殼的油輪。美國在 Valdez 溢油事故之後也隨即通過油汙法案（Oil Pollution Act, OPA），目標在於規範大型油輪，以減輕其溢油機率。果然，道高一尺、魔高一丈，許多運油業者為了規避法律的規範，乃改用僅受到寬鬆規範的小型油船駁運。如此降低溢油安全性的舉動，果然導致數個小型油船的溢油事故，包括像是 1996 年一月發生於羅德島州月石灣（Moonstone Bay），和同年六月另一發生於德州蓋爾維斯頓灣（Galveston Bay）。

根據針對這些事故的調查，除運油業者本身以外，其他相關單位亦需承擔部分責任。州政府官員未善盡監督之責，且 USCG 的雷達設備與人員，也未能有效監控油船的交通狀況。

值得一提的是，事件的檢討報告中不諱言指出：未能堅持儘量有效或減少使用機動車輛，導致燃油浪費或浪費其他形式能源的每一位國民，也必須承擔部分責任。

或許相較於其他類型汙染，海上溢油事件對於海洋生態所造成的影響並非最大，然無疑，這類溢油事件應足以讓我們認清預先防範汙染的重要性，以及改進能源節約與效率並轉而使用替代能源，以減輕對石油依賴的必要。

6.3 清除油汙

溢油緊急應變告一段落，接下來的便是善後的油汙清除工作。科學家估計，即便使用最佳技術，並由訓練有素的人員作出立即應變，從某一大型溢油事件中所能收回的油，在最好情況下，大約也只是所溢出油量的 11% 至

15%。本節首先討論油在溢至環境之後的命運，接著討論如何透過各種技術，以儘可能減輕溢油事件對各層面所帶來的衝擊。

6.3.1 溢出油的命運

如圖 6.4 所示，油一旦溢至海上，通常會被風和海流在海面分散（disperse）開來，同時也進行各種化學與物理的改變。如此過程我們統稱爲風化（weathering），其決定了這些油接下來的命運。在這些過程當中，有些像是將油自然分散到水中的作用，可使油離開海面並加速在海洋環境當中降解（degradation）。但也有一些，特別是形成了油水乳膠狀（water-oil emulsion）的部分，會讓油變得持久，而可以在海裡或海岸線上，維持相當長的一段時間。

這些過程的快慢和相對重要性，取決於像是溢油數量、油本身的物理與化學性質、風化與海況、以及油接下來是維持在海裡，或是被沖上岸。不過終究，溢出的油都會被海洋環境，透過長期生物分解（biodegradation）的作用，逐漸去除。

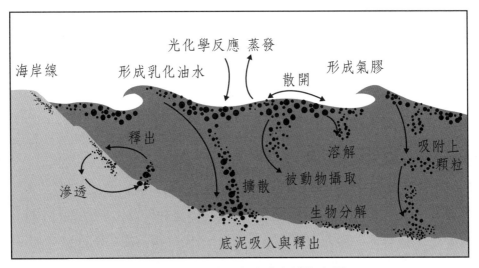

圖 6.4　溢出油汙在岸邊海域的命運

目前市面上有一些用來預測這些海上溢油行跡與風化情形的模型（model），有一些例如私人公司開發出的 OSIS, OILMAP，和其他由政府機構開發的像是 GNOME（屬 NOAA，美國），OSCAR（屬 SINTEF，美國），MOTHY（屬 Météo，法國）等電腦模型（圖 6.5），可用來幫助預測某特定油的漂移等行為，及評估其可能構成影響的程度。

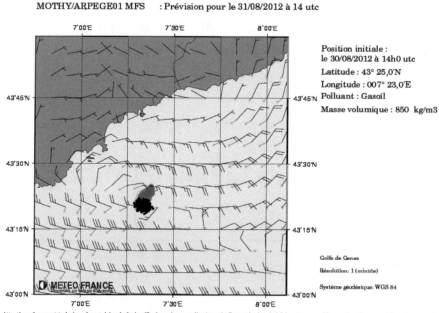

圖 6.5　法國 MOTHY 溢油行跡預測模型

資料來源：http://www.meteorologie.eu.org/mothy/

6.3.2 油與其性質

原油為廣泛的各種碳氫化合物所組成，從揮發性甚高、質輕的，像是丙烷、苯等，到質重、複雜瀝青（asphalt）、脂（grease）及石蠟（paraffin wax）等材質都有。另外，像是汽油（gasoline）或柴油（diesel oil）等煉製油品，則由分子較小、僅屬特定範圍的碳氫化合物所組成。

油溢到海上，先是形成一薄膜（slick），隨即逐漸散開。至於散得多

快，則主要取決於水溫及油的特性，輕質油不但散得快，且形成的油膜亦較薄，散開後分成以下幾個部分：

- 蒸發，以輕質（低分子量）部分為主。
- 溶於水中。
- 與水乳化，形成小顆粒；經過波浪擾動的作用，在有些情形下會黏成一團，有如蛋糕上的巧克力奶油，其中含水約 70～80%。
- 重質油會形成如焦油球，直徑從 1mm 到 20 cm 不等。

乳化後的油，其實是極細微的顆粒，提供了很大的表面積，有利於水中微生物的分解，前述焦油球的分解相對的就慢得多。這些情形可以在所有海洋中看得見，其大多來自輪船正常操作所排放，而並非溢油意外事故。此現象沿著船運航線與洋流路徑，都可看到。

除非是在封閉水體或河口，否則油膜通常以風速的 3～4% 漂移，而不會一直停留一處。其大部分受水流影響，其他外在因素為風浪、潮、洋流等。一旦這油膜上了岸，就會沾汙海岸，難以清除。

6.3.3 以機械方法清除溢油

大致上，溢油發生的地點可以分成四種類型：(1) 完全開放的海上 (2) 部分屏蔽的水域，像是河口或港灣入口 (3) 河面及 (4) 封閉的港口或湖泊。為求迅速而有效清除油汙，需將各溢油收復機械以整套系統的方式，進行操作。此需要協調包圍油汙的油欄（booms）、汲油機（skimmers）、輸送泵（transfer pumps）、暫存容器（temporary storage）及輔助小艇（auxiliary craft），由熟練的人員團隊進行配置與操作。目前並無所謂「萬用」的油汙回收機械設備，主要是因為各溢油事件的規模和現場狀況差異甚大，因此相關設備平時的管理和需派上用場時的調度，便很重要。

原則上採取機械方法清除溢油，可分成幾個步驟進行。到達溢油現場後的第一件事，便是很快包圍油汙，將其擴散範圍限制到最小。這時最需要的就是一套有效的圍欄。然實際上在現場可能遭遇到的，卻往往是強勁的風、浪和其他惡劣的狀況。而如何在這些可能的狀況下，將圍欄迅速且安全

的展開，並進行有效包圍，都是必須事先充分考慮的問題。

　　不難想見，採取這些行動必須具備合適的小艇和熟練的操作人員，以及其彼此之間清楚而有效的溝通。而一旦應變時間拉長，必然要有另一組人員替換上場。實際情況下，選擇包圍和除油方式或設備，比較重要的考量因素，包括水面浪、風、潮汐和水流等狀況。而事先的計畫與模擬訓練，是確保應變成功的另一要素。

包圍

　　包圍油汙（containment）的目的，一方面在於減小擴散範圍，同時也在於配合汲油機，提供能有效自水面汲取溢出油所需要的油膜厚度。此油膜厚度，會隨油汙在水面待的時間而變薄。另外，油的類別及油在大氣溫度下的黏度，也是主要決定因素。前述油欄的作用，除了可以維持油膜厚度而不致太快消減外，藉著有效操作，還可以將油膜「堆」在一起，以利汲油器除油。

　　在絕大部分情形下，包圍油汙都以漂浮圍欄進行，這些圍欄雖然依不同設計種類繁多，真正用起來，卻極受限於使用環境。雖然在有屏障的水域，圍欄大多可成功展開，但換作是在開放的海面上操作時，情形就完全不同了。開放的大海，如果再加上強勁的風浪，會很容易使得圍欄強度難以承受。而在設計漂浮圍欄時，最困難的便是一方面要夠堅固，足以承受惡劣天候下對其形成的應力，另一方面又需有足夠的彈性，而不致在緊急操作時，過於笨重。

　　圍欄可以定義為：用來包圍浮油的漂浮性障礙。其必須有足夠的吃水（draft）與乾舷（freeboard）以避免油從它下方流失或越過上緣。但同時乾舷又必須加以限制，以免其在水中受到拖曳時承受過大的力量，以致斷裂或脫節。圍欄的材質必須能耐得住油和日晒等導致的老化，並且必須要很容易清潔，而不占太大空間，使易於收存。

　　大部分已問市的圍欄可以分成牆式（wall type）及簾式（curtain type）兩種，由於實際佈設圍欄需相當的長度，其通常都做成較短的單位長度，在展開時可以互相連接，成為足夠的長度。一般而言，牆式圍欄比簾式圍

欄，更不適於使用在有水流的情況。

在緊急情況下選擇採用設備，必須優先考量事故現場的條件。例如若溢油發生在內陸水域，選用較輕（重量小於 1.5kg/m）的油欄較恰當。若溢油發生在海上，便可能需要用到重量超過 7kg/m 的油欄。雖然油欄長些，有利於圍住油汙，但操作起來卻也可能困難許多。

根據經驗，試圖在開放海域使用油欄，往往難以承受現場狀況。例如在 2010 年墨西哥灣使用油欄，應變海域平臺溢油事故時發現，油欄承受不住當時的狀況。而當用在包圍可燃油時，耐燃更成為油欄的必要條件。在此情況下，必要時可能需要讓浮油散開，以降低現場油氣達到燃點濃度的風險。

油欄的操作，大致可分成主動與被動兩類。主動指的是，將油欄拉到接近油源處，進行圍欄。被動指的則是，將油欄佈設在河口、港口和例如發電廠取水口等特定設施旁，用來防禦尚在遠處的油，「攻」入受保護的範圍。

汲油

一旦油汙被包圍住，接下來便是利用如圖 6.6 所示的汲油機（或稱撇油機）將油自水面清除。由於油愈厚愈有利於汲油機除油，所以這時便必須以圍欄充分配合，將油儘量圍攏，增加其厚度。有效的汲油機可迅速將其周圍的油除去，接著便需很快地將汲油機移動，或「趕」更多的油到汲油機旁，以加速除油。各方所建議的汲油方法有很多，目前市面上的汲油機大致可區分為幾種：

- 吸附面（absorber）—— 在油水界面讓油黏在表面，接著在空中將油刮除。
- 連續帶（continuous belt）—— 以彈性帶在油水界面將油帶出，接著從帶上將油刮除或擠出。
- 離心裝置（centrifugal device）—— 藉著形成漩渦或通過離心機，將油膜轉厚。
- 堰（weir）—— 讓浮在水面的油越過一堰，和水分開。
- 其他裝置 —— 利用其他原理或結合上述方法。

圖 6.6　從海面汲取溢油
資料來源：AIP, 2010

　　接下來的問題是，汲油機所汲取的油和連帶的水，需泵送到一個暫存的容器內。這過程所需用到的幫浦與其原動機，以及其所需能源、軟管、接頭等器材，都必須事先充分備妥。圖 6.7 所示，為海上清除溢油的基本操作系統。而實際進行時，熟練的技巧、充足的船艇與除油設備，以及操作人員間的密切配合與清楚而有效的溝通等，都是確保有效清除油汙所不可或缺的條件。

　　從以上可看的出來，在緊急狀況下，除了實際操作圍油和除油人員需密切配合外，協同作戰的其他相關隊友，乃至負責全場指揮的行政中樞，都是順利完成溢油應變任務的關鍵。

圖 6.7　海上清除溢油基本操作
資料來源：AIP, 2010

在有浪的水面所採用的汲油裝置，必須具備足夠的尺寸和慣性動量，以承受操作中出現的浪和湧。所以夠大、夠重、夠長，固然是基本要求，但也必須搭配有能力操作這些設備的船艇與人員。

暫存與運送收復的油

大多數汲油機都沒有足夠的容量存放收復的油，因此有必要將汲取的油傳送到另一較大的容器，接著運離現場，進行處置。此傳送過程需確保順利，以免耽誤汲油作業。

在溢油現場幾乎不可能直接連續將收復的油送走，因此某種形式的暫存容器便不可少。此容器可用來作為持續汲油，和斷續進行處置之間的緩衝。

若是在海灘上進行溢油回收，則通常都在岸上暫存，再以車運離現場。但若是其他情況，此暫存與後送則需在海上進行，如此便需要用到設在船艇上的油櫃，或本身能夠漂浮的大型塑膠袋等容器。

為維持收油容量，在回收過程當中，必須同時將水與油進行分離。有些汲油機，像是迴轉碟形或筒形設計，可在收復過程中有效分離出水，但有些像是堰形汲油機，則可能產生高水分油水混合物。而為了善用暫存容量，將水分減至最少是有必要的。

總的來說，一套用以對抗大型油汙染事件的機器設備需包括：

- 好幾艘適海多用途船隻，除了載運器材和收復溢出的油外，並配備有用來照明和援救受災輪船的設施。
- 好幾艘用來在外海對抗油汙染的特殊用途船隻。
- 用以減輕油汙染和收復油的各類型設備，像是油櫃、泵組、汲油機、掃油臂、回收櫃及蒸汽清洗系統。
- 用來從空中偵查油膜與協調溢油收復行動的飛機。
- 各種能在海上操作的載具，像是登陸艇、多用途車輛、泥地履帶車等。

6.3.4 化學方法處理溢油事件

施用

圖6.8所示，為海面油膜在遇到化油劑之後的變化情形。以分散劑（dispersants，或稱化油劑）減輕溢油災害，原本就有數十年的歷史。然而自從1967年 Torrey Canyon 溢油事件之後，美國國家應變計畫（U.S. National Contingency Plan, NCP）便將分散劑列為不實用的溢油處理方法。主要是由於當年在 Torrey Canyon 事件中所使用的分散劑，對環境造成極大傷害。直到1980年以後，諸多科學數據顯示，改進後的分散劑毒性已遠低於當年的，而逐漸被重新接受。但即使如此，在應變計劃中的聯邦現場指揮官也必須在特定狀況下，才可採用分散劑。

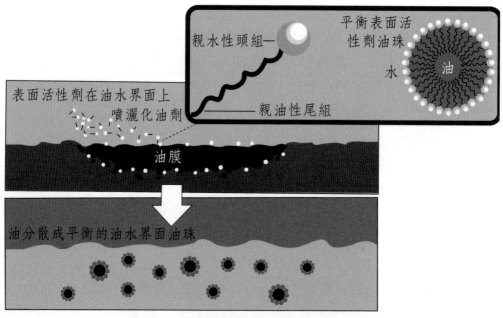

圖6.8　海面油膜遇上化油劑的變化情形

資料來源：AIP, 2010

圖6.9所示為分別從船上（左圖）和空中（右圖）施用化油劑的情形。在審核使用分散劑許可的程序當中，會要求申請人提出完整的使用計畫。

擬訂此計畫不僅甚爲耗時，且尚需包括大量相關資訊。其中最爲耗時的部分，可在溢油發生事先，即準備妥當。分散劑使用計畫應包含以下部分：

- 有關溢出的資訊：如溢油數量與種類、發生時間、風與海況，及預期溢油軌跡。
- 有關施用分散劑資訊：如分散劑庫存量、該分散劑的施灑設備，以及所擬採取施灑和監測的方法。
- 對環境造成衝擊的資訊：包括採用與不採用分散劑，所造成衝擊的比較。
- 一套作成決定的系統或指南：此指南用以表明如何利用上述資訊，來作成贊成或反對使用分散劑的決定。
- 針對該特定溢油事件，使用分散劑的建議及提出此建議的理由。

圖 6.9　從船上和從飛機上施灑化油劑
資料來源：AIP, 2010

事前規劃

通常在做出使用分散劑的決定前，都需先收集大量相關資訊。雖然其中一部分資訊，只有在溢油事件發生時才可獲得，然大部分都可在事前取得，且還可與使用分散劑的事前計畫相結合。這些對於擬定事前計畫特別有

用的資訊包括：

- 有關該溢油事件的資訊，例如溢出的是什麼油？其性質爲何？溢出多少？在哪裡發生？風、浪及海流情況如何。
- 軌跡分析：利用前項所述風（速度與方向）及海流的資訊預測溢油的軌跡，並判定不管其是否經分散劑處理，會對那些敏感資源造成衝擊。
- 可提供擬施用分散劑的來源：建立分散劑供給量及施用設備帳目並定期盤點。此帳目應包含分散劑的性質，及其對可能對付各種油的有效性。另外尚應包括有關施用設備的試驗與校正資訊。
- 分散劑使用計畫：應包含預計施用率等細節，此施用率取決於溢出的油及其在水面的厚度。而最大允許施用率，有時又取決於水深。
- 監測與控制：分散劑的施用率不僅應事先計畫，且藉以控制與監測的程序，亦應事先建立。
- 訓練：爲達最大效力，參與分散劑操作的有關人員均應接受適當訓練，且所有的訓練設備最好是預計實際會用於現場的設備。
- 對環境的衝擊：事先認明可能曝露在油及經分散劑處理過油的物種與棲息地。並事先建立，藉以比較遭受未經分散處理油與經處理油所受衝擊的程序。
- 決定程序：此決策體系在於分別從生態觀點考量是否可行，及從環境考量是否恰當。並考慮是否有足夠分散劑、設備，以及受過適當訓練的人員。

針對某溢油事件使用分散劑的決定，尚需一些像是當地氣象與地理數據等資訊。另外，在準備使用分散劑時，必須具備充分的說服力，提供給主管單位的分散劑使用決策系統。

6.3.5 使用溢油分散劑須知

本須知在於提供溢油事件現場指揮官、應變計畫擬定者、參與溢油事件處理人員，以及分散劑製造廠商相關資訊，藉以告知分散劑使用的場合與時

機，並提供可接受的最低需求。

使用需求

- 溢油事件現場指揮官經與相關單位及人員諮商後，決定出在溢油事件中受保護對象的優先次序，進而判斷應如何使用分散劑。
- 除非是在立即危及人命等非常緊急狀況，否則應經由環保署認可後，方得以使用分散劑。
- 分散劑必須通過有效性與毒性測試合格後，方得以使用。
- 所有分散劑的使用，都必須提供完整的證明文件。

使用情況

在以下情況下可使用分散劑：

- 當使用分散劑得以避免或減少對人命安全造成危害，或者可降低重大財產損失時。
- 當使用分散劑得以減輕溢油事件對水生物或棲地所造成的整體環境衝擊時。

通常以下情況不得使用分散劑：

- 在含有重要魚、貝類個體群的水體，或在水生物的關鍵孕育、餵食或遷徙區的水體。因其將可能與分散劑或分散後的油接觸，而損失市場價值。
- 在可能對地表水的用途產生負面影響的水體處，如飲用水源或工業用水源。
- 在水交換率甚小或水容量甚小，以致經化油劑分散後的油，其稀釋受限之處。
- 在天然海岸沿線上。
- 在分散劑會失效的情況。

使用分散劑優缺點

以下為使用分散劑的優點：

- 減少表面油膜，使得以降低水鳥、海洋哺乳類動物、海岸線設施、漁

具等的損失。

- 分散的油，較易於被水面下水流帶離受威脅的區域。
- 將油分散至整個水層的中心，得以降低油的濃度而減少損失。
- 有可能促進大自然的生物分解。
- 有助於事後清除遭油汙染區域。
- 分散劑可清除，採機械方法所無法去除的表面油膜光澤。

使用分散劑的缺點：

- 因分散劑加速將油送入整個水層，將促使局部的油與分散劑混合物濃度升高，而增加對水生物的毒性。
- 在某些情況下，由於某生物與相當高濃度的分散劑或油與分散劑混合物接觸，可能對該生物構成毒性。
- 由於分散劑的分散效果，而可能導致無法在日後以機械方法順利回收溢油。

6.3.6 其他應變策略

直接在海面放火燒

Torrey Canyon 溢油事件發生時，由於事態難以控制，而曾考慮在海面放火燒掉油汙，但最終仍以顧慮可能造成更嚴重的海洋汙染和空氣汙染而作罷。此外，在海面引燃薄薄一層油膜並維持燃燒，尤其是在低溫情況下，實際上會相當困難。儘管迄今市面上已不乏專用於海面引燃油火的引子，但因仍有不易點著、及點燃後會分成散塊等問題，整體而言並不實用，甚至可帶來更難收拾的嚴重後果。2018 年四月四日，印尼國有石油公司 Pertamina 為清理發生於婆羅洲（Borneo）外海的漏油事故，便採用點火燃燒方式來清理海上油汙（圖 6.10）而引發大火，造成至少 5 名漁民死亡。漏油汙染範圍愈來愈大，不僅嚴重傷害當地生態環境，更威脅東加裏曼丹省擁有 70 萬人口的巴里巴板市（Balikpapan）市民的生活。

圖 6.10　海上溢油現場放火燃燒的情況

膠凝

在理想情形下，可在海面油汙上施以膠凝劑（gelling agents）將油膠凝成一片地毯一般，捲起收集。問題是如何在大範圍施撒，至今尚未實際解決。

無爲

在有些情況下，靜觀、任憑油汙自然散去，或許勝過任何「積極」應變策略。1977 年 4 月北海 Ekofist 油田石油突然噴出，在短短 7 日內近 2 萬到 3 萬噸原油流入海中，幸好最後自然擴散消失，並未沾汙海岸。

溢油處理的基本原則固然是最好能在海上處理掉，但若不幸還是讓油汙上了岸，接下來的清除工作效果，便端視受害海岸的各種情況而定。

生物代謝（bioremediation）

面對溢油議題的一種思維是：畢竟石油的來源爲動、植物埋藏於地下，況且地球上的陸生植物，每年所製造出的碳氫化合物有 10 億至 40 億萬噸落入海中。這些都是吾人在考慮石油碳氫化合物對海洋的影響時，必須一併納入考量的。

促使下沉

其他清除油汙的方式，還包括促使下沉。此有如以砂包覆硬酯酸鹽（stearates）分散在油膜之上，將油帶入海中。其曾經試驗成功，但因不知其沉入海底後的命運，並未被廣泛接受。預料其可能造成在日後浮出，或經

由海流帶向他處，也可能減慢細菌自然分解速度等更為不利的後果。

6.3.7 空中支援

在溢油應變過程當中，必要時需仰賴空中支援以找出油汙位置、估算其厚度範圍及乳化情形等，藉以引導應變船隻，和確認操作是否有效。圖 11 所示為歐洲國家所採用的空中觀測用飛機

圖 6.11　歐洲國家所採用的空中觀測用飛機

由於衛星影像能夠涵蓋大範圍，在應變溢油時往往可派上用場。例如從 EMSA 的 Clean SeaNet Satekute Service 等所提供的影像，可看出油汙的擴散範圍。

在船上或飛機上將浮標投擲在油膜上，此浮標可在接下來的數週內，提供油膜位置、移動方向與速度等信息，直到遇上電力用罄、漂上岸或遭竊等狀況。

6.3.8 海上油汙的化學分析方法

採樣

分析油在海中的情形,第一步便是採樣。如果是在水表面浮有很多油,或已沖到岸上的情況,採樣方法很單純。但若此汙油已然分布到環境中各部分,例如水中懸浮顆粒上、生物體內或底泥中,加上油的濃度又因為分散、揮發或化學、生物的分解而降低。在此情況下,既要採樣,同時還要避免樣本受到汙染,便相當困難。

分析方法

目前已有功能很強的分析技術,結合既有的採樣方法和高解析度氣相層析儀、高性能液相層析儀、和質譜儀用來辨識化合物。其不只可以測出濃度,還可查出海水中化石燃料所殘留在海水中的化學組成。將這種方法應用在分析懸浮顆粒、底泥和生物體上,還可進一步了解,化石燃料所衍生出的碳氫化合物的來源,及其在環境中的命運。

以解析單一化合物來分析碳氫化合汙染物,固然在研究其在環境中的轉換情形上相當有用,但如果目的是在調查與監測,就反而稍嫌複雜,且在金錢和時間上都不經濟。1970 年代中期被用來決定總體石油碳氫化合物的紫外光光度計,則仍普遍用在一些區域性海洋監測計畫中。

6.4 溢油事件帶來的衝擊

6.4.1 海洋生態

從圖 6.12 可看出,海上溢油對生態各方面所造成的衝擊。溢出油對海洋生態所造成的衝擊取決於幾個因素,包括油的類別(原油或煉製油品)、釋出油量、釋出點與海岸間的距離、發生在一年當中的哪一段時間、天候狀況、平均水溫及洋流等。油中的揮發性碳氫化合物,可在釋入海洋後立即將許多,尤其是還在脆弱卵型期間的水生物殺死。若正處水暖期間,這些毒性化學物質可在一、二天內蒸發掉,但若水冷,就可能要等上一個星期。

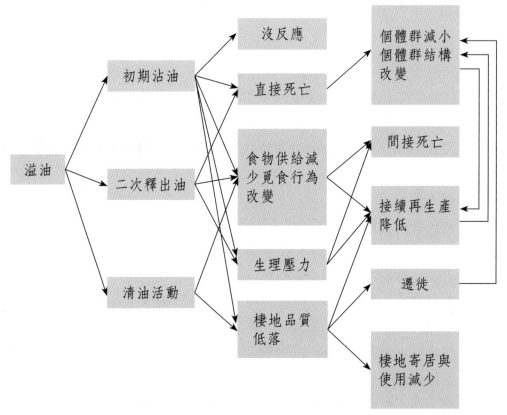

圖 6.12　海上溢油對生態造成的衝擊

　　其他有些化學物質，則會形成焦油球狀浮於水面。這些浮油會包覆在鳥（尤其是潛水的鳥類）的羽毛或海洋哺乳動物的毛皮上，倘若情況嚴重，往往就會淹死或失溫而死。經過數週或數月後，這些油球應可被微生物分解掉，但在很冷的高緯度和極地水中，因為分解的化學反應減緩，油球較為持久。下沉至海床或被沖入河口的較重成分，可使像是蟹、牡蠣、蚌和貝等底棲生物，窒息或不適於人食用。而過去也有溢油致珊瑚礁於死地的例子。最近一些研究並且顯示，溢至海洋的柴油，對海洋生物所造成的毒害，還會隨著時間更趨嚴重。

　　研究顯示，多數類型的海洋生物，皆能在暴露於大量原油之後約三年內復原。然而，若要從遭受煉製油品汙染，尤其是處在河口的情況下復原，則

大約需要十年,甚至更久。在冷水和封閉淺水海灣中的溢油,其影響通常更
為持久。

6.4.2 海洋環境

遭受油汙的海灘,經過強大的波與浪或水流持續沖洗大約一年,海岸的
情況可大致恢復乾淨。受到掩蔽的海灘,則需要好幾年的時間。河口與鹽水
沼澤所受創傷最大,也持續得最久。儘管溢油能造成局部性的傷害,專家們
也僅只將其排序為低風險的生態問題。以下討論船舶溢油對不同海洋環境所
造成的各類型損害。從圖 6.13 可看出,各類型油在海洋當中的毒性與窒息
效果傾向。溢油對於環境所造成的衝擊,大致可分成幾方面:

- 物理上窒息生物:主要是重油等的黏性所造成。其影響生物的呼吸、
  進食及體溫調節等重要生理機能。
- 化學毒性:主要是輕質化學成分,被動物吸入器官組織及細胞,構成
  致命或半致命的毒性影響。
- 生態改變:造成生態系中具特定功能的關鍵生物喪失。有時可接著被
  不同物種取代,而對整體生態的衝擊尚不致太嚴重。然有時卻也可被
  功能全然不同的生物所取代,使危及群落棲位(niche),終致改變
  生態系動力(ecosystem dynamics)。
- 間接影響:例如油汙本身或清除過程所導致的棲地喪失。

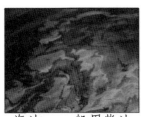 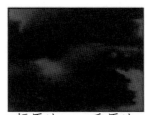 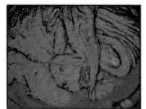

汽油　　船用柴油　　　　輕原油　　重原油　　　　中級燃料油　　重燃油

◁ 輕質油／毒性效果　　　　　　　　　　　　　　重質油／窒息效果 ▷

圖 6.13　各類油在海洋當中的毒性與窒息效果傾向

海域及海岸水

大部分浮在海面的油，都會被波浪、風和海流帶到寬廣的海域。有些黏性小的油，則會在水面數公尺內自然擴散開來，尤其在波浪的作用下，還可迅速稀釋。但若釋出的油經過一段時間後，在表面水層當中仍能維持連續性，則可維持在釋出源附近。在此情況下，位於較深水層或海床上的物種，所受到的影響便還小。

浮游生物

海洋水層區（pelagic zones）維繫著無數，包含菌類、浮游植物（phytoplankton）和浮游動物（zooplankton）的簡單浮游生物（simple planktonic organisms）。浮游生物可能因環境狀況改變，或隨波逐流被「送」到難以存活的區域，而大量死亡。但相對的，若適逢像是在溫帶地區的春季，有豐富營養質持續供應等特別有利的狀況，其數量會出現激增。

一旦養分或其替代品消耗殆盡，物種群也告崩解，而生物死屍便接著分解並沉至海床。因此浮游生物也就常常在時間和空間上，都呈現出極大群、大堆的分布情形。雖然溢油事件可對浮游生物造成衝擊，但往往附近未受到影響尚處幼小階段的量產，卻可起緩衝作用，足以彌補耗損的卵和幼蟲。因此繼溢油事件之後，並看不出成熟物種群有明顯減少的情形。

魚

過去曾經有過和溢油有關的大量死魚的消息。這類例子多半發生在海岸或河川，溢出相當大量輕質油，導致在某局部地點高濃度油散開的情況。但某野生、可自由游走的魚種，因溢油而致大量死亡的情況，倒極為罕見。

海鳥

在開放水域的大型溢油事件當中，海鳥屬最脆弱而可能大量死亡的生物。其中面臨最高風險的，又屬成群在海面上浮游的海鴨（sea ducks）、海雀（auks）等物種。

溢油對海鳥的影響，最明顯的便屬羽毛（plumage）的汙損。鳥羽讓鳥得以保暖、漂浮並隔熱，一旦沾上油，羽毛細膩的保護層構造便遭到破

壞，讓海水得以和皮膚直接接觸，導致體溫散失，終致死亡。同時當海鳥身陷油膜當中被迫攝取油，會進一步帶來嚴重影響，例如肺充血（congested lung）及腸或肺出血（intestinal or lung hemorrhages），肺炎和肝、腎受損等。而沾了油汙的鳥蛋也可導致薄蛋殼、無法孵化及畸形發展。

　　儘管溢油事件後，我們可對沾了油的鳥進行清洗與復育，但最後得以存活的，一般都只是全體的一小部分。而接下來在野放之後得以成功繁殖的，更是少數。但企鵝有別於其他鳥種（圖 6.14），若能處理得當，往往能夠存活，並回復原本數量。

圖 6.14　沾了油汙後經過清洗的企鵝

海洋哺乳類與爬蟲類

　　浮油對於需浮出海面呼吸的鯨魚、海豚等鯨類會構成威脅，其眼與鼻部，都可能因此受到油的傷害。海豹、水獺和其他需較長時間待在岸上的海洋哺乳類動物，更容易遭遇油汙而受到影響。

　　此外，浮油對於海龜、海蜥蜴和海蛇等海洋爬蟲類，同樣可構成威脅。特別是海龜的卵和幼體，也可能因海灘遭受油汙，或是巢穴在清除油汙過程中遭到破壞，而有損失。成龜也可能因黏膜炎症（mucus membrane inflammation），更容易感染其他疾病。

岸上淺水

水層中的溢油在大浪的衝擊下，仍會損及淺水區。有時藉著潮水等的沖洗，也可能使水中油的濃度維持在有害的程度以下。但輕質油品或原油，也可能散到淺水區，以致油中毒性成分濃縮，導致底棲動物死亡。

海草

溫帶與熱帶水中的海草品種各不相同。其除了可維持生態系的多樣性與生產力外，還可提供作為許多生物的庇護所。海草床可減緩水流並增加沉積，而其根部組織則有助於穩定海床，使海岸免於侵蝕。儘管浮油在通過海草床時都不致帶來不良影響，但若其毒性成分和水混合達到相當高濃度，海草與相關生物便會受到衝擊。因此在附近進行油汙清除，便必須特別小心，以免發生像是小艇的推進器和油欄的錨，將水中植物扯傷的情形。

珊瑚

珊瑚礁（coral reef）提供了極為豐富且多元的海洋生態系，既有高生產力而且還能保護海岸。但珊瑚是很敏感的生物，一旦受到油汙傷害，便需相當時日方得以復原。分散後的油，無論是機械或是化油劑所致，對珊瑚礁構成的危害反而最大。除了珊瑚本身，仰賴珊瑚礁的群落也對油相當敏感。因此，在珊瑚礁附近，不宜使用化油劑。

海岸線

在海洋環境當中，海岸線（shorelines）受油汙的影響最大。不過由於岸上的動物與植物，原本就需要耐得住潮來潮往、海浪沖擊、乾燥的風、極端氣溫、以及因為降雨導致鹽分變化等嚴峻壓力，其原本的承受能力也相當強。這些承受能力讓岸上許多生物得以經得起溢油的衝擊，並在之後順利復原，其中尤以礁石和沙岸的承受力最佳。

軟底泥海岸

河口等地的細沙有很高的生物生產力，通常可供養大群候鳥和雙殼貝（bivalves）等原生沙居無脊椎動物，同時也是某些物種的孕育場所。油汙

與被水激起的細沙結合後，可透過蠕蟲洞穴（worm burrows）進入植物莖部。而汙染物也可穿透底泥，持續在此逗留，進而可能造成長遠影響。

鹹水沼澤

軟沙岸之上緣往往聚集了，包括多年生木本、一年生肉質和草等鹽水植物。溢油對於鹹水沼澤（salt marsh）的影響，主要取決於一年當中的植物相對生長期。單次油汙事件可能僅構成暫時性的影響，但若是重複汙損，或是過度積極的油汙清除，所伴隨的踐踏和使用重型設備或試圖清除汙染底層等加害作用，卻可帶來長遠的傷害。

紅樹林

熱帶與亞熱帶岸邊水域的紅樹林（mangroves）能承受鹽分，而提供了螃蟹、牡蠣和其他無脊椎動物很好的棲地，同時也成為魚、蝦的重要營養來源。此外其盤根錯節的根部附近，也可用來留住並穩住漂沙，不僅大幅降低了侵蝕，也使得從陸地移至鄰近海草床與珊瑚礁的沙大幅減少。

但紅樹林因其所處位置，也很容易受油汙之害，此有賴充足的紅樹林生長基質。住在紅樹林系統裡的生物，可直接受油汙影響，也可能因長期喪失棲地而受到影響。複雜的紅樹林生態系在遭逢油汙之後，若非採取適當的復原措施，往往需要相當時日，才得以復原。

6.4.3 經濟方面的衝擊

沖上海灘的浮油對於海岸居民，往往會因為漁業與觀光活動減損，而造成嚴重的經濟損失。過去許多溢油事件之後都可看到，原本相當宜人的海岸都受到汙染。除了接下來的油汙清除工作所費不貲外，依賴這些海岸資源的個人與業者，也會遭逢嚴重的經濟損失，通常以觀光和漁業部門受到的衝擊最大。而其他還有許多商業活動，也可能被迫中斷，收入蒙受損失。

觀光

溢油事件可導致觀光業嚴重受損。通常因為海岸受油汙損，所導致的弄潮、玩艇、潛水等娛樂活動中斷，都相當短暫。一旦海岸清理完畢，各種活動與生意都可望恢復。然若是繼溢油事件之後，大眾對於大規模汙染的印象

仍持久存在，則對經濟的衝擊也可能跟著延續。而打破此長期負面印象，便有賴結合區域性的廣告和推廣活動。

漁業與養殖業

除了漁業資源可能嚴重受損，漁業與養殖業因為溢油所受到的直接影響，主要包括：漁船與漁具遭受油汙及漁貨市場價格慘跌，甚至進一步遭到禁漁。

而漁業界所受到的經濟影響取決於許多因素，例如溢出油的特性、整個事件的狀況、以及受影響漁業活動或生意的類型。而其中海洋環境的特性，和市場對於漁貨品質的信心，又會對此經濟性衝擊扮演一定的角色。

其他產業

事故地點附近依賴海水維持正常運轉的重工業，特別是其取水口接近海面的，可面臨高風險。而若該廠擔負的是國家層級的任務，比如說發電廠，則影響層面將會更廣。其他臨海工業，像是石化廠、造船廠、港口等，都可因溢油及接下來的清除作業受到影響。

而有些規模較小的，像是海產加工與曬鹽等產業，也可能受到溢油的影響。其他依賴海洋娛樂活動的生意，例如海岸公園、遊艇碼頭等，也都會受到影響。採取應變措施，最重要的考量在於，對當地依賴這些產業的人口所構成的影響。

6.4.5 長遠損害

上述經濟損失究竟會持續多久，可能是溢油事件之後許多人所共同關注的問題。然由於溢油事件各有其特殊狀況，這類預測實際上並不可能準確做到。

在大部分油都藉由清除操作去除之前，通常物理性的衝擊會一直持續著。更糟糕的是，由於這類衝擊透過報導而漸植人心，其負面效應也會跟著拖延一段時日。

因此一套有效的除汙操作，首先應在於將大宗油汙清除，以限縮汙損的地理範圍及持續時期。積極的除汙方法也可造成額外損害，而天然淨化作用

或許會更值得利用。

　　一些自然因子會降低油汙的毒性，而一段時日後受汙染的基材，也可望幫助重新生長。例如降雨和潮水都可將油沖走，而隨著風化，油中揮發性成分也可蒸發掉，僅遺留下毒性小的殘油。畢竟海洋環境具有進行天然復原的強大容量，溢油的影響往往也僅屬局部和暫時性的。然而，在某些特定情況下，受損也可持續，而對生態系造成的傷害，也可拖延超過一般所預期。這種情況往往和油的持久性有關，油陷入沼澤底泥，而受到保護使免於受到風化的情形，便屬此例。

6.5 溢油後之恢復、復原及修補

　　恢復（restoration）也就是一般所稱的復原（reinstatement）或修補（remediation），指的是探行某些措施，以使受損的環境，相較於單純的自然恢復過程，更快恢復正常功能的過程。

6.5.1 海洋環境復原

　　1989 年 Exxon Valdez 觸礁溢油，汙染逾二千公里海岸。由聯邦和州政府共同組成的「愛克森瓦地茲溢油信託委員會」運用愛克森石油公司庭外和解賠償的九億美元當中的一部分，作為棲息地保護、科學研究及資源監測之用。其所完成的完整調查發現，溢油後十年在生物量方面，舉例來說，白頭鷹和鷿鷉的數量已大致回復，但像是海豹和鯡魚的數量則逐年持續下降，而生態系則再也無法康復至原本面貌。

　　有些颱風、颶風、海嘯等自然現象，儘管破壞性大，但事後都可看到生態系統，得以在生物普遍死亡、嚴重受損之後，隨時間逐漸復原。而儘管大家對於復原的定義，和在那一點上可稱生態系已告復原仍有爭議，普遍仍認為由於生態系的自然變化特性，使得要回復到溢油之前完全一樣的狀況，是不可能的。

　　大多數對復原的定義所著眼的是：重建具某些棲地特性與正常功能的動

物與植物群落的生物多樣性與生產力。彰顯此原理的一個實例，便是 1967 年發生在英格蘭海岸的 Torrey Canyon 油輪事件後的不妥適清除作業。其採用含毒性清潔劑來清潔礁岩海岸線，導致嚴重危害。從過去的經驗得知，多數復原一般會在一至三年內的數季循環當中進行，紅樹林是例外之一。表 6.2 所列為不同類型棲地，繼溢油事件後所需復原期。

表 6.2　各類型棲地在溢油事件後復原所需時間

棲地	*復原期
浮游生物	數週至數月
沙灘	1～2 年
暴露的岩岸	1～3 年
遮蔽的岩岸	1～5 年
鹹水沼澤	3～5 年
紅樹林	10 年以上

* 復原期取決於包括溢油量與類別等因素。此處復原期的定義是，棲地能夠發揮正常功能之時。

6.5.2 回復與整治成本及環境負債案例

2010 年 4 月，英國石油公司（British Petroleum, BP）在墨西哥灣的一個鑽油平臺 Deepwater Horizon 意外爆炸，造成嚴重溢油事件。在此事故當中，有 11 位平臺工作人員喪生，估計溢油 4 百萬桶。事後 BP 同意償付損失，並保留 78 億美金作為準備金。但實際賠償數字遠高於原先的估計。圖 6.15 所示，為根據 2010 年 4 月 25 日至 7 月 16 日期間，衛星影像所做成的溢油範圍。

圖 6.15　2010 年 BP 墨西哥灣溢油的範圍

此溢油事故造成 2,303 隻海鳥、18 隻海龜、10 隻海洋哺乳類明顯沾滿油汙而死亡。溢油應變過程中，有 2,086 隻海鳥、456 隻海龜、2 隻海洋哺乳類明顯沾滿油汙，經緊急救治，大多救活並陸續釋放回海洋。

6.6 海上溢油應變體系

2002 年 1 月，希臘籍貨輪阿瑪斯號於臺灣南端鵝鑾鼻外海觸礁溢出重燃油超過千噸，引起廣泛報導與討論，並對社會造成重大衝擊。該事件發生時，由於其蔓延迅速、影響範圍廣大、場面怵目驚心，很快便成為社會矚目的焦點。另外在此之前，例如 1977 年以來陸續在臺灣發生的溢油事件，皆曾造成軒然大波並受到輿論嚴厲指責。然而與 1967 年的 Torrey Canyon、1978 年的 Amoco Cadiz、1989 年的 Exxon Valdez 及 1993 年的 Braer 等國際間著名的大型油汙染事故比起來，過去四十幾年來在臺灣所發生的所有油汙染事件，與其說是慘痛的教訓，毋寧說只是一次又一次幸運的強烈警訊。

6.6.1 海洋油汙染的威脅

臺灣過去較重大的海上溢油事件包括：布拉哥油輪事件（1977，基隆）、東方佳人號（2000，野柳）、長運輪爆炸事件（1997，高雄）、阿瑪斯號（2001，墾丁南灣）、吉尼號海域（2006，蘇澳）、晨曦號（2008，

臺北石門）及德祥臺北號（2016，石門）等。各事件當中，溢油量超過 1,000 噸者被歸類為重大溢油事件，大多離不開重大海難事件，例如觸礁、撞船、結構損毀及火警與爆炸，一般都發生在海域或港外。某些區域內，龐大的運油數量加上高船舶交通密度，再加上惡劣天候與狹窄擁擠海峽，皆可提高溢油事件發生的風險。因此，許多面臨遭受大型溢油事件風險的國家，其實並非大石油輸入國家，其面臨的威脅往往源自於航經海峽，往返各地的商輪。

　　至於被歸類為中型的溢油事件，溢油量介於 100 至 1,000 噸之間。通常發生於港口或其鄰近地區，可能是在其進行油的例行傳輸過程當中，例如裝、卸貨油或添加燃油或是輕微撞船、觸礁及靠泊事故等，較不嚴重的災害之後果。中型溢油風險與個別國家進出口石油量之間有密切關係。而進口大量石油的國家，比起大石油出口國，更具風險。表 6.3 所列為 ITOPF 針對全球 19 個區域性海域，面臨溢油風險及其準備程度的評估結果。

表 6.3　全球各區域性海域面臨溢油風險及其準備程度

區域性海區（依據 UNEP 的劃分）	風險類別	準備程度	優先排序
東北太平洋（North-east Pacific, NEP）	低	低	0
東南太平洋（South-east Pacific, SE/PCF）	低	低	0
上西南大西洋（Upper South-west Atlantic, SWAT）	中	中	0
泛加勒比海（Wider Caribbean, WCR）	中	低	+1
中西非（West & Central Africa, WACAF）	中	低	+1
東非（Eastern Africa, EAF）	中	低	+1
紅海及亞丁灣（Red Sea & Gulf of Aden, PERSGA）	中	低	+1
灣區（Gulf Area, ROPME）	中	低	+1
地中海（Mediterranean, MED）	高	中	+1
黑海（Black Sea, BLACK）	高	低	+2
裏海（Caspian）	中	低	+1
波羅的海（Baltic, HELCOM）	中	高	-1

區域性海區（依據 UNEP 的劃分）	風險類別	準備程度	優先排序
東北大西洋（Nor-east Atlantic, OSPAR）	高	高	0
南亞海（South Asian Seas, SACEP）	中	低	+1
東亞海（East Asian Seas, EAS）	高	中	+1
南太平洋（South Pacific, SPREP）	低	低	0
西北太平洋（North-west Pacific, NOWPAP）	高	中	+1
北極（Arctic, PAME）	低	中	-1
南極（Antartic）	低	低	0

6.6.2 區域應變合作

　　具備有效應變能力的高風險區，仍可望在溢油事件發生之後不久復原。從全球觀點來看，值得著重在高風險且低準備海區的訓練。而對於環境惡化嚴重的區域，若能採納進一步的環境標準並促進永續發展，則仍可獲致長遠經濟效益。

　　聯合國海洋環境保護專家小組（United Nations Joint Group of Experts on the Scientific Aspects of Marine environmental Protection, GESAMP）所指改進意外溢油控管在於二大主軸：風險的降低，及溢油應變能力的建立。

　　國際間的保護海洋環境區域性合作包括：

- IMO UNEP 的國際油汙染準備、應變、及合作公約（International Convention on Oil Pollution Preparedness, Response and Cooperation, OPRC 1990），強調的便在於由政府與業界強化整合性措施，
- IMO 全球計畫（Global Initiative），與國際石油、海運業者結合伙伴關係，以促進溢油的準備。

6.6.3 緊急應變計畫

　　無庸置疑，在溢油事件之前建立一套策略與施作計畫，可帶來更有效率且周延的應變作為。而建立這套應急計畫（Contingency & Response Planning）的過程包括：確認角色與責任、保護優先次序、有效應變策略及運作程序。這套應急計畫同時在於讓人員受過應有的訓練與實作，並讓相關單位與個人對此應變，充分準備。

　　一旦海上發生大型溢油事故，為避免任何責任劃分的混淆，以有效運用所具備資源，需有一統一機構全權規劃、因應及處理。由於清理工作往往需要投入大量人力，故應變組織內各單位之統合益形重要。

　　當海上溢油所涉及範圍較小時，可委由當地港務機關依港口應變計畫處理，若事件規模較大，則必須提高層次至全國性，甚或國際性之應變支援體系，方得有效控制。當發生海上油汙事件，應迅速勘估環境受害程度，由現場指揮官安排偵察人員監視油跡動態，並利用地理與水文資訊，預測其演變與發展，進而採取有效行動。

　　就民國 90 年的阿瑪斯號溢油事故為例歸納，當時環保署的處理與協調過程，大致分成四個階段：

1. 事件發生初期：接獲海難通報，緊急聯繫協調處理。
2. 緊急應變期：船體破裂油料外洩，協調進行緊急油汙防堵。
3. 後續油汙清理期：加強海上及陸上油汙清除處理。
4. 善後復原期：後續生態復育及法律求償索賠。

　　為能掌握時效有效應變，關鍵在於極盡可能縮短第一與第二階段間歷時。因此體系中扮演關鍵角色人力的教育訓練，及經常性之模擬演練，皆必須落實。

　　依據既有的溢油事故應變處理架構，擔任現場協調員的中央主事者於溢油應變中心接獲事故發生報案時，當立即協調交通、環保、農政、國防等相關單位，結合地方人力與物力，通力合作，進行清除與復原工作，力圖使傷害減至最輕。

溢油事件構成衝擊模擬

　　規劃應變計畫時，應考慮溢油事件可能發生位址、規模及發生機率，透過類似以下的模型，力圖掌握一旦事件發生，油汙的移動路徑與事態進展。

- 船舶航行事故評估模型 —— 就某特定海域，分析航經船隻數量、類型、航線、行為，及天候、海象、海域地形等環境因子，預測可能發生的事故及可能發生溢油事件的狀況。
- 油汙變動與路徑預測模型 —— 用以評估油汙對海洋環境可能造成的衝擊，可藉以評估受損情形。

溢油應急計畫效益衡量

溢油事件會帶來直接與間接成本。而藉著一套有效的應變規劃，從中避免或減輕的成本，即成為實施此應變計畫，所能獲致的效益。而儘管有些部分難以量化，這些效益都應納入衡量範圍內。

可量化的效益包括：減輕自然資源減損、提升回收溢油效率、降低對海岸線的衝擊與復原成本，以及降低此事件所引發的社會經濟成本。

此處所指社會經濟成本，指的是對直接受害地區、鄰近地區、居民、地方政府乃至中央政府產生的嚴重社會經濟面的衝擊。其包括：油汙染對財產造成的損害、因國家公園等資源受損而導致的利用價值喪失、漁業養殖與觀光等相關產業收入減損。

此外，次級社會經濟影響指的是，當地或鄰近地區在事件應變作業期間，因嚴重的經濟與社會衝擊所帶來的，像是經濟或社會生態改觀等後續效果。

無法量化的效益則包括：應變規範遵循意願提升、為海運與油品業等可能的事件肇事者建立公平競爭基礎、文化與心靈資產保存、保護珍稀生物的價值、自然景觀或資源存在的價值，以及保持「準備就緒」的文化與態度。

溢油應變計畫的成本

由於整套應變準備活動，所衍生的開支與成本，皆應納入該應變計畫的成本。其準確估算需賴實際成本調查，包括：

- 應變準備所需設備的購入與維護支出
- 建立並維護完整計畫的成本
- 執行應變計畫的演練與測試支出

- 人員訓練支出
- 維持人力等運作資源所需經常支出

廢料處置

清除油汙將不可避免會持續產生廢棄物，而可能帶來嚴重的物流問題，以致延誤除汙運作。因此需在擬定應急計畫的同時，便事先考慮到處理廢棄物的問題。如此一來，一旦發生溢油，便可針對處理或處置廢棄物，以及其儲存與運送所採用的可行方法，迅速作出決定。然此計畫需配合地方相關法規的修訂，保持更新。

廢棄物管理選項

從溢油事件所產生廢棄物的處理原則不外減量、重複使用及回收（reduce, reuse, recycle）「三 R」，亦即：

- 為將含油廢棄物量減至最少，需採用適當的清除技術以避免將清除所用的材料和油混在一起。
- 儘可能清潔並重複使用設備與資源。
- 透過煉油或回收廠將收復的油進行加工。然而不可避免，許多廢棄物往往因難以回收或加工，以致只好掩埋或焚化。

廢棄物種類與數量

事件發生一開始，若能依照實情估計出可能產生廢棄物的種類與數量，對於後續工作的進行，將會有相當助益。

一般通則是，大部分溢出的原油或重燃油會在海洋環境當中維持一陣子，同時產生大量的廢料。其他不耐久的，像是汽油、輕柴油、煤油等，則會在溢出後數小時內蒸發掉，以致接下來產生的廢棄物會少得多。

在海裡的油過了一段時間後，會和水混成乳狀物（emulsion）。其同時還會將像是船上落海貨物的殘屑，或來自岸上的垃圾等集中在一起，以致提高了所需收復的廢棄物數量與複雜性。在岸上收復的油，往往會混雜著大量的沙和碎石，有時還有木頭、塑膠、海草或沾了油的動物。

除油工作本身也會產生廢棄物，像是吸油布等材料、受損的油欄、繩和

垃圾袋等。還有受到油汙的漁具和養殖器材等，也都會增加大量廢棄物。

由於各類廢棄物分別有其處置方式，因此最好能儘早個別分開，以節省接下來的時間與人力，並導向適合的處理與處置方式。

廢棄物儲存

清除作業所收集來的廢棄物，往往為了配合運送與處置等物流，會需要暫時存放。這些海岸廢料一般都擺在位置比高潮線高出一截的大桶或箱內暫存。如此暫存，需嚴防對鄰近範圍內的土壤、地下水造成汙染，並儘可能與民眾活動的範圍分開。

由於塑膠袋在陽光下會分解，其僅適合用來運送，而不宜用作儲存。大型溢油事件所產生的廢料處理量，有可能超過當地原本的處理和處置容量，這時便得備妥更大的暫存設施。

上述廢料需依照當地法規處理，有時包括暫存和代處理業者在內，都需具有相關執照。

處理與處置選項

油和含油廢棄物的最終處理與處置有諸多選項，需依以下因素選擇適當方法：

- 廢棄物的特性和一致性
- 廢棄物的體積
- 適合場址與設施的可用性
- 相關成本
- 任何規範限制

再利用與回收

將實際收復的油儘可能再利用，顯然是最佳選項。收復的油可混入煉油廠的進料當中，也可與燃油混合作為發電廠或合適鍋爐的燃料。如此可望減少廢棄物數量，同時可能換取收入略補處理與處置的成本。而由於在海上收復的是油中所摻雜廢料，比起在岸上收復的少得多，此選項也更可行。此外，像是收復的「油沙」，若不致含太多廢料，則可與生石灰作安定處理

後，用於土地的復原與道路建設。

其他處置選項

針對含油廢料，固然不乏屬較爲永續的廢棄物處置選項，但顧及實際可行與成本有效，焚化與掩埋往往仍成爲最終決定的選項。

6.7 船舶海洋溢油事件的賠償

船上一旦發生溢油，可爲各不同部門與個人帶來財務損失，不僅該事件所導致的清除工作所費不貲，且可延宕相當長時日。

油汙可損及財產並導致經濟損失，尤其是漁業與觀光。而受影響的海洋環境也需要復原。因此溢油所構成的損失，自然需依法得到賠償。

賠償的法律基礎

大多數國家都根據以下四個國際公約，作爲賠償的基礎：

- 民事責任公約（Civil Liability Convention, CLC）── 在船東責任限度內，由船舶保險公司提供油輪所載持久性油（persistent oil）溢出之賠償。
- 基金公約（The Fund Convention）── 在船東責任限度內，由船舶保險公司提供油輪所載持久性油溢出之賠償。
- 燃油公約（The Bunkers Convention）適用於各種船舶的燃油溢出，同樣在船東責任限度內，由船舶保險公司提供賠償。
- 危害性與嫌惡性物質公約（The Hazardous and Noxious Substances, HNS）適用於其他包裝的，例如非持久性碳氫化物油、蔬菜油及化學品。

上述公約雖然各有其應用範圍，原理上卻有許多共通之處，例如其主要適用於在公約簽署國的水域的溢出。

國際油汙損害民事責任公約

1. 1969 年國際油汙損害民事責任公約

適用公約的船舶，指任何運載散裝油品、貨物的船舶。公約中特別強調必須是運載「散裝油品」（in bulk），即排除載運桶裝、罐裝油品的船舶。

2. 1967 年油汙議定書

該議定書改用特別提款權（Special Drawing Right, SDR）作為計價的單位。船舶所有人所需擔負的限制責任，改為按船舶噸位計算每一噸為 133 SDR，賠償總額不超過 1,400 萬 SDR。

SDR 為國際貨幣基金組織（International Monetary Fund）所規定。其換價比率每日浮動，可避免因匯率波動產生不合理的計算數據，較符合公平原則。SDR 的每日換價比率，由國際貨幣基金組織在其官方網站（http://www.imf.org/）公布。

3. 1984 年油汙議定書

該議定書在於修正公約適用的範圍，並提高限制責任的額度。該議定書最後並未正式生效，原因是當時身為國際間主要油品輸入國的美國未簽署該議定書。美國自行訂立了 1990 年油汙法（Oil Pollution Act, OPA）來處理船舶油汙的案件。

4. 1992 年油汙議定書

1984 年油汙議定書雖未正式生效，但 1992 年制訂的油汙議定書，實質內容與 1984 年議定書一致。該議定書雖採較寬鬆的生效要件，唯 1996 年正式生效時有 87 國，擁有船舶總噸數合計占全球 91.25%，足見其接受程度與重要性。

5. 2000 年油汙修正書

此修正書針對 1992 年油汙議定書，將船舶所有人的限制責任額度調整為：5000 噸以下的船舶，責任限額為 451 萬 SDR；總噸位在 5000 噸與 140,000 噸之間的船舶，責任限額以 451 萬 SDR 為基準，每增加一噸，即另增 631 SDR；總噸位超過 140,000 噸的船舶，責任限額為 8977 萬 SDR。

賠償來源

大多數從事國際貿易的船舶，皆有保障與賠償責任保險（Protection and Indemnity (P&I) Club）所保的第三責任。針對油汙染事故，P&I Clubs 和其他保險公司可在公約或國家法律設定之上限內賠償損失。因此大多數情形下，皆應向該船船東或保險公司索賠。

求償

無論預期賠償來源為何，求償程序大致都需遵照幾個步驟。求償者有責任提出其損害的適當證據，以進行評估，過程中有可能需要提供進一步的資訊與證據。

用來支持求償的資訊取決於損害類型，尤其是用來區分究竟是事故應變所導致的代價，抑或是因為油本身的影響所產生的，例如觀光或漁業等方面的損失。

根據國際公約，很重要的一點是，求償應在技術上力求合理。亦即，求償應本於實際的代價或導致的代價，而不應該使求償帶來過度的利潤。

這些公約旨在將受損團體放在，儘可能接近事故發生之前的位置。為達此目的，可提出四組主要索賠：

- 清除與預防措施（Clean-up and Preventive Measures）——用於將溢油從海上與船骸收復，以保護敏感區免受汙染及因清潔受到影響的海岸線與自然生物的成本。
- 財產受損（Property Damage）——用於清潔、修理或更換受油汙財產的費用。
- 經濟損失（Economic Loss）——用於溢油所導致的財產汙損或其他理由等後果所造成的損失。
- 環境受損（Environmental Damage）——用於對受損區進行監測及加速天然復原的工作。

同時，根據 HNS 公約，允許對人員傷亡索賠。

第七章

源自船舶空氣汙染

7.1 海洋酸化

7.2 源自海運的空氣汙染

7.3 船舶空氣汙染防制

7.4 以天然氣作為燃料

7.5 海運與氣候變遷

7.6 GHG減量政策工具

7.7 其他潔淨能源策略

　　從一些科學報導不難理解空氣汙染對人體健康與陸上生物圈的影響，但它對海洋的影響又是如何呢？比方說從汽、機車燒汽、柴油，從排氣管排出的氮氧化物（nitrogen oxides, NO_x）進入大氣，接著跟隨下雨、雪沉降到海洋，對海面和水下的生物，會帶來什麼後果？

　　海洋堪稱地球上最有價值的自然資源。海洋餵養人類、滿足人類居住與遊憩等各種需求，同時還扮演調節氣象和淨化空氣等重要角色。然而我們除了以油、垃圾等前面幾章所提到的各類型汙染，透過各種途徑危害海洋，我們還經由大氣排放碳、氮、硫等化合物與噪音，持續威脅著海洋的健康，而海洋也已發出警訊。若以單位功能的耗能與排放來看，船運堪稱最具能源效率及最「綠」的一種運輸方式。然隨著全球對海運需求的持續成長，未來船運也勢必在全球追求減排，以抑制空氣汙染與氣候變遷的目標上，扮演關鍵角色。本章討論船舶這在世界各港口與海洋間移動的空氣汙染源，對人與環境造成的各種影響及防制之道。

7.1 海洋酸化

　　自工業革命以降，人類持續燃燒大量化石燃料（fossil fuel），所汙染的不僅只空氣，海洋也遭受汙染。當今我們的海洋吸收四分之一的人為大氣排放，改變了海面的酸鹼值導致海洋酸化（ocean acidification），且情況正持續惡化當中。據估計，照人類目前的排放方式，在本世紀結束之前，海洋表面海水的酸度，將會比目前的高出將近 1.5 倍。

　　如此一來，海洋生態系及其所依賴的海岸經濟，也將不保。首先是珊瑚礁與甲殼魚類、貝類、蚌類、珊瑚、牡蠣等所需用來建立甲殼與骨骼的碳酸鈣，將因海洋酸度升高而減少，以致威脅到這些動物的存活。

　　而由於這些動物位於食物鏈底層，在其上層的魚、海鳥及海洋哺乳類，也將受到波及。嚴重酸化的海水，同時也將導致珊瑚礁白化（bleaching of coral reefs），一方面使有些魚難以逃避捕食者，另一方面也使得有些物種難以覓食。

　　不難想見，海洋酸化對內陸的生物，也同樣可構成威脅。以美國為例，據曾經做過的估計，其東岸從南方的路易西安納州、馬里蘭州到北方的緬因州，便因為海洋酸化而減少收成，估計造成 1.1 億美金和 3,200 個工作損失。

　　海洋酸化及其影響，近年更來成為全球科學界共同關注的重要議題。例如我們在發電、行車時燃燒煤、油等化石燃料，會排放二氧化碳（carbon dioxide, CO_2），釋入大氣。其中一部分會沉降到海洋、河川、湖泊等水面，其餘的被植物吸收。一旦水中 pH 值降低，勢必對珊瑚等重要生物構成威脅。而珊瑚礁可說是提供了世界上最富饒的棲地，而也正是海洋食物鏈的關鍵。

7.2 源自海運的空氣汙染

7.2.1 船用柴油引擎廢氣成分

　　船用柴油引擎排放的廢氣，主要包括了氮、氧、二氧化碳及水，和少量的一氧化碳（carbon monoxide, CO）、硫氧化物（sulfur oxides, SO_x）及 NO_x，和一部分已作用但尚未燃燒的碳氫化合物及微粒（particulate matter, PM）。

氮氧化物

　　NO_x 的生成，是燃燒空氣中的氮分子及燃料中的有機氮，被氧化的結果。因為使用的燃油不同，尤其是重燃油，引擎排氣中所含的 NO_x 當中，可能會有相當一部分是得自燃料中的有機氮。

　　NO_x 所引起的負面作用，可分成幾個不同的方面來談。NO_2 令人最關切的問題，是對人呼吸系統及植物的戕害，同時其亦為造成酸雨的主因之一。另外，NO_x 與揮發性有機化合物（volatile organic compounds, VOCs），還涉及光化學反應，而導致可危害人體健康與植物的對流層臭氧（troposphere ozone, O_3）量提高。而二氧化氮（nitrogen dioxide, NO_2）

對於平流層中的臭氧耗蝕（ozone depletion），及全球氣候變遷（climate change）亦具有某種程度的影響。

硫氧化物

美國環保署曾針對新生效的 SO_x 標準預言，接下來將可避免掉 12,000 至 31,000 人提早死亡及 140 萬工作天的損失。如此到 2030 年，每年可獲致 $1,100 至 2,700 億美元收益。而達此目標，僅需花費 $31 億美元。

SO_x 是直接得自所用燃料中所含的硫。硫在燃燒室中氧化後，大部分都成了 SO_2，極少一部分則成了 SO_3。而用以保護引擎表面的鹼性潤滑劑，則有一小部分會將燃燒生成的 SO_x 轉換成硫酸鈣（$CaSO_4$）。這部分的量與影響可謂微不足道，較令人關切的 SO_2 問題，是其對人體呼吸系統、植物以及建築物材料的不利影響。

一氧化碳

CO 是含碳物質不完全燃燒的產物，因此其形成主要取決於過剩空氣量、燃燒溫度及空氣／燃料的混合物，在燃燒室中是否均勻分布而定。通常若是過剩氧含量夠多而燃燒過程也夠有效，則 CO 的排放量會很有限。然而當引擎保養不良，或在低出力範圍內運轉，則 CO 量亦隨著提高。人們對於 CO 排放的關切，主要在於其降低血液中血紅素的攜氧能力，而對人體健康產生不利影響。縱然 CO 亦屬溫室氣體（greenhouse gases, GHGs，包括 CO_2、CH_4、N_2O、HCFC-22、CF_4、SF_6）而會略微影響全球氣候變遷，其對環境的整體影響，倒較未受到關切。

碳氫化物

排氣中的碳氫化物主要包括了燃料和潤滑油，未燃或未完全燃燒的部分。通常不完全燃燒的碳氫化物的性質及量，主要取決於燃燒性質及引擎的熱效率，而此主要又受到引擎本身的狀況和負荷所影響。

粒狀物

排氣中 PM 部分主要包含了元素碳、礦物灰、重金屬及各種未燃或部分燃燒的燃油或潤滑油碳氫化物，等有機與無機物質的複雜混合物。大部分

柴油引擎排放的微粒直徑都在 1 微米（micrometer, μm）以下，其沉降速度很低，而易於被空氣攜帶傳送。因此其所造成的不利影響，很可能會遠離排氣源頭附近。雖然有關船用柴油引擎粒狀排放物組成的文獻極為貧乏，但從應用在其他方面的柴油引擎的研究結果，卻不難預期可能導致一般呼吸問題，及較嚴重的毒性病變和致癌等後果。

微汙染物

微汙染物（micropollutants）一般指的是，十億分之一（part per billion, ppb）等級、微量存在的汙染物。儘管如此，其所造成的負面影響卻不容忽視。典型的有機微汙染物，像是多芳香族碳氫化合物（polycyclic aromatic hydrocarbon, PAH）、戴奧辛（dioxins）及芙喃（furans）。有關排氣中 PAH 在燃燒過程，及其致癌特性等的文獻都已相當齊全。最近的研究更進一步發現，來自排氣系統，由 PAH 與 NO_x 反應所生成的硝化 PAH，具有高度引發病變的效果。

排氣中的鎘、鉻、銅、水銀、鎳及鋅等重金屬含量，可反應出其在燃油中的含量。而船用燃油中重金屬的組成，又可進一步反應出燃油的混合情形、其在儲存和處理時的添加劑、以及燃油在船上經處理後，所去除的部分。重金屬對於生物，經由酵素生化反應產生的毒性及抑制作用，已廣為人知。其進一步影響，包括降低水生態系的多樣性及使人致癌等。

7.3 船舶空氣汙染防制

國際海事組織於 1997 年 9 月通過在 MARPOL 73/78 公約中增訂了附則六（Annex VI），以規範船舶的大氣排放。除 IMO 的全球性立法外，類似區域性跨國合作及很多國家本身，也針對源自船舶的空氣汙染，持續擬訂趨於嚴苛的管制法令。

自從 IMO 在 1989 年開始正式討論，限制源自船舶的空氣汙染物以來，由於事關重大，國際間許多相關團體與工業界，便展開一連串積極的研究與討論，試圖在技術上搶得先機，並找出因應之道。在對船舶排放物進行正式

的管制之前，當然必須先實際評估看看船舶一旦將廢氣排入大氣，其中各成分所存在的量和分布情形。

近十年來，相關的環境調查發現，與其他產業來源相比，源於海運的 HC、CO 及 PM（包含煙灰）的排放可謂相當低。同時由於柴油引擎的超高熱效率，其 CO_2 與 SO_x 的排放量，也可算是相當低。因此，注意力便逐漸集中到降低 NO_x 的可能方法。而同時獲致高效率與低排放，也就成了近年來柴油引擎發展的新觀念。可喜的是研發的成果，已可藉引擎的全面革新設計、直接噴水及整體性催化的後處理等手段，達到目前及未來可預期的嚴苛的海洋環境標準，而仍然幾乎不影響燃料消耗。

NO_x 在燃燒室中形成的過程極為複雜，涉及上百個化學反應。而重點是溫度愈高及處於高溫的駐留時間愈長，所生成的 NO_x 也愈多。因此，凡能降低溫度及縮短燃燒室中尖峰溫度歷時的方法，都可降低 NO_x 的生成。然而長久以來，一般總認為既是藉降低尖峰溫度以降低 NO_x，則必然要隨之付出增加油耗的代價。因而柴油引擎製造業所面對的最大挑戰，便是如何使 NO_x 排放與低油耗的優點同時存在？而其答案，經證實為重組的狄賽爾循環（Diesel-cycle）。目前有些廠牌柴油引擎的 NO_x 排放與傳統引擎相較，已可減少 30-50%，而又不增加耗油率。

7.3.1 低 NO_x 燃燒技術

柴油引擎排放 NO_x 的主要來源有二：其一為源自空氣中氮分子在高溫下的燃燒（氧化），此謂的熱 NO_x（thermal NO_x）；其二為燃料中氮化合物，此稱為燃料 NO_x（fuel NO_x），僅占全部 NO_x 排放的 10～20%。熱 NO_x 的形成，主要決定在參與反應的氮的濃度、溫度及駐留時間。

延遲噴油

從 Annex VI 所訂基準線上減少 30～80% 的 NO_x 排放，用低 NO_x 燃燒（low NO_x combustion）概念即可達到。低 NO_x 燃燒概念的重點之一，是延遲燃油噴射時間。而此方法的缺點便是耗油率的提升。延遲噴油，亦即縮短駐留時間，雖是用於降低 NO_x 排放最廣為接受的一種方法，然若想單獨

以此方法降低 50% 的 NO_x，其耗油率將高達 20 至 30%。為重新建立低耗油率，必須靠提高壓縮比來彌補。如此一來，延遲的噴油時間與高壓縮比結合後，勢必要在噴油率上修正。結果，複雜的噴油配備便成了此一概念的關鍵。

可調式燃油噴射正時

延遲噴油正時（injection timing），是用以降低 NO_x 排放的技術當中，最常見的一種構想。此法雖簡單，但缺點是其亦提升了耗油率。若只是要符合某些區域性 NO_x 排放的嚴格限制，有些廠牌的柴油引擎已發展出可在運轉中延遲噴油的方法。換言之，其排放程度可以依照要求立即調整。而一旦出了嚴格規定的區域，又可隨即調整回到最佳的耗油情況。噴油延遲，是藉由裝在凸輪軸上的一組行星齒輪和油壓啟動器達到。

7.3.2 符合區域 NO_x 要求的方法

為符合美國加州空氣資源局（California Air Quality Bureau, CARB）減少 80% NO_x 排放及其他區域性的規定，有些廠牌的引擎也配備了可從引擎上在「經濟耗油」與「低 NO_x」兩位置間切換的調整裝置。

而針對新的船舶主機，CARB 所提出的方案更為嚴苛，在 15% O_2 為 130 ppm。而這時選擇性催化還原（selective catalytic reduction, SCR）型的觸媒，便非得用上不可。

引入水

NO_x 形成的主因是燃燒溫度。當引擎的軸效率高達 45% 時，燃燒溫度亦相當高。藉著水乳化燃油，或直接噴水到燃燒過程中，可減少 NO_x 的生成。其主要影響包括：藉水來降低燃燒中氧的部分壓力，及藉水蒸發所消耗的能量來降低熱負荷。

燃油乳化。用水乳化燃油的方法，只能大約降低 20% 的 NO_x，主要是因水／燃油比值最高仍只能達到 0.3。而採用此技術還需要一套高容量的燃油處理系統，才能維持引擎出力。其他缺點還包括：

- 對於蒸餾油（distilled oil），水在燃油中的乳化並不穩定。因此，在

限制 SO_x 的區域，此法的效果也就受到限制。

- 燃油噴射器需依高流量作最佳化的調整或設計，如此當不需乳化而關掉水時，引擎性能將大打折扣。

直接噴水進入氣缸。降低燃燒溫度，最有效的方法之一，便是直接將水噴入燃燒室中。若就一燃燒循環來看，為使燃油在點火前及預燃期間冷卻，需在油尚未噴入之前就先噴入水。因此噴射器便包含兩個針型噴嘴，分別提供燃油及水。

將水直接經由獨立的噴咀噴入氣缸，比起乳化燃油更能有效降低 NO_x。其再結合最佳的噴油正時與歷時，則 NO_x 降低量可達最高。直接噴水可降低 NO_x 達 50～60%，燃油可自由選擇使用重燃油（heavy fuel oil, HFO）或蒸餾油，皆可獲得最佳結果。此噴水系統體積小，適於裝在船上。

三菱重工曾發展出並測試了燃油與水分層噴射的方法，即將水與燃油經由同一噴嘴針閥分層噴入氣缸。其所測試的引擎（四行程、直徑 300mm、行程 380mm、轉速 750rpm），顯示 NO_x 幾乎隨水／油比值的增加，而呈線性降低。在 80% 的負荷下，NO_x 可降低達 60%。

以瓦錫蘭所試驗成功的 WD32 引擎為例，該系統包括了使水壓得以提高並控制在 400 巴（bar）的液壓驅動的壓力增大單元。為安全計，通到各個氣缸的水路上都裝了一個「流動保險絲」（flow fuse），以防噴射閥在開啟時卡住，至使氣缸內充水。噴油正時和歷時，由一連至曲柄軸或凸輪軸的電子裝置控制，傳來的上死點信號會使電磁閥開啟，進而舉起針閥。其系統可一次操控 18 個氣缸，而最佳正時與歷時，可輕易地視不同情況設定。若用某特定噴嘴，則水／燃油比值可藉控制噴水歷時及水壓而得到控制。

自 1993 年以來，瓦錫蘭柴油引擎公司，曾先後完成以噴水降低 NO_x 的測試。其中以在 Aurora afHelsiugborg（往來丹麥與瑞典渡輪）實際測試的 5,000 小時噴水經驗為例，其結果相當值得肯定。瓦錫蘭宣稱該船的柴油引擎，在測試後仍呈現完美情況，燃燒室中氣缸套及活塞環皆無腐蝕現象。瓦錫蘭在實驗室中所測試的引擎中，NO_x 的降低量最高可達 70%，而在此水／燃油比接近 0.9 的情況下，耗油率大約增加 1.8%。雖然有能力降低相當

高的 NO_x，所形成的煙卻是個嚴重的限制因素。水／燃油比值太高，也正可造成更高的布希煙值（Bosch smoke number）。不過噴射正時是另一更重要的因素，最佳狀態也因此可藉調整正時達到。

一體型SCR

如圖 7.1 所示的 SCR 是目前唯一藉後處理，來降低 NO_x 的方法。SCR 的原理為噴入阿摩尼亞或尿素進行催化反應，以還原 NO_x。一般靠此法可大幅（約 90-95%）降低 NO_x，而又不致影響引擎性能。目前營運中的 SCR 系統，不論使用何種燃油均尚未出現不正常的狀態，但以下 SCR 的缺點卻不容忽視。

中速引擎因其排氣溫度夠高，而得以將觸媒設置於增壓渦輪機之後。但在低速十字頭引擎中，需將 SCR 單元安裝在增壓渦輪機之前，而有許多缺點。第一、溫度太高，會使觸媒壽命因燒結而減短。第二、其龐大的體積安裝在增壓渦輪機之前，會降低承受負荷（承載）特性。第三、在增壓渦輪機之前安裝 SCR 會有因阿摩尼亞漏洩與觸媒塵埃，而造成渦輪機的損傷或故

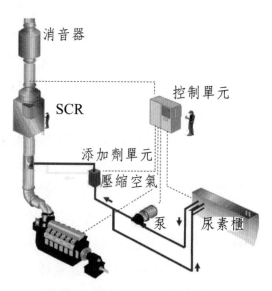

圖 7.1　船上 SCR 系統示意

障。若將增壓渦輪機及 SCR 合併安裝，則由於排氣溫度過低，需在 SCR 之前裝設一燃燒器來加熱排氣。最後，SCR 系統會增加氣體背壓，進而降低燃氣渦輪機的熱效率。

　　SCR 系統的大小，隨 NO_x 的排放程度而異。先進的低 NO_x 引擎便可選用結合 SCR 與消音器為一體的精實 SCR 單元，而成為未來可能因應最嚴苛 NO_x 法案，最具成本有效性（cost-effective）的利器。

7.3.3 降低 SO_x 排放

　　自 2020 年元旦起，全球海運燃油的含硫上限，將從 3.5% m/m 降至 0.5%。有關船舶排氣立法的主要文件有：

- MARPOL Annex VI, Regulation 14 修訂版。
- IMO 決議文 MEPC.259（68）排氣清淨系統指南（Guidelines for Exhaust Gas Cleaning Systems）。
- 歐盟指令（European Union Directive）2012/33/EC。

　　這些法規要求針對 SO_x 排放，在排放管制區（Emission Control Areas, ECA）內燃料硫含量以 0.10% m/m 為限。目前 SO_x-ECA 水域涵蓋，包括波羅的海、北海、北美海岸、美國加勒比海一帶。

　　燃料含硫相關立法乃目標導向，允許採用替代方法，以達排放目標。取代低硫燃料的方法之一，為藉由排氣洗滌從排氣中除硫。

船舶排氣洗滌

　　此法即 Annex VI, Regulation 4 中明載之排氣洗滌（exhaust gas scrubbing）。迄今一些可行性研究顯示，已有充足符合要求的燃油及合適的減量技術，可讓船舶遵循全球性法案。

　　採用洗滌器可去除 90～99% 的 SO_x，如此船上可繼續燒高硫含量燃油（high sulfur fuel oil, HSFO）。圖 7.2 左側所示，為裝在船上的洗滌器與煙囪的相關位置，右側為該洗滌器的運轉示意圖。

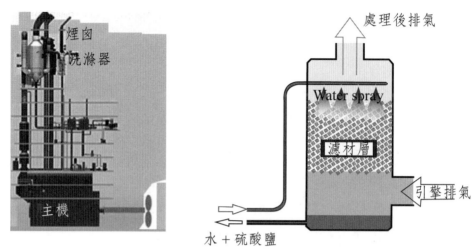

圖 7.2　船上洗滌器和煙囪的相關位置（左圖），及該洗滌器的運轉示意（右圖）

圖 7.3 所示，為船上安裝洗滌塔的選項。排氣洗滌技術早已是岸上燃煤、燃油火力電廠等的必要汙染防治配備。根據近期市場預測，2018 至 2023 年間，船舶排氣洗滌器市場將持續成長。

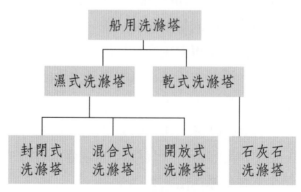

圖 7.3　船上安裝洗滌塔選項

在濕式洗滌器當中，廢氣中 SO_x 在通過水霧過程中與水反應成硫酸，再從系統中去除。此硫酸可藉充足的鹼性海水中和，接著經過分離器去除汙泥後即可排海。

　　船上洗滌器可分成開環（open loop）與閉環（closed loop）兩種類型，但也往往合併成爲一套混合系統（hybrid system）。表 7.1 就適用場合等方面，比較開環型與混合型洗滌器。

表 7.1　開環型與混合型洗滌器之比較

開環型	混合型
• 適用於長途航程 • 靠港短暫 • 在 ECA 海域歷時短 • 有限安裝空間 • 安裝時間與成本較短 • 一般不需用化學品 • 在水鹼性低的 ECA 海域或在港時，需用到低硫海運蒸餾油 • 耗電力高	• 長短途航程皆適用 • 在海上採用開環模式，在 ECA 海域和在港採閉環模式 • 在 ECA 海域歷時較長 • 需較多結構改裝 • 安裝時間與成本較長 • 需暫存強性化學品 • 可一直使用高硫燃油 • 在閉環模式下耗電力較低

此外，選擇這類洗滌器的關鍵考量包括以下：

• 船舶航行形態與水的特性——順利運轉取決於洗滌水的鹼度。鹼度不足，將對洗滌過程的效率會構成嚴重不利影響。例如在美國五大湖，開環洗滌器便不足以解決問題。

• 系統的耗損與汙損——進入洗滌器的海水夾帶著泥沙等小顆粒和水母與藻類等生物。面對問題，或可藉著採用自動背沖式濾器，將這類影響降至最低。

• 電力供應與運轉成本——需持續將大量的水，從海底門泵上漏斗最高點附近。這會需要安裝大到 150kW 的新海水泵，以滿足洗滌器與泵達漏斗頂所需。持續運轉這些泵，必然影響船上油耗，而對有些原本就存在電力吃緊的情況，此大幅增加的電力需求，還可能構成問題。

• 對廢熱回收與 SCR 系統的影響——持續供入海水，可大幅降低排氣溫度，以致對任何既有的，例如廢熱回收系統，或是 SCR 等排氣相關系統，構成不利衝擊。

- 港口對開環洗滌系統的接受度——港內使用的接受情形，各界仍激烈辯論當中。雖尚未正式立法，卻可構成實際且重大的風險。

乾式洗滌

乾式洗滌塔採用水合石灰等鹼性顆粒，以去除廢氣中的 SO_2。石灰粒在吸收硫之後成了石膏。此系統重量比濕式系統重，目前僅少數船上採用。

洗滌器的其他環境議題還包括：

- 洗滌器無法同時削減 SO_x 與 NO_x；
- 假使燃油硫含量 > 3.5%，則無法完全去除 SO_x；以及
- 洗滌器無法削減 CO_2 排放，PM 也只能降低六成。

7.4 以天然氣作為燃料

目前有些船公司朝向以液化天然氣（liquefied natural gas, LNG）作為推進燃料和接岸電（shore power），以解決降低大氣排放的問題。畢竟，選用 LNG 因為可同時大幅削減 SO_x、NO_x、CO_2 與 PM 等排放，及在港時的噪音與震動，而得以獲致更深遠的環境與健康效益。

天然氣可望在未來幾十年當中，保持充沛、安全、潔淨且合乎經濟，可望作為逐漸取代石油產品的交通工具燃料。就海運而言，隨著愈來愈多在 ECA 以外，以 LNG 推進的船舶加入營運，全球 LNG 相關基礎設施的需求亦趨於增大。然基於缺乏資金、節能誘因分散、船廠與設計者能力有限，以及與新技術連結的不確定性等一系列障礙，而可能緩慢落實。

7.4.1 LNG 來源

從地下開採出的天然氣，主要含有百分之 70 至 90 的甲烷（CH_4）和較重的氣態烴，例如百分之 5 至 15 的乙烷（C_2H_6）及不到百分之 5 的丙烷（C_3H_8）和丁烷（C_4H_{10}）、戊烷（C_5H_{12}）。另外，如 CO_2、氮氣（N_2）、氧氣（O_2）、硫化氫（H_2S）和水等，也常出現在開採出的天然氣當中。天然氣當中亦含有少量的氦，可提供作為生產氦氣的主要來源，以及可能出現

少量的汞。在天然氣的液化過程中，CO_2、H_2S、水和其他更重的烴（C_{5+}）都需去除。因此，處理 LNG 的液化等設備和系統，取決於所採天然氣化合物的成分。而各類型天然氣體和目前液化石油氣（liquefied petroleum gas, LPG）的提煉與處理，則大致相同。

傳統的天然氣主要蘊藏在俄羅斯與中東。近年來發現的頁岩氣（shale gas）等非傳統天然氣來源，已迅速擴及全世界。估計加上這些非傳統天然氣，全世界能擷取到的氣源，幾乎是原本預估的兩倍，使其以目前生產率估算，總共可供應 250 年所需。近年來天然氣生產技術的進展，讓天然氣可望更充足供應，且可望不像過去所預測的那麼貴。此外，大多頁岩氣因生產效率高，而比傳統天然氣更為便宜。隨著北美洲在這方面經驗的累積並引進其他地區，這股頁岩氣風潮勢將擴及歐洲、亞洲（尤其是中國大陸）乃至全球，而改變了過去對世界天然氣市場的長期假設。

7.4.2 LNG 的產銷

全世界 LNG 預計以每年超過 5% 成長，直到 2020 年。亞太地區的 LNG 需求量，在 2012 年會相當於全球需求的將近七成。預計亞太地區的需求將隨全球需求，持續成長。不難理解，為滿足全球尤其是亞太地區的需求，供給將加速擴張。LNG 從天然氣氣井到儲槽，主要包含以下步驟：

- 天然氣生產。
- 天然氣處理，包括冷凝脫除、除 CO_2、脫水、除汞、LPG 萃取、除 H_2S。
- 輸送。
- 冷凍與液化（同時去除液化點低於甲烷的 O_2, N_2 等成分）。
- 儲存與裝載。
- 透過大型 LNG 船進行散裝運送。
- 儲存於再氣化站。
- LNG 二次配送。
- 儲槽填充。

　　LNG 的熱能（卡路里）大小，取決於該混合物的類別與生產方法。有時在較先進的生產過程中，會將部分較重的碳氫化合物從天然氣中去除（例如用以生產 LNG）。於此，每公斤 LNG 所含能量隨之減小。以下為幾個熱值較高的實例：

- 阿爾及利亞 LNG 54.1 兆焦／公斤
- 印尼 LNG 54.5 兆焦／公斤
- 埃及 LNG 55.2 兆焦／公斤
- 葉門 LNG 50.1 兆焦／公斤

　　LNG 需以極高隔熱標準加以儲存，以避免其沸逸（boil off）。然即便具有高效隔熱，沸逸仍在所難免。在載運 LNG 的船上，此沸逸的氣體可採取以下方法處置：

- 用作船上鍋爐產汽，以推進蒸汽渦輪機。
- 作為特別採用天然氣或燃油的雙燃料柴油主機的燃料。
- 將沸逸氣體收集後經由液化設施重新液化，再泵送回 LNG 槽內。採取此作法的 LNG 載運船的主機為純柴油引擎。這類船上一旦液化設施出現故障，會以熱氧化器燒掉過剩的沸逸氣。
- 用作船上柴油發電機的燃料，產生的電力可用作船舶電動推進。

　　儲存過程中從沸騰狀的 LNG 萃取出的蒸氣，主要是氣態甲烷和氮氣。相關步驟還包括：

- 在大型液化天然氣運輸船散裝運輸
- 再氣化之終端存儲
- LNG 二次配送
- 填裝

7.4.3 天然氣作為燃料評估

　　以天然氣驅動船舶柴油推進系統可追溯到 2006 年的 Provalys。目前初步採用 LNG 作為船用燃料，大致僅限於某區域。船舶航行在 ECAs 之間，或是完全在像是波羅的海到北海與英吉利海峽內航行的船舶，已經必須在整

個航程或大部分航程當中，遵循 1.0% 硫含量燃料的要求。

另外爲回應美國環保署的法規和北美自 2012 年八月起生效的北美 ECA，一些需要完全航行於該區的新造船舶，也都改以 LNG 作爲燃料。目前國際間對於 LNG 需求的預測所預設的前提包括：

- 全球經濟活動所帶來的船運和造船情況。
- 燃料的絕對價格。
- 相較於油價的 LNG 與天然氣價格。
- 法規的制定，尤其是與環境議題相關的。
- 將傳統船舶改裝成以 LNG 作爲燃料的成本。
- 添加 LNG 燃料相關設施的成本。
- LNG 燃料的可獲取性。

經濟性比較

初步以比較 LNG 與海運柴油（marine diesel oil, MDO）燃料的經濟性爲例，從使用成本的角度考慮，同時需顧及以下因素：

- 假設 LNG 引擎的維修成本與蒸餾柴油的成本相當。
- 重燃油未納入此經濟性比較當中。
- SCR 耗材約相當於柴油引擎燃料成本的 3～6%。
- 若將引擎的效率差異納入考慮，LNG 耗能高出 2%。
- LNG 儲槽等所減損的載客／貨容量乃至增加的運送成本。

值得一提的是，在進行經濟性評估時，一些 LNG 的優點（包括空氣汙染和 GHG 排放方面的）實也可以金錢量化，納入考慮。尤其還有像是在某些情況下，可獲得減免港埠費用達 5～10%、綠獎（Green Award）、企業榮譽形象等財務上與非財務上的影響，或許無法一併納入考量，但卻可望對決定是否傾向採用 LNG 替代燃料構成一定影響。

LNG 供應成本取決於所考慮的配銷鏈。雖然天然氣一般都依能量單位（million British Thermal Unit, MMBTU）計算，但仍可乘上 46.5 MMBTU／噸，計算出每噸天然氣成本。預計短期內每 MJ 的 MDO 會比 LNG 的

便宜。經濟效益取決於是否每年有足夠的燃料／耗能（百萬焦耳 million Joule, MJ），以抵消較高的 LNG 裝置成本。值得注意的是，即使相同的供應鏈，燃料成本仍取決於原油價格及其供需情形。這些影響因素皆需一併納入考慮。

由於 LNG 儲槽的設計複雜（需隨時保持一相對高壓並確保絕對安全），其成本比 MDO 的高出許多，提高容量，則可降低每立方米的成本。LNG 儲槽的可用容積可假設為 90%。整個 LNG 儲槽系統的估計，包括整個天然氣系列，除了具高隔熱標準與通過嚴格船級認證的極優質 LNG 儲槽本身之外，並涵蓋氣體調節、蒸發器、氣體偵測等。

比較成本，估計 LNG 系統的組成（包括控制設備在內）比海運柴油的貴約 40-45%，視引擎馬力大小而定。不難想見，較大馬力引擎的單位馬力成本較低。事實上，燃燒 LNG 引擎在大多數情況下不需要後端處理。至於燃燒柴油的引擎，預計從 2016 年起便需結合 SCR 後處理系統，以滿足排放限定，導致更高的引擎馬力成本。

圖 7.4 比較歷年來傳統燃料與天然氣的價格。從圖中可看出，顧及價格，將 LNG 當作替代燃料有明顯的經濟誘因。在美國的 Henry Hub 天然氣價格大約僅墨西哥灣沿岸中級燃料油（Intermediate Fuel Oil, IFO）380 價格的三成。在英國，LNG 的價格則大約比船用燃料油低三成。

儘管如此，吾人需顧慮的是買來的天然氣需經過液化儲存後再送到可添加到船上的地點。其中，對 LNG 基礎設施的投資不可或缺，而如此供給 LNG，也就必須在評估時將此成本和已然具備相關設施的海運燃油的供給的競爭，納入考量。

至於在亞太地區的情況則尚不明朗。目前 LNG 的價格高於 IFO380 的，但比船用柴油低。唯需提醒，此處僅只拿 LNG 而非天然氣與燃油相比，其另外還需建立 LNG 添加燃料的能力和相關設施。

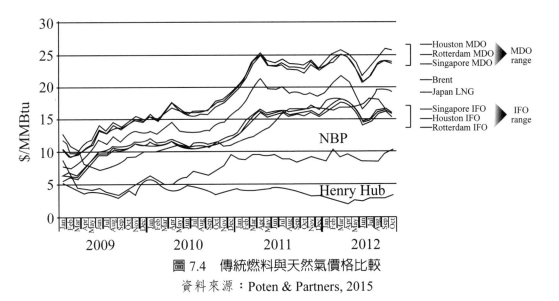

圖 7.4　傳統燃料與天然氣價格比較

資料來源：Poten & Partners, 2015

　　從財務的角度來看，以 LNG 作為燃料的船舶需要額外成本支出。這主要包括一些像是先進的燃料儲槽、液體與氣體轉換與配送系統，以及雙層管路等額外技術的要求。而平衡此額外投資便有賴在壽限內較低的燃料消耗、較少的維修保養以及很有可能的，相對於預期會持續攀升的油價反而趨於下滑的天然氣價格等。

　　從大幅降低燃燒的 SO_x 排放，及對二氧化碳排放收費等，所可能對業者帶來重大負擔，以及追求永續能源船舶的角度來看，以天然氣取代煤和石油，並作為存在著間歇性缺陷的再生能源的備用與過渡能源，似乎正是個既經濟且可行的方案。

　　以 LNG 作為船舶推進能源可符合嚴苛的排放管制法規，包括像是預定在 2020 至 2024 年間實施的，燃油 0.5% 含硫量的全球性上限。而隨著愈來愈多的，在 ECA 以外，以 LNG 推進船舶加入營運，全球性 LNG 相關基礎設施的需求亦趨於增大。另外從環保的角度來看，這類以 LNG 作為燃料的船舶所能獲致的效益，在於可能在未來因為其不必用到額外的排氣減量技術或昂貴的低硫蒸餾燃油即可有低得多的排放，而獲得競爭優勢。

　　船運業普遍擔心的是，要讓船舶遵循 IMO 針對 SO_x 排放所設定的，分別於 2015 年在排放管制區內和 2020 年適用於全球的嚴苛規定，究竟是否有足夠的低硫或蒸餾燃油可用，天然氣是否更值得考慮？

　　在擁有成熟輸配天然氣網絡的經濟合作與發展國家（Organization for Economic Co-operation and Development, OECD），其最主要的成長預期是在發電上的應用。運輸部門也可望在使用天然氣上有新的發展。目前全球車輛使用天然氣的僅占 1%。這類車輛在一些像是巴基斯坦、阿根廷、伊朗和義大利等透過政策提供減稅等誘因，並以加氣基礎設施推廣其使用的國家持續成長。除了燒天然氣的瓦斯車，以天然氣發電供應電動交通所需，更可望提升整體運輸效率。畢竟以電動馬達推動車輛，比起目前所用的內然機效率要高得多，且足以彌補採用電動的額外能源轉換需求。而緊接在後的由天然氣重組產氫，更可望進一步將天然氣加到未來的運輸燃料組合當中。

　　或許，大眾健康才稱得上是提升天然氣應用比重，可以期待的最大效益。以柴油引擎排放與健康之間的關係為例，過去相關研究即顯示，暴露在 SO_x 與 PM2.5 當中，可對人體健康造成重大傷害。美國環保署過去十幾年來，針對包括路上車輛及推土機、推高機、起重機及船舶、鐵路、飛機等非路上用引擎（non-road engine）燃燒柴油排放的 SO_x 頒布新標準，預期可避免掉 12,000 至 31,000 提早死亡人數及 140 萬工作天的損失，如此累計到 2030 年可望每年獲致 1,100 億至 2,700 億美元的效益，而達此計畫僅需耗費 31 億元。

LNG 能源足跡

　　進行船運的能源足跡評估，需涵蓋選定燃料的整個生產途徑，從來源生產井至儲槽（well to tank, WTT）、儲槽至船舶推進螺槳（tank to propeller, TTP），及氣井至螺槳（well to propeller, WTP）的排放量。就從卡達至鹿特丹的實例而言，LNG 可能採以下三種類型的途徑：

- 途徑 1：自卡達以 LNG 運輸船航行超過 10,000 公里至鹿特丹 Gate 碼頭，再輸送 LNG 至集散碼頭與附近的調峰碼頭。

- 途徑 2：從北海或 Slochteren 液化並運輸至鹿特丹調峰站。
- 途徑 3：俄羅斯的天然氣從西伯利亞藉由超過 7,000 公里管路輸送至鹿特丹調峰站液化。

LNG 從產出到交貨，整個過程中的能源足跡主要取決於三個問題：

- 從源頭所開採的天然氣組成爲何？
- 所採取的液化過程爲何？
- 全程運送距離爲何？

在進行足跡分析時，雖然天然氣的來源可能無從知道，但仍可就以上三個問題，就最佳、平均或是較差的情況，分別設定所需能量。如此基本上可導出一個三維組合矩陣，在當中各元素分別代入一能源量。其中液化過程所付出的，應該是最大的部分。其目前就許多不同的過程，分別有相關研究成果。以產自卡達的天然氣送至荷蘭鹿特丹爲例，其可用以評估生產的 LNG 運送到鹿特丹碼頭的步驟。

目前從中東氣井產出的天然氣組成都很好，僅有少量的 CO_2 和 N_2，設備也都配置在岸上。如此一來，生產過程中估計僅消耗 1.2% 的能源。保守估計其生產每公斤的天然氣，需要將近相當於 640 千焦耳（kilo Joule, kJ）熱能。接下來的儲運過程，主要包括液化、運送、接收站及配送：

- 液化──在卡達採取的是混合冷媒預冷類型，耗能約 3,700 kJ/kg。
- 運送──在 LNG 的運送過程中，從外界投入的熱能，會遠大於船舶移動所需要的能量。爲了維持超低溫，有些 LNG 需在運輸過程中不斷蒸發掉，當中一部分可回收用來作爲船舶引擎的燃料。也有些新船會將氣化的部分回收重新液化後，再加回到 LNG 儲槽當中。就從卡達運至鹿特丹的實例而言，若採用最新的 LNG 船，用於持續製冷和船舶推進引擎運轉的能量比大約是七。若再加上 LNG 船通過蘇伊士運河總長約 10,000 公里的運輸距離，LNG 的能量消耗約爲 2,100 kJ/kg。
- 接收站──分析這部分的能源足跡，應包括從船上卸載和儲存於接收站期間所輸入的熱能。假設某吞吐量很大的接收站，在將天然氣添加

到相關設施的過程中，相當大的一部分會被氣化掉。

- 配送——由接收站配送至船上可能有數個選項，包括像是經由數公里管線輸送到有裝載設備的調峰站，或者也可能在接收站直接以船裝載。以燃料船輸送，因容量較大而較有效率。

7.5 海運與氣候變遷

當今氣候變遷的挑戰已可謂無所不在。船運雖一方面造成了氣候變遷等環境問題，然在未來，船運也可望成為各國乃至全世界，賴以解決氣候變遷問題的重要方案之一，並可望在低碳經濟的發展過程中，提供所需重要服務。

海運可謂能源效率最高的貨運方式。舉例來說，將一雙鞋從臺灣運送到北歐所排放的 CO_2，大約相當於一輛一般汽車行駛 2 公里所排放的。而若以船取代飛機運送貨物，大約可降低 90% 以上的 CO_2 排放。亦即隨著未來愈來愈多的海運取代陸路與空運，全球 CO_2 排放可進一步降低。因此，在政策上與其僅止於狹隘的力圖降低食物里程（food miles），實應同時積極推動更有效率的運輸形態。

7.5.1 海運減碳

IMO 在 2009 年完成的抑制 GHG 研究作成如後結論：船舶 CO_2 排放占全球總排放量2.7%，若不採取行動，在2020年之前所占比例可上升至6%；海運業可不增加成本，在 2020 年之前降低 20% GHG 排放，而透過船舶設計的改進，則可望降低 10～50% GHG 排放。

依據氣候變遷跨政府委員會（International Panel on Climate Change, IPCC）針對國家溫室氣體清查指南，未來源自船運 CO_2 排放的趨勢，仍將高度取決於世界貿易的整體成長，以及該成長在各不同商品與區域間的分配情形。此排放成長亦可能受限於技術上和運轉上的各種措施。

然而，船隊的長期更新比率，以及用於現成船的技術措施的長期落實，對於短期間的排放減量卻相當有限。根據 MARINTEK 等的研究，假

設海運維持一定，則理論上到 2020 年的最大可能排放減量大約爲 28%。這些排放減量絕大部分將表現於新船。而此又幾乎會隨著世界海運的持續成長，以每年約 1.5% 排放成長抵銷掉。此外，若採取各種不同的運轉措施，例如減速和縮短在港時間等，亦更有助於排放減量。

　　長期（20 年以上）而言，許多其他措施諸如使用其他燃料（例如天然氣與燃料電池（fuel cell, FC）），以及其他領域上的技術改良等，都將可能成爲新選擇。就每一艘船的使用年限，全世界整體船隊的更新時間之影響相當重大。如果進行換裝，由於一艘船在設計與尺寸上更新，所需設計與建造曠日費時，新技術的落實也必然需要好幾年的時間。即便缺乏 CO_2 排放減量的直接可用技術，仍可同時針對各種不同類型汙染，尋求其減量工具。在瑞典的綠獎之下，GHG 減量可輕易與綠色船舶的標準整合在一起。而針對各種不同 SO_x 與 NO_x 排放減量措施，經過完整的計算，顯現其確屬成本有效。

　　近年來常聽到針對節能減碳的一項主張是：停止全球貿易、在地生產貨物，才是避免運輸造成排放的解決之道。但在 Transformative Solution Leadership 當中 Smart Goods Transport 一節當中，卻有不同的論述。其建議在政策上從原本「如何降低運輸」的觀點，轉而著眼於如何將此爲社會所需要的服務，由具最低 CO_2 排放的方式提供。其以人所不能或缺的糧食爲例，估計到 2050 年，全球人口達九十億左右，將需要比起目前生產的和運送的都多得多。

　　又因爲基本上，既然太陽對赤道和低緯度地區照射較多、較具生產潛力，便順其自然在此地區提升糧食產量，透過運輸供應到各消費地區。總而言之，關鍵問題應該是在生產和運送產品過程中的總 CO_2 排放究竟爲何，而非該貨物的旅行距離爲何。表 7.2 列出各項氣候變遷因子，對於海運的潛在意涵及所採行的因應措施。

表 7.2　各項氣候變遷因子對於海運的潛在意涵及所採行的因應措施

氣候變遷因子	對海運的潛在意涵	採行措施
氣溫上升 • 高溫 • 融冰 • 空間與時間上大幅變化 • 凍結與融化循環趨於頻繁	• 海運季拉長、新增海路 • 歐亞貿易距離縮短、燃料消耗減少 • 額外的支援服務與航行協助需求，例如破冰搜尋與救難 • 競爭帶來的，通行費降低與運輸成本減輕 • 既有貿易、結構與貿易方向分支（間接透過對農業、漁業及能源的影響） • 對基礎設施、設備與貨物造成損害 • 建造與維護成本增加，新的船舶設計與強化船殼，環境、社會、生態與政治的相關考量 • 在港內能源消耗增加 • 海運與港埠服務需求與供給變動 • 對於服務可靠性的挑戰	• 採用熱阻結構與材料 • 持續檢查與維修 • 基礎設施的溫度監測 • 降低貨運負荷船速與服務頻率 • 冷凍冷卻與通風系統 • 進行隔熱與冷凍 • 調整模式 • 轉型管理架構及在北方區域航行的規範 • 船舶設計人才與訓練需求
海平面上升 • 淹沒與積水 • 海岸地區侵蝕	• 對基礎設施、設備與貨物造成損害（海岸基礎設施、港埠相關結構、腹地連接） • 建造與維護成本增加，侵蝕與沉積 • 人與商業的遷徙，勞力短缺，船廠關閉 • 海運與港埠服務需求與供給變動（例如遷移），模式調整 • 貿易的結構與方向改變（間接透過對農業、漁業及能源的影響） • 對於服務可靠性的挑戰及減少濬渫，安全性與適航狀況降低	• 海岸保護架構的遷移、重新設計與建造（例如海堤等基礎結構高度等） • 遷徙 • 保險

氣候變遷因子	對海運的潛在意涵	採行措施
極端天氣狀況 • 颶／颱風 • 暴雨 • 淹水 • 降水量增加 • 強風	• 對基礎設施、設備與貨物造成損害（海岸基礎設施、港埠相關結構、腹地連接） • 侵蝕與沉積、地層下陷與土石流 • 人與商業之遷徙 • 勞力短缺，船廠關閉 • 安全性與適航狀況降低，對於服務可靠性的挑戰 • 模式調整、海運與港埠服務需求與供給變動 • 貿易的結構與方向改變	• 整合緊急疏散程序至營運當中 • 設置屏障與保護結構 • 遷移基礎設施，確保替代路徑的功能 • 增加對基礎設施狀況的監測 • 對低窪地區之開發與定居設限 • 建造緩衝坡結構體 • 延遲、取消服務或預作準備 • 強化地基，升高碼頭高度 • 對於異常事件偵測的智慧型技術 • 更精實船舶的新設計

　　隨著時間尺規、所作假設及模型技術的不同，針對海運的燃料消耗與其 GHG 排放的估測結果也有所不同。

　　整理國際能源署（International Energy Agency, IEA）2005 年的數據和 IMO 2008 年與 2009 年的研究報告成表 7.3，可看出在全世界燃料燃燒所產生的 CO_2 當中，源自國際海運的約占百分之 1.6 至 4.1。IMO 估計在 2007 年至 2050 年之間，源自國際海運的排放將增加 2.2 至 3.1 倍。2005 年海運在運輸部門所造成的排放當中大約占百分之 10。占最多的是公路運輸（73%），其次是空運（12%），其餘爲管路（3%）運送及鐵路（2%）。若維持目前發展趨勢，預計到2050年之前，整個源自運輸的排放將會倍增。

表 7.3　燃料消耗 CO_2 排放及預測成長之預估

基準年	CO_2 百萬噸	燃耗 百萬噸	占世界燃料 燃燒 %	預計成長
2005	543	214	2.0	--
2007	1120	369	4.1	2020 年前 30%
2007	870	277	3.1	2020 年前 1.1 至 1.2 倍；2050 年前 2.2 至 3.1 倍

基準年	CO$_2$ 百萬噸	燃耗 百萬噸	占世界燃料 燃燒 %	預計成長
1996	419.3	138	1.6	--
2002	634	200	2.3	2050 年前 1 至 2 倍
2006	1003	無	3.7	--
2004	704	220	2.6	2050 年前 1 至 2 倍
2006	800	350	2.9	2050 年前 1 至 2 倍
2001	912	289	3.1	--

　　儘管源自國際海運的 GHG 排放不容忽視。海運，尤其是較大型貨輪，相較於其他類型的運輸，無論就能源效率和對全球氣候影響而言，皆屬較佳選項。就每噸公里而言，不同大小船舶所造成的不等 CO$_2$ 排放，皆低於其他運輸模式。例如同樣載運液態散裝貨物，經由鐵路所造成的排放大約是輪船的 3 至 4 倍，至於經由公路和空運的則分別大約比海運高出 5 至 150 倍及 54 至 150 倍。同樣的，例如一艘相當於 3,700 隻 20 英尺長貨櫃（twenty feet equivalent unit, TEU）貨櫃輪的單位運送燃油消耗，估計要比一架 747 貨機的少 77 倍，比大卡車少 7 倍，比火車少 3 倍。

7.5.2 海運減碳規範

　　估計全球海運所排放的碳，占全球人為因素所產生碳總量百分之 3.3（超過 10 億公噸），而估計若不採取行動，預計此數字可在 2050 年增為三倍。IMO MEPC 於 2011 年六月，進一步公布源自船舶 CO$_2$ 的相關法規。

　　儘管迄今尚未採取強制措施，近來 IMO 持續加強建立一套針對船舶 GHG 排放的規範架構。IMO MEPC 認為該架構應該：一、有效納入所有掛旗國；二、符合成本有效性；三、務實；四、透明；五、無弊端；六、易於管理。其同時應該儘量避免競爭扭曲、能支持技術更新、提升永續發展而不至於損及貿易，且能採納以目標為導向的措施，並促進能源效率。其短期措施包括建立一套適用於所有航行於國際航線船舶的全球性收費架構，並包括

風力、減速及岸電。中、長期措施包括船舶設計的技術性措施、使用替代燃料、強制要求新船採納能源效率設計指標（Energy Efficiency Design Index, EEDI）、一套用於港埠設施計費的強制性要素，及排放交易架構。

　　一般用於防制空氣汙染的法規或誘因，皆著眼於就各個造成最大衝擊，或者是在防制上最為成本有效的來源，進行總排放減量。IMO、EU 及美國環保署分別要求船舶符合一套規定，所針對的除了主要為 NO_x、SO_x 排放外，亦同時顧及 CO_2 的策略性減量。透過技術（例如減速、隨氣象設計航線）降低燃料的消耗，或者選用替代燃料（例如天然氣）以及替代推進系統（例如燃料電池、風帆）也可降低船舶對大氣的排放。圖 7.5 所示，為未來可能用於降低船舶大氣排放的立法方案、船用燃料與引擎類型及技術性與運轉措施。

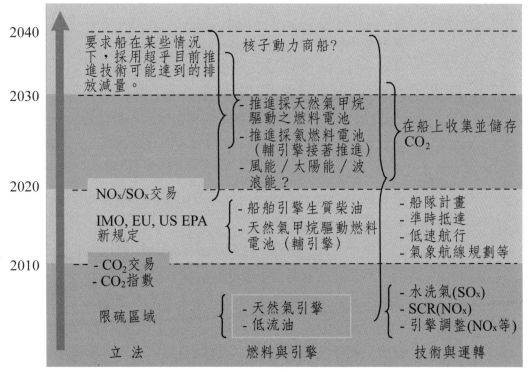

圖 7.5　綜觀未來可能用於降低排放的立法方案、船用燃料與引擎類型及技術性與運轉措施

7.5.3 船舶能源節約與效率提升

　　進一步修訂後的 MARPOL Annex VI 第四章，有關於降低源自國際海運 GHG 排放的規定，適用於總噸位大於 400 的所有船舶。在此規範架構當中所採取的兩套初步行動為：一、針對新船的 EEDI 及二、針對營運中船舶能源效率實務相關文件的船舶能源效率管理計畫（Ship Energy Efficiency Management Plan, SEEMP）。

EEDI

　　新船設計將引進新的能源效率措施以符合 EEDI 要求。IMO MEPC 於 2009 年 8 月發布指導原則 MEPC.1/Cir.681，確定 EEDI 的計算公式如下：

$$EEDI = \frac{\left(\prod_{j=1}^{M} f_j\right)\left(\sum_{i=1}^{nME} P_{ME(i)} \cdot C_{FME(i)} \cdot SFC_{ME(i)}\right) + \left(P_{AE} \cdot C_{FAE} \cdot SFC_{AE}\right) + \left(\left(\prod_{j=1}^{M} f_j \cdot \sum_{i=1}^{nPTI} P_{PTI(i)} - \sum_{i=1}^{neff} f_{eff(i)} \cdot P_{AEeff(i)}\right) C_{FAE} \cdot SFC_{AE}\right) - \left(\sum_{i=1}^{neff} f_{eff(i)} \cdot P_{eff(i)} \cdot C_{FME} \cdot SFC_{ME}\right)}{f_i \cdot Capacity \cdot V_{ref} \cdot f_w}$$

式中：

C_F　　　　為船舶所使用各項燃料 (i) 的二氧化碳排放係數，衡量單位為 gCO_2 /g 燃料 (i)。共有五種係數（$i = 1 \cdots 5$），分別適用於柴油、輕燃油、重燃油、LPG 及 LNG。$C_{FME(i)}$ 與 $C_{FAE(i)}$ 分別代表適用於主引擎與輔引擎的排放係數。

SFC　　　為船舶的燃油消耗率，亦區分為 $SFC_{ME(i)}$ 與 $SFC_{AE(i)}$ 分別適用於主引擎與輔引擎。

f_i　　　　為裝載能力修正係數，用以考量船舶的特定設計特性，對其裝載能力造成的限制。

f_j　　　　為裝載能力修正係數，用以考量船舶為因應技術或法令規範，以致對其裝載能力造成的限制。

f_w　　　　為航行速率修正係數，用以考量各船舶因應海況因素造成的航行速率降低。

V_{ref}　　　為船舶的參考航行速率，亦即假設船舶在深水區穩定海況下以 P_{ME} 動力水準航行的速率。

Capacity　即船舶的裝載能力。其中就油輪、LNG 船而言，此指其高
　　　　　舷時之最大載重量；而就貨櫃輪而言，此指其高舷時之最
　　　　　大載重量的 65%。

P　　　爲引擎出力，以 kW 衡量。$P_{ME(i)}$ 與 $P_{AE(i)}$ 分別代表主引擎
　　　　　與輔引擎的出力。

至於目前也有提及的能源指標（Energy Index, EI）標準，則應用於所
有船舶，新舊不拘，可望不似 EEDI 標準那般嚴苛。因此符合 EEDI 的船也
就很可能符合 EI 的要求，特別是在其早年。然隨著時日，EI 標準終將比起
船舶原來在設計上所符合的 EEDI 要求，更爲嚴苛。如此，船東也就需要進
一步採取行動以符合 EI 的要求。

表 7.4 提供了實際上僅適用於新船設計的效率措施實例，及其成本有效
性。這些措施包括了空氣潤滑（air lubrication）及動力管理系統等，皆具
降低運轉成本的潛力。另外有些雖是在 EEDI 方程式當中看不到的措施，仍
可獲致效率。

表 7.4　適用於新船的其他能源效率措施的成本有效性

措施	適用情形	成本效率 （US$ / 噸 CO_2）			低減量 潛力	高減量 潛力
		中	低	高		
空氣潤滑		-130	-150	-90		
空氣潤滑	新船 *		-150	-90	0.90%	1.90%
輔系統		80	-90	250		
低耗能 / 低發熱照明	渡輪與郵輪 **		-95	440	0.00%	0.00%
控速泵與風扇	所有船舶 **		-90	250	0.20%	0.80%
動力管理	所有新船		-130	130	0.00%	0.10%

* 原油輪與散裝輪 > 60,000 載重噸，LPG > 50,000 m³，所有 LNG 船，全貨櫃輪 >
　2,000 TEU
** 亦可能適用於現成船
資料來源：華健與吳怡萱，2010

　　除了已普遍採行的減排與效能技術，船運若進一步採行具市場規模的技術，以改善船殼、引擎及推進器的設計，則可望進一步降低燃料消耗與大氣排放。另外還有一些更積極的技術，包括像是替代燃料及以風帆驅動船舶等各類型超低碳概念船舶，雖已然證明有效，但卻因尚未取信於業者，而還不具市場規模。

　　在 MARPOL Annex VI 當中新增的第四章對新船強制要求的 EEDI，主要在於要求其設計得更具能源效率（也得以釋出較少的 GHG）。該法規屬非預先設定的，亦即只要能達到要求的能源效率水平，船舶的設計者和建造者便可針對每艘特定船舶，隨意採用最具成本效率的方案。

SEEMP

　　同時要求所有船舶採行的 SEEMP，則是針對一艘船如何可以做到節能的一整套計畫。增進船舶能源效率的選項有許多，例如船速最佳化、依氣象調整航線和船殼保養等，而就一艘船而言，其最適用的一套增進效率的措施，會隨其船型、載貨路徑等因素有很大的差異。這套新增法規雖要求針對個別船舶訂定計畫，但也鼓勵船運業者有系統地檢視其所採行的實務，以找出最佳平衡狀況。

　　SEEMP 文件當中僅止於詳述在船上採行中或即將實施，用以增進效率以降低燃料消耗的運轉與技術措施。其構想在於找出可能節省燃料之處，進而落實並監測其效果，如此可望在減少燃料消耗上，構成一正向循環，而實屬柔性規範。意即其中並無強制或甚至誘使船舶營運者落實 SEEMP 當中所列措施的機制，而且也僅止於有限的監測與推行，以確認 SEEMP 的存在。

　　然而，有鑒於 SEEMP 過程中的確具有降低燃料成本的潛力，對於船舶營運者而言，其也有理由進一步採取遵循措施。IMO 將 SEEMP 過程分成四個階段，即規劃、落實、監測及評估。

規劃階段

　　此為最重要的階段。應在此階段建立該船目前的能源使用模式，當中包含其基準效率。船舶營運者在按部就班進行 SEEMP 過程中，可考慮各種可能的方法，從中選擇最合適的一項。有些方法雖不那麼明顯，也不易顯現燃

料消耗的變化，但關鍵在於其能維持實施的一致性。在此規劃階段，凡有助於削減燃料消耗的措施都應一一找出，並依其節能潛力與可行性排出優先次序。

落實階段

依過去的經驗，與其一些過於詳盡卻難以落實的計畫，還不如僅著眼於最有效的措施，將其列成簡短且能充分落實的計畫。

營運者所實際面對的狀況是，規定很廣泛，而具增進能源效率潛力的措施選項又如此之多，從像是鼓勵船員隨手關燈、關機等微小且不花錢的，到像是廢熱回收等需安裝或改裝大型設備的都有。因此往往也就難以確知從何著手。在落實比較花錢且涉及複雜技術的措施之前，當然需要審慎評估。但營運者也需明白，事實上也有許多措施是明顯可帶來效益，且可立即實施的。因此我們可以將這些措施分成「立竿見影」和「待進一步投資」二大群組，也就是可以首先很快找出一些用不著投資或是僅需做很少先期投資的措施，提前進行。

接下來的措施，相關實務人員能愈早參與愈好。因為整套計畫當中，最容易做到與收效的操作措施，若要執行得徹底且一致，便需讓相關人員透過參與這些措施的發展，切身感受。

監測與評估

目前在整套的 SEEMP 當中並無強制措施的相關規定。亦即其落實並非強制的，而也沒有用來檢查相關措施是否確實履行的規範步驟。

儘管如此，若要從 SEEMP 當中獲致效益，便需遵循整套循環去執行，而其監測與評估也不可或缺。此不應對船員們和岸上相關人員造成太大負擔。而且很重要的是，能同時確認所採行的措施皆為有效，以及在完成首輪循環使成為常態時，找出可進一步採行的措施。

7.5.4 EEDI 與 SEEMP 的影響

根據 IMO 委辦的研究結果，實施針對國際海運的強制性能源效率措施，可因為能源效率提升而導致源自船舶的 GHG，尤其是 CO_2 的排放顯著降低。

該研究發現，在 2020 年之前國際海運藉由引進相關措施，平均每年可減少 1.515 億公噸 CO_2 排放。此數字並可接著在 2030 年之前提高到每年 3.3 億噸。而對於船運業者本身而言，減碳措施也可導致燃料消耗與其成本皆顯著降低。只不過這些還需要對更有效率的船舶和更複雜的技術，以及一些新的運轉實務，做出更大、更深的投資。

由於 EEDI 的效果，只有在有夠多較老舊、效率較低的船，皆由效率較高的新船取代之後才會顯現，SEEMP 規定所帶來的效果也會比 EEDI 來得快。要求採用 EEDI 除了會帶動更具能源效率的船舶設計，同時顯現技術創新在降低 CO_2 排放上所具潛能外，也會帶動使用低碳或無碳能源。

在目前 IMO 法規的基礎上要求採用 SEEMP，將可提供一套能讓船公司認清運轉節能做為的重要性之程序架構。其可顯著提升節能意識的程度，且若是實施得當，還可帶動文化上的正向變革。該研究並顯示船舶在水力學與主引擎方面力圖最佳化，將可望不需在造船成本上增加太多額外成本的情況下，便帶來百分之 10 左右的節能潛能。圖 7.6 所示，為一船舶動力場所用燃料的能源平衡情形。圖 7.7 所示，則在 2030 年之前，世界船隊所可能採行，用來降低 CO_2 的技術選項及其邊際成本。

歸納船舶最為有效的運轉性減量措施包括：

- 運轉計畫／速度選擇：假設運輸情形一定，減速可使每艘船排放減少達 40%。然而，由於實際運送上的嚴格要求等理由，此目標恐難達成，除非能有更多船舶參與運輸。

- 依氣象調整航線（亦即依計畫避開氣象差的地區）：此可使每艘船排放減少 2%。

- 運轉參數最佳化：包括出力穩定、最佳螺槳級距、最少的壓艙等，可使每艘船排放減少 1～5%。

- 縮短在港時間：透過較有效的貨物裝卸及更有效的錨泊，可使每艘船排放減少 1～7%。

- 就現成船的技術措施而言，真正符合實際的選擇，也唯有各種不同的機械改裝，而所能獲致的減量程度仍不確定。

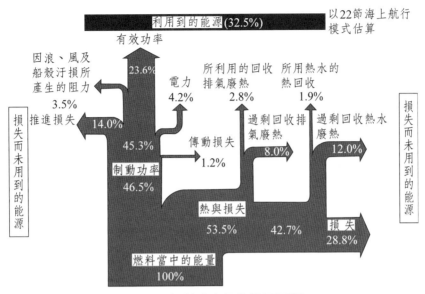

圖 7.6　船舶動力場的能源平衡

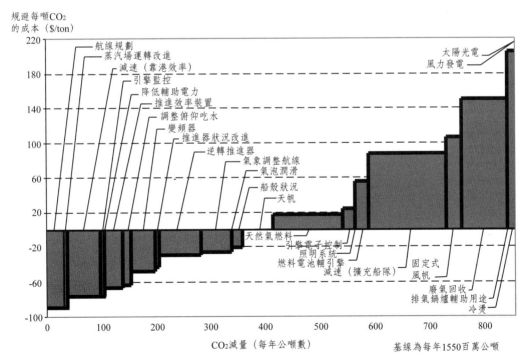

圖 7.7　2030 年世界船隊各種降低 CO_2 技術選項的邊際成本
資料來源：華健與吳怡萱，2010

至於新船技術措施，則有以下選擇：

- 船殼形狀最佳化：透過既有科技，短期內有可能獲致 5～20% 的排放減量。
- 推進器之選擇：短期內有可能獲致 5～10% 的排放減量。
- 機器措施：相較於既有船舶引擎（10 至 20 年）的額外措施，每艘船排放可能減少 18～24%。

長期（20 年以上）而言，許多其他措施諸如使用其他燃料（如天然氣與燃料電池），以及其他領域上的技術改良等，都將可能成爲新選擇。

表 7.5 與表 7.6 所列，分別爲適用於新船與現成船的各種技術性措施，所具有的 CO_2 減量潛力。

表 7.5　新船的各種技術性措施，所具 CO_2 減量潛力

新船採行之措施	燃油 / CO_2 減量潛力	結合 [1]	總共
船殼形狀最佳化	5～20%	5～30%	5～30%
推進器之選擇	5～10%		
最佳化之效率	10～12% [2]　2～5% [3]	14～17% [2]　6～10% [3]	
燃油（MFO 至 DO）	4～5%		
動力廠概念	4～6%	8～11%	
燃油（MFO 至 DO）	4～5%		
機器監測	0.5～1%		

(1) 雖然單獨減量措施已有相當詳盡的資料，但措施結合後的減量潛力則僅限於估計。
(2) 採 State of art 技術，用於燒 HFO 之新中速引擎。
(3) 若接受犧牲 NO_x，則使用低速引擎。
資料來源：Marintek, 2000

表 7.6　適用於現成船技術性措施，所具 CO_2 減量潛力

現成船採行之措施	燃油／CO_2 減量潛力	結合 [1]	總共
船殼維護最佳化	3～5%	3～8%	4～20%
推進器之維護	1～3%		
噴射燃油	1～2%	5～7%	
燃油（MFO 改至 DO）	4～5%		
定額效率	3～5%	7～10%	
燃油（MFO 改至 DO）	4～5%		
定額效率 + 過給氣機升級	5～7%	9～12%	
燃油（MFO 至 DO）	4～5%		

(1) 雖然單獨減量措施已有相當詳盡的資料，但措施結合後的減量潛力則僅限於估計。
(2) 採 State of art 技術，用於燒 HFO 之新中速引擎。
(3) 若接受犧牲 NO_x，則使用低速引擎。
資料來源：Marintek, 2000

7.5.5 排放減量可行方案的經濟性

　　表 7.7 與表 7.8 所列為一艘新船，針對併同考慮 CO_2 與 NO_x 減量，各減量措施所能獲致的減排幅度與所增加的成本幅度。

表 7.7　一新船併同考慮 CO_2 與 NO_x 減量，各減量措施帶來的減排與成本增幅

減量措施		排放量降低		成本增加	
		CO_2	NO_x	原始投資 [1]	運轉成本 [2]
1	最佳化之效率	10-20%		無	無
2	動力廠概念	5%		20%	無
3	正時延遲	+10%	10%	無	無
4	低 NO_x 燃燒	2-3%	20%	無	無
5	噴水		60%	5%	無
6	加水乳化		30%	5%	2%
7	加濕空氣（HAM）		60%	20%	10%
8	排氣循環（EGR）		40%	10%	40%
9	觸媒轉換（SCR）		90%	30%	50%

減量措施		排放量降低		成本增加	
		CO_2	NO_x	原始投資 [1]	運轉成本 [2]
10	燃油（MFO 改至 DO）	4-5%	10%	無	40%
11	機器監測	1%	4%	2%	

(1) 與引擎總成本比較。
(2) 指燃料水或尿素的費用。
資料來源：Marintek, 2000

表 7.8　一現成船併同考慮 CO_2 與 NO_x 減量，各減量措施所帶來的減排與成本增幅

	可行性	成本考量	減量潛力
定額效率	+++	低	CO_2 5-8% [1]
正時延遲	+++	低	NO_x 10%, CO_2 +10%
低 NO_x 燃燒	++	中等	NO_x 30%, CO_2 2～5%
噴水	+	中等	NO_x 60%
加水乳化	+	中等	NO_x 25%
加濕空氣（HAM）	－	高	NO_x 60%
排氣循環（EGR）	－	中等	NO_x 20%
觸媒轉換（SCR）	－	高	NO_x 90%

(1) 中速引擎。低速引擎減量潛力約 2%，若兼顧 NO_x 則 4～5%。
+++ 極容易；++ 組件改裝，需資本支出，但不增加營運成本；+ 組件改裝，新系統，需資本支出，略為增加營運成本；－新系統，需額外空間，需資本支出，增加營運成本。
資料來源：Marintek, 2000

7.6 GHG減量政策工具

　　整體來看，追求同時提高效率與降低排放，不外在船舶設計、船舶推進、船舶機械及運轉與保養幾方面力求改進。而結合這些領域尋求整合性解決方案，則可望達到真正有效率的船舶運轉。欲達此綠色遠景，需要改變思維並對商機作生命週期評估。

7.6.1 燃油消耗與排放

　　船舶每年所消耗的燃料，受海運需求、技術與運轉的改進以及船隊的組成等影響甚鉅。在上個世紀當中，全世界民用船舶總噸數從 2,200 萬增加到 5 億 5,800 萬，而所造成的總燃料消耗與排放，亦大幅成長。現今世界總噸數大於 100 的船舶有 96,000 艘，絕大多數以柴油引擎驅動。

　　船舶的運轉速率對於出力與燃料消耗的影響甚鉅。圖 7.8 所示，為世界船舶 CO_2 和 SO_2 排放消長。目前的海運界正處於一個運輸需求快速成長，及其所對應船舶燃油消耗與排放皆持續上升的時期。在 2002 年至 2006 年間，總海運噸浬成長了 23%，其燃油消耗量與裝置功率，也因此在 2001 年至 2006 年間成長了 25%。

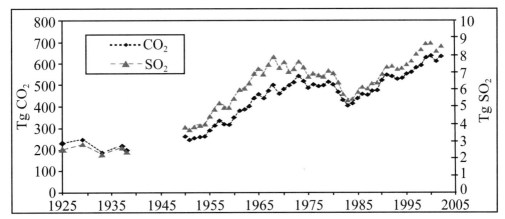

圖 7.8　船舶 CO_2 和 SO_2 排放消長，依 1925～2002 年間國際海運燃油銷售量估算（含漁船和軍艦）

資料來源：華健與吳怡萱，2010

　　從歷史數據來看，運輸量與船舶裝置出力呈線性正相關（相關係數大於 0.95）。而船舶出力的成長趨勢，雖不可直接轉成船舶的排放成長趨勢，但卻可大致看出其燃料消耗與大氣排放的成長。大多數針對未來情境的研究，皆以最近一段期間的歷史軌跡，結合在此趨勢上預期改變所做的調整，進行外插。

7.6.2 排放減量市場機制

表 7.9 比較各類排放減量政策的工具。

表 7.9　排放減量政策工具比較

政策工具屬性	技術性與運轉性		形成價格差異		排放上限
運作基本理念	允許的排放量符合既定的減量技術水準		排放量愈高，成本負擔愈高		排放需購買許可
	排放標準	自願減量協定	環境指標	環境稅	排放權交易
制度的複雜性	高	低	低	中等	中等
環保有效性	高	低	中等	中等	高
成本效率	低	高	高	中等	高
動態效率	低	低	中等	高	高
運用層級	全球／區域	全球／區域	分散	全球／區域	全球
與 MARPOL Annex VI 的一致性	高	中等	中等	低	低

資料來源：華健與吳怡萱，2010

　　IMO 的 MEPC 於 1999 年 9 月即執行針對船舶 GHG 排放的研究，從技術、操作、及市場機制探討 GHG 減量的可能性，並於 2002 年 3 月的會期中成立工作小組，以評估 GHG 減量方案，並建立一套屬於 IMO 的 GHG 減量策略的計畫。2007 年，在 MEPC 的第 57 次會期當中，GHG 相關議題的期中工作小組（Intersessional Correspondence Group）提出完整報告，將可行的減量對策區分為短期性與長期性對策二類，且囊括運轉性、技術性、以及市場機制等對策。在 MEPC 目前評估中的市場機制可區分為下列三大類型：

- 排放費、排放限額與排放交易並存的混合機制（charge-cap-and-trade hybrid mechanism）。
- 自願減量承諾（voluntary commitment）。

- 排放交易系統（Emission Trading Scheme, ETS）及／或清潔發展機制（Clean Development Mechanism, CDM）。

排放費、排放限額與排放交易混合機制基本上的設計，在對所有國際海運業者的排放總量限制，而對於個別業者的排放量徵以 GHG 排放費。此排放費較簡單的作法即隨油徵收（購買時即由燃油供應商代為收取），但也有提議依海運燃油運送量，定時向船東或船舶營運者收取。收取之排放費回到海運業成立基金，專供減量技術發展或向其他產業購入排放權證等用途。唯運用於國際海運時，需透過一個國際性的機制（例如 IMO 的），以利於全球執行。目前這個機制最具可行性，丹麥所提出的作法已廣受矚目。

自願減量承諾是藉由海運業者或其他經濟部門（如貿易商、造船業者、船舶營運管理業者及港埠等）與政府（或是 IMO）達成協議，主動進行能降低 GHG 排放的改善措施。政府或主管單位則回饋以特定環境標章，例如「綠獎」或「綠旗」（Green Flag）等。

改善措施可以包括提升營運效率、達成一定能源效率指標、自願採行 IMO GHG Index 等。就經濟部門而言，自願減量承諾亦能產生附帶效益，如企業形象或市場競爭力的提升等。至於排放交易系統或清潔發展機制的推動，則必須有完整可靠的排放量盤查會計系統作為基礎，且為能對環境有助益而又成本有效，更需能與其他產業交易的系統。其建置與實施需花費一段時日，因此 MEPC 的 GHG 聯絡小組，將其歸為長期性對策。

接下來 IMO 將在 2014 年的 MEPC 第 65 會期當中，就以市場為基礎的措施（market-based measures, MBMs）進行討論。而其實在 MEPC 64 會期當中，便已收到許多用來降低 GHG 排放的 MBMs，可望用來補足已通過的一些技術性與操作性措施。然礙於時間的限制，MEPC 決定延至 MEPC 65 再來討論 MBMs 的相關細節。

在以市場為基礎的措施當中，先是就 GHG 排放定一價格，如此一方面可對船運業者提供經濟誘因，使投資在更具能源效率的船舶與技術，及採行更具能源效率作法進行運轉的船舶，以及用來彌補船舶在其他方面排放的成長者。其中像 ISO 50001 便屬自發性國際標準。其為一套針對能源管理

系統的建立、落實、維持及改進的要求。這套標準提供公司一套系統性措施，以持續改進能源績效，包括能源的效率、使用及消耗。

7.7 其他潔淨能源策略

7.7.1 風能回歸船上

　　近十幾年來，一些輪船設計工程師開始回過頭來尋求最古老的動力來源——風。儘管目前針對究竟風能眞的用來作爲現代貨輪的推進動力來源，在業界仍無定論。實際上已有許多船運公司正在其船上裝上各類型設計的風帆，進行試驗。然而，要將風能實際應用在商船上，首先仍需面對以下挑戰：

- 對於貨櫃輪等航行快過 15 節，且需要利用甲板作爲裝貨空間的大型船舶，風力並不符合實際；
- 以目前的設計，風力僅能作爲輔助的推進動力，尙不足以眞的取而代之；
- 船東並不一定是支付船舶燃料的人，實際上往往是租船公司。因此若非船東在財務上實際受益，這類節能方面的投資對他並不具誘因。

　　然而，風力仍適用於小型（大約介於 3,000 至 10,000 噸之間）、僅需緩慢航行的船舶。這類船舶目前共約萬艘，將近總貨船數的五分之一，在全球供應鍊當中仍屬重要環節。因此風力船舶的市場不難想見。這些船當中最具吸引力的系統，屬那些較具彈性的複合系統。這些船利用帆的表面，同時擷取太陽光能與風能，而也正因其擷取兩種而非一般的單一能量來源，而得以滿足較高的燃料節約。

　　東京大學於 2011 年在 Sea Japan 貿易展覽會上公開其 Wind Challenger。船上豎起的九座強化鋁合塑膠纖維材質風帆，分成五段單獨由馬達驅動並自動調整角度，以擷取最有利的風能。其計畫在 2016 年進行一半尺寸的原型船海試。假設 25% 的燃料節約，其額外增加的成本預計可在五至十年內回收。

另一艘屬於北愛爾蘭 B9 Shipping 公司，長約 100 米的三千噸貨輪，甲板上豎起的三座約 60m 高桅杆，結合了風能與勞斯萊斯的生物氣引擎做為推進動力。其經過英格蘭 Southampton 大學測試，得到滿意的結果，可在特定貿易航線上符合經濟要求進行營運，三年後以全尺寸展現此技術。

另外還有澳大利亞的 SolarSailor 和日本的 Eco Marine Power 兩家公司，目前正進一步開發以豎立在甲板上能同時擷取陽光發電的風帆推進，以分擔既有柴油引擎的負荷。初步模型試驗結果顯示，這些技術合起來可省下 20 至 40% 的燃料成本。其風帆兼太陽能板以自動化軟體控制，可調整角度與傾斜，以同時擷取最有利的太陽能和風能。此太陽能電池的另一好處，便是當船停泊時可免運轉柴油發電機而持續供電。如此可以免接岸電，卻不至於在港內排放 NO_x、SO_x、PM 等空氣汙染物，而滿足愈來愈多的綠港埠（Green Port）的要求。

目前有六艘渡輪採用這類 SolarSails 系統，其中兩艘可搭乘 100 位乘客，分別在雪梨和上海港營運，另外在香港也有四艘。截至目前，既有的營運狀況都相當正面。香港的渡輪可節約燃料 8～17% 之間，但維修成本高於原先預期的。目前正開發一艘可載客 600 人，預計在舊金山營運的渡輪。此外也正針對以 SolarSails 應用在商輪上的可行性進行研究。其預定以 800 m^2 的太陽光電風帆，裝在航行於澳洲的金伯利（Kimberley）港和伯斯（Perth）港之間的商輪，預計以 16 節航行，可節約二至四成燃料，回收期為二至三年。

Eco Marine Power 的 EnergySail 系統，可裝設在包括大型散裝船、海底電纜佈設船、渡輪及海巡船等任何類型的船上。油輪等大型船可因此每年節省燃料一至兩成。但若再進一步將船殼作最佳化設計，並將燃料電池技術、廢熱回收及先進的電力推進系統等整合在一艘船上，則可視船型省下超過四成的燃料。Eco Marine 的系統若涵蓋足夠的太陽能板和儲能裝置，則可在停泊時不需運轉柴油發電機，即可供電給全船。

7.7.2 風箏拉一把

在 Beluga SkySails 號上，風能亦顯現了可有效削減成本的潛力。Sky-Sails 約四百平方米的風箏從船艏釋放出、順風拖船，每天省下約一千美金。SkySails 於 2001 年成立於德國漢堡，多年來銷售以風箏拖曳貨船的系統。該公司宣稱視風的狀況，船舶的燃料消耗可減少 10～35%，截至目前已有六艘船裝此風箏。世界最大散裝貨輪租船公司 Cargill 最近也宣布，計畫在其 Aghia Maina 船上裝上 SkySails。

儘管從上述實例看來，各風能相關系統都具一定潛力，但在船運業界完全接受之前，其相關技術仍待進一步積極開發。

7.7.3 燃料電池

隨著化石燃料價格持續上揚，加上全球環境議題普遍發燒，許多先進國家正對於轉型到氫經濟（hydrogen economy）積極準備，主要在於氫的使用、生產、儲存及配送等一系列技術的開發與商業化。而 FC 也將取代石油，應用於在海運上。目前歐、美、加、日等國都已不乏將 FC 應用於船上的實例，其中更有如挪威航運公司 Wallenius Wilhelmsen，正設計完全捨棄化石燃料，改以結合太陽能、風能、氫 FC、及波浪能，滿足其具近萬輛標準尺寸汽車容量的汽車船 E/S Orcelle 的全部能源需求。

未來將氫 FC 應用於船上的機會，值得擁有大批航行於全球與沿近海各類型船舶的臺灣各界密切注意，持續評估。理論上以氫直接作為船上內燃機與渦輪機的燃料，可達到優於化石燃料的效率。或者，氫也可藉 FC 直接轉換成電，供應船上包括推進動力在內的各種需求。此外，金屬氫化物技術，亦可廣泛用於船上，例如冷凍、空調及氫的儲存與純化。

7.7.4 邁向低碳海運的障礙與關鍵挑戰

儘管商船在低碳經濟持續成長過程中，潛藏著亟待開發的商機，但加速將潔淨能源技術擴大應用於全球船運市場，仍待克服以下障礙：

- 出租船隊的船東實際上並不太能夠直接從燃油消耗降低所省下的錢當

中獲益，而幾無誘因。此即所謂委託代理（principal agent）或分裂誘因（split-incentive）的問題。

- 對於能源效率措施帶來效益的意識欠缺。
- 即便有短期、確切的回收期，仍欠缺投資在節能技術的先期資金。
- 對於一些既有績效數據的可信度存疑。
- 難以找到能採納新模式與行為的利害關係成員。
- 不願與競爭者分享資訊和成為夥伴。
- 具較高能源效率船舶所額外增加的資產價值有限。
- 受限於造船廠在低碳技術方面的能力及恪遵高標準設計的意願。

第八章

防止船舶汙染海洋國際
公約與立法

8.1　海洋汙染問題永遠是個國際性的問題

8.2　防止船舶防汙染國際公約沿革

8.3　防止源自船舶的空氣汙染——附則陸（Annex VI）

8.4　防止生物汙損船舶塗料汙染

8.5　壓艙水管理公約

8.6　船舶回收

8.1 海洋汙染問題永遠是個國際性的問題

　　1950 至 1970 年間，大眾對於海洋汙染問題的關注大多不外油汙染（oil pollution），並且公認必須透過國際間合作，始得以獲得有效防治。根據當時的統計，海洋汙染物質當中，半數以上為石油或其相關產物，平均每年約有 600 萬噸的原油與汙油殘渣（oil sludge）流入海洋，而其中至少有 210 萬噸來自於油輪（oil tanker）。其可能的後果是：油在海洋當中阻礙光合作用（photosynthesis）與曝氣作用（aeration）的進行，因而將減少藻類（algae）及浮游植物（phytoplankton），進而降低海洋的生產力。而比較明顯的例子，像是汙黑的沙灘和全身沾滿汙油的海鳥，對很多人來說，都是很難忘卻的畫面。

　　一般國際海事活動當中，特別受到關切的不外以下幾種類型：

- 船舶的正常運轉過程當中排放的含油艙底水（bilge water），及非法棄置的固體廢棄物（solid wastes）。
- 在海上預定棄置點海拋的浚泥（dredging material）、汙水汙泥（sewage sludge）、燃燒飛灰、油性鑽採泥（drilling mud）。
- 源自船舶意外溢漏的油（spilled oil）及有害物質（hazardous substances）等。

而如今，國際間就防止源自船舶的汙染，還包括：

- 化學品（chemicals），散裝者尤其應注意，例如機艙處理油、水的添加劑（additives）。
- 汙水（sewage），人員生活、貨物、動物艙間、醫務室所產生的。
- 垃圾（garbage）。
- 防汙塗料（coating）與油漆（painting）。
- 大氣排放物（atmospheric emissions）。
- 壓艙水（ballast water）。

8.2 防止船舶防汙染國際公約沿革

　　立法以保護海洋早已成爲全球大勢所趨。自從 1973 年《防止船舶汙染公約》（International Convention for the Prevention of Pollution from ship, MARPOL 1973）公布實施以來，各海事大國與其組成的區域，無不自訂法規，以保護本國與區域的海洋環境。自此，世界上推動環保較力的民間組織與國家機構，即不斷透過國際合作（或壓力），強力推動其環保理想。

　　國際間開始正視船舶造成海洋汙染問題源自於 1926 年，英國禁止船舶在其領水及港灣排放油或含油混合物，違者最高罰 100 英磅。接著，由美國邀集各國於華府（Washington D.C.）舉行國際會議。1930 年，英國邀集國際聯盟組成專家委員會，並草擬公約，但到了 1939 年二次世界大戰爆發，公約與聯盟也告失效、瓦解。

　　二戰之後，1951 年聯合國決議成立跨政府海事諮詢組織（Inter-Governmental Maritime Consultative Organization, IMCO），後改名爲國際海事組織（International Maritime Organization, IMO）。接著，針對海洋油汙染，1954 年英國邀集船舶噸位占全球 95% 的 32 個海運國家，於倫敦舉行國際海水油汙染會議，通過《防止海水油汙染國際公約》（International Convention for the Prevention of Pollution of the Sea by Oil, 1954），到了 1971 年 IMCO 第七屆大會修正公約，重點仍在於油汙染。

　　後來人們逐漸警覺到，實際上造成海洋環境傷害的，並不僅只是油這一種類型，才在 1973 年針對油及其他毒物、汙染及垃圾等問題，通過《MARPOL 1973 公約》。當時的公約當中，附有目前公約當中之前五項附錄規則（簡稱附則，Annex）。表 8.1 整理了 1973 年之前，國際間防止船舶造成海水汙染，訂定公約的沿革。

表 8.1　防止船隻造成海水汙染國際公約沿革

船舶造成海洋汙染問題緣自	第一次世界大戰後
• 英國禁止於其領水及港灣排放油或含油混合物，違者罰 100 磅以下	1922
• 美國邀集於華府舉行國際會議	1926
• 英國邀集國際聯盟組成專家委員會，並草擬公約	1930
• 二次世界大戰爆發，公約失效，國際聯盟瓦解	1933
• 聯合國經社理事會 13 屆會議決議，成立政府間海事諮詢組織	1951
• 英國邀集海運國家於倫敦舉行國際海水油汙染會議，通過《防止海水油汙染國際公約》	1954
• 生效	1958
• 修正	1962
• 修正、生效	1967
• IMCO 第六屆大會	1969
• IMCO 第七屆大會修正公約的重點，在於油汙染針對油與其他毒物汙染及垃圾等問題	1971
• 通過《1973 年防止船舶汙染公約》	1973

　　起初《MARPOL 公約》的規定相當嚴苛，參與認可與簽署公約的國家並不踴躍，接著在 1978 年的「易燃物船及防止汙染國際會議」當中，通過《關於 1973 年防止船舶汙染國際公約的 1978 年議書》（Protocol of 1978 Relating to the International Convention for the Prevention of Pollution from Ship, 1973），簡稱《MARPOL 73/78 公約》，於 1983 年生效。緊接著，又陸續於 1984、1985、1987、1989 年進行修訂。當時認為公約當中的附則壹與附則貳（Annex I, Annex II）對海水汙染較嚴重，必須全盤接受，其餘可選擇性接受。接下來一、二十年內，其餘附則亦陸續生效，並付諸實施。

8.2.1 MARPOL 公約

附則

現今《MARPOL 公約》包含以下六項附則，分別針對源自船舶的各類型汙染訂定防制規則，成爲全世界各區域與各國據以訂定並落實法規，以防止船舶汙染海洋的基礎。

附則壹（Annex I）——防止油（oil）汙染

附則貳（Annex II）——散裝液態嫌惡性（noxious liquid in bulk）汙染

附則參（Annex III）——防止包裝形式有害固體（solid harmful substance in pack）汙染

附則肆（Annex IV）——防止汙水（sewage）汙染

附則伍（Annex V）——防止垃圾（garbage）汙染

附則陸（Annex VI）——防止大氣排放（atmospheric emission）汙染

圖 8.1 所示爲當今《MARPOL 公約》的整體架構。圖中各 Annex 所針對的汙染項目，分別有生效日期以及使生效的簽署國數，及其所擁有船舶噸數在世界船舶總量當中所占百分比。

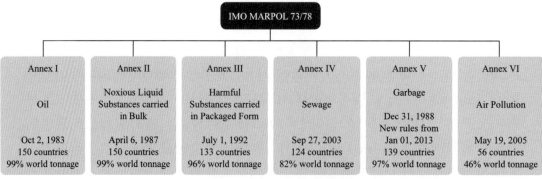

圖 8.1　MARPOL 公約的整體架構

特別區域

MARPOL 將某些特定海域範圍定義爲特別區域（special areas），以採行防止海洋汙染方法，使符合有關於海洋地理與生態狀況及海上運輸的需求。在此公約下，這些特別區域會受到，比起全球其他海域更高程度的保護。表 8.2 所列，爲 MARPOL 各附則當中，最初所訂定的特別區域，接著可能隨其他區域相關國家提出爭取，而陸續增加。

表 8.2　MARPOL 公約當中劃定特別區域的通過與生效日

特別區域	通過日期	生效日期
Annex I: Oil		
地中海 Mediterranean Sea	1973.11.2	1983.10.2
波羅的海 Baltic Sea	1973.11.2	1983.10.2
黑海 Black Sea	1973.11.2	1983.10.2
紅海 Red Sea	1973.11.2	
海灣區 "Gulfs" area	1973.11.2	2008.8.1
亞丁灣 Gulf of Aden	1987.10.1	
南極地區 Antarctic area	1990.11.16	1992.3.17
歐洲西北海域 North West European Waters	1997.9.25	1999.8.1
阿拉伯海葉門地區 Oman area of the Arabian Sea	2004.10.15	
南非南部海域 Southern South African waters	2006.10.13	2008.8.1
Annex II: Noxious Liquid Substances		
南極地區 Antarctic area	1992.19.30	1994.7.1
Annex IV: Sewage		
波羅的海 Baltic Sea	2011.7.15	
Annex V: Garbage		
地中海 Mediterranean Sea	1973.11.2	2009.5.1
波羅的海 Baltic Sea	1973.11.2	1989.10.1
黑海 Black Sea	1973.11.2	

特別區域	通過日期	生效日期
紅海 Red Sea	1973.11.2	
海灣區 "Gulfs" area	1973.11.2	2008.8.1
北海 North Sea	1989.10.17	1991.2.18
南極地區 Antarctic area（南緯 60 度以南 south of latitude 60 degrees south）	1990.11.16	1992.3.17
涵蓋墨西哥灣與加勒比海之廣泛加勒比區域 Wider Caribbean region including the Gulf of Mexico and the Caribbean Sea	1991.7.4	2011.5.1
Annex VI: Prevention of air pollution by ships（排放管制區，ECAs）		
波羅的海 Baltic Sea（SO_x）	1997.9.26	2006.5.19
北海 North Sea（SO_x）	2005.7.22	2007.11.22
北美 North American（SO_x, NO_x, PM）	2010.3.6	2012.8.1
美屬加勒比海 ECA（SO_x, NO_x, PM）	2011.7.26	2014.1.1

特別敏感海域

特別敏感海域（Particularly Sensitive Sea Areas, PSSA）指的是，基於生態或社會經濟或科學等理由，公認其容易受到國際海事活動之害，而必須由 IMO 特別保護的海域。用以認定 PSSA 與特別區域的標準，並不互相牴觸，在許多情況下，PSSA 可能涵蓋在特別區域內，反之亦然。IMO 於 2005 年在 24 會期當中通過一套，用以認定 PSSA 的指南（A.982（24）決議文）。

當某區域被認定為 PSSA 時，便可用在該區採行，例如繞行、對油輪等船舶要求嚴格的排放與設備（例如安裝船舶交通管理系統（Vessel Traffic Services, VTS））等具體措施，以控管海事活動。以下為經認定的 PSSA 清單：

- 澳大利亞大堡礁 The Great Barrier Reef（1990）
- 古巴 The Sabana-Camagüey Archipelago（1997）
- 哥倫比亞 Malpelo Island（2002）

- 美國 The sea around the Florida Keys（2002）
- 丹麥、德國、荷蘭 The Wadden Sea（2002）
- 秘魯 Paracas National Reserve（2003）
- 歐洲 Western European Waters（2004）
- 澳大利亞與巴布亞新幾內亞 Extension of the existing Great Barrier Reef PSSA to include the Torres Strait（2005）
- 西班牙 Canary Islands（2005）
- 厄瓜多爾 The Galapagos Archipelago（2005）
- 丹麥、愛沙尼亞、芬蘭、德國、拉脫維亞、立陶宛、波瀾、瑞典 The Baltic Sea area（2005）
- 美國 The Papahānaumokuākea Marine National Monument（2007）
- 法國、義大利 The Strait of Bonifacio（2011）

8.2.2 海洋油汙染公約

1962 年 IMCO 召開修訂公約的國際會議，通過以下決議案：

「凡總噸位（gross tonnage, GT）在 150 以上的油輪及 500 噸以上的非油輪（non-tanker），原則上禁止於距離海岸線 50 浬以內的海域，將油或含油的混合物排入海」。唯捕鯨作業船，美國五大湖區域船、艦，及其輔助船艇等除外。

從以下所述 MARPOL 公約的主要內容，可看出國際間如何試圖分別透過建立，並落實船舶的設計、建造及運轉標準，達到防止船舶對海洋環境造成油汙染傷害的目的。

MARPOL 附則壹（Annex I）

1. 在特別區域（地中海、波羅的海、黑海、紅海、海灣及灣等海域）內。

(1) GT ≧ 400 船舶，不得排放任何油或含油混合物。

(2) GT < 400 船舶，水中含油量（oil content, OC）< 15 ppm 始得以排放。

2. 在特別區域外

(1) GT ≧ 400 船舶，如流出物在未經稀釋情況下，OC < 15 ppm，或符合以下條件者，得排入海。

    (a) 航行中。

    (b) 含油量 < 100 ppm。

    (c) 距最近陸地 12 海浬以上。

    (d) 經過裝設的油類排洩偵測及管制系統、油水分離設備、濾油設備或其他裝置處理後。

(2) GT < 400 並在可行合理範圍內具備相關設備，並依 GT ≧ 400 規定排海。

3. 應有管路系統通至船外

(1) 適用於 1975.12.31 以後簽約或 1976.6.30 以後安裝龍骨，或 1979.12.31 以後交船者。

(2) GT > 150 油輪，必須具備：

    (a) 油貨艙清洗裝置，加上容量達載油量3% 的汙油艙（slop tank）。

    (b) 監控油排放系統的設備，包括：

      • 含油量測定儀錶。

      • 自動記錄器。

      • 油水分界液面測定計。

      • 自動停止排放裝置。

(3) GT 在 400 以上者，必須有例如油水分離器等處理設備。GT 在 10,000 以上者，另外尚需裝設油排洩的偵測及管制系統。

(4) GT 在 150 以上的新造油輪，及 GT 在 4,000 以上的新造非油輪，其所有燃油艙，不得供作壓艙用。

(5) 對於新造油輪的隔艙及穩定（在受損情況下），另有嚴格規定。

(6) 非油輪但用於載運總容量大於 200 m³ 散裝油類時，比照油輪的規定。

(7) 對於油的排放管制

(a) 除以下條件外，油輪不得將油或含油的洗艙水與壓艙水排海：

- 在特別區域外。
- 距最近陸地 50 浬以上。
- 航行中。
- 瞬間排洩率應小於 60 L／浬；若為現成船，其排入海的總油量應小於所載貨重量的 1/15,000，若為新船，其排入海的總油量應小於載貨重量的 1/30,000。
- 操作中的監控系統。

(b) 油輪的艙底水及非油輪，GT 小於 400 者，除以下情況外不得排海：

- 在特別區域以外。
- 距最近陸地 12 浬以上。
- 航行當中。
- 含油量小於 100 ppm。
- 排出物含油量在 15 ppm 以下者，不在此限。

  MARPOL 公約於 1978 年，針對油輪另補充規定如下：

- 載重 20,000 噸以上（油品輪 30,000 噸以上），應設置隔離壓載艙（segregated ballast tank, SBT）。
- 20,000 噸以上的油輪，應具備原油洗艙（crude oil washing, COW）系統。COW 的原油中不應含過量水分以防靜電感應，導致危險。
- 油輪的定義：1979/6/1 以後簽約，或 1980/1/1 以後開工，或 1982/6/1 以後交船。

針對油輪的排放管制

(a) 以下條件外，油輪不得將油或含油物排海（洗艙水加上壓艙水）：

- 在特別區域外。
- 距最近陸地 50 浬以上。
- 航行中。
- 瞬間排洩率＜ 60 L／浬。

- 若為現成船，其排海的總油量＜所載種量的 1/15,000。
- 若為新船，其排海的總油量＜所載種量的 1/30,000。
- 具有操作中的監控系統。

(b)油輪的艙底水及非油輪，GT ＜ 400 者，除以下情況外不得排海：

- 在特別區域以外。
- 距最近陸地 12 浬以上。
- 航行當中。
- 含油量 ＜ 100 ppm。
- 排出物含油量 ＜ 15 ppm 以下者不在此限。

岸上收受設施

經過二十年強力要求船運業者，遵循國際公約或國家及區域性法規，以保護海洋自然資源，避免有危害性的汙染造成傷害之後，國際間逐漸注意到，其實許多港埠並未盡到其應盡的責任。事實上，港埠是否提供如 MARPOL 公約所規範的收受設施（reception facilities），亦為預防海洋環境遭受汙染的重要環節。

因此 MARPOL 公約中規定，締約國必須提供用來收受含油殘餘物，及混合物、化學廢料及固體廢棄物的收受設施。因此，落實 MARPOL 公約靠的不只是船與其船員，還需包括和船運與造船有關的產業，特別是與港灣有關的主管機關。其在整個防止汙染的輪廓當中實扮演著關鍵角色。表 8.3 當中所列，為德國主要河港與海港設置收受設施的情形。

表 8.3　德國主要河港與海港的收受設施

所屬 MARPOL Annex	I						II	IV	V
收受項目 港口	髒壓艙水	廢水	含化學添加劑的油混合物	清洗艙後的汙泥與垢	來自淨油機的汙泥與垢	含油艙底水	類別 A B C D	汙水	垃圾
Brake	*	*		*	*	*		*	*
Bremen	*	*	*	*	*	*	**	*	*

所屬 MARPOL Annex	I						II	IV	V
收受項目　　港口	髒壓艙水	廢水	含化學添加劑的油混合物	清洗艙後的汙泥與垢	來自淨油機的汙泥與垢	含油艙底水	類別 A B C D	汙水	垃圾
Bremerhaven	*	*	*	*	*	*	* *	*	*
Brunsbuttel	*	*		*	*	*		*	*
Cuxhaven	*	*		*	*	*		*	*
Emden	*	*	*	*	*	*	* * *	*	*
Flensburg	*	*		*	*	*		*	*
Hamburg	*	*	*	*	*	*	* * *	*	*
Kiel	*	*		*	*	*		*	*
Leer	*	*	*	*	*	*		*	*
Lubeck	*	*		*	*	*			*
Oldenburg	*	*	*			*	* * *		*
Papenburg	*	*	*	*	*	*	* * *	*	*
Rostock	*	*		*	*	*			*
Sabnitz	*	*	*	*	*	*	* *	*	
Wilhelmshaven	*	*	*	*	*	*	*	*	*
Wismar	*	*	*	*	*	*		*	*

＊代表有設置者

國際油汙染應變合作

　　儘管在過去十年內，國際海運量幾乎倍增，但大型船舶溢油事件（oil spill incident）數卻將近減半。事件一旦發生，不僅需要確保相關國家之間存在有效的合作機制以進行應變，同時為能對受影響者提供補償，相關責任歸屬與補償作業的進展，亦有賴充分合作。

　　IMO 的《1990 年國際油汙染準備與應變合作公約》（International Convention on Oil Pollution Preparedness, Response and Co-operation, OPRC 1990）便提供了，促進大型溢油事件應變的國際合作與互助架構。以下摘要介紹 OPRC 90：

　　• 適用範圍──適用於任何種類油，進一步適用於有害與嫌惡性液態物

質。

- 目的——促進合作，建立一有效的國家應變體系，進而鼓勵相互協助。
- 政府承諾互相提供援助——在其能力範圍內，政府可要求補償。
- 報告——船、海域單位、與飛機向最近海岸國家報告油汙染；國家面臨風險時向鄰近國家及 IMO 提出報告。
- 應變計畫——包括船（利用 IMO 的指南）及國家體系。

8.2.3 防止源自船舶的化學品汙染

　　全世界每年有二億公噸的危險貨品和有害材質在海上運輸。臺灣亦不乏各類型危險化學品，和其他嫌惡性或有害物質貨物，從臺灣進出。這些貨物皆以特殊散裝化學輪船，或經過包裝以貨櫃輪等船舶運送。而這些貨物可能在意外事故當中，或是任意排放進入海洋環境。

　　有關船舶載運化學品的規定，包括在海上人命安全（Safety of Life at Sea, SOLAS）公約和 MARPOL 73/78 公約當中。相關公約涵蓋散裝化學品及包裝化學品。

散裝化學品

　　載運散裝化學品的規定涵蓋在 SOLAS Chapter VII - Carriage of dangerous goods 及 MARPOL Annex II - Regulations for the Control of Pollution by Noxious Liquid Substances in Bulk 當中。二公約皆要求 1986 年元旦之後建造的化學船，符合國際散裝化學品規範（International Bulk Chemical Code, IBC Code）。該規範針對海上安全運送散裝液態危險化學品，藉由對相關船舶與設備的設計與建造提供國際標準，以使對船舶本身、船員及環境構成的風險，降至最低。IBC 規範列出化學品及其危害性，並提出運送該產品所需船型，以及其對環境構成危害的等級。

MARPOL 附則貳（Annex II）

Annex II 將散裝液態嫌惡性物質分成四類：

- Category X：在洗艙或去壓載運轉中排入海洋，會對海洋資源或人體

健康構成嚴重危害，而應禁止排至海洋環境的嫌惡性液態物質。

• Category Y：在洗艙或去壓載運轉中排入海洋，會對海洋資源或人體健康或對海洋的適意性或其他合法用途構成危害，而應限制排至海洋環境質與量的嫌惡性液態物質。

• Category Z：在洗艙或去壓載運轉中排入海洋，會對海洋資源或人體健康構成輕微危害，而應較不嚴格限制排至海洋環境質與量的嫌惡性液態物質。

• 其他物質：經評估，因不認為會對海洋資源、人體健康或海洋的適意性或其他合法用途構成危害，不屬於 Category X、Y 或 Z 的物質。排放含有這類物質的艙底水或壓艙水或其他混合物，皆可免除 MAR-POL Annex II 當中的任何要求。

HNS是什麼？

首先，並非所有船運的化學品都是具危害性。《2000 年有害與嫌惡性物質汙染事故準備、應變及合作議定書》（2000 OPRC-HNS Protocol）將有害與嫌惡性物質（Hazardous and Noxious Substances, HNS）定義為，除了油以外的物質，其進入海洋環境後，可能危及人體健康或對生物資源與海洋生物構成傷害，以及損及適宜性或對其他海上合法用途構成干擾的物質。然而在《2010 年海上運送有害有毒物質損害責任及賠償國際公約》（2010 HNS Convention）針對賠償所設計的，當中則以清單明載 NHS 所包括物質。表 8.4 所列，為 IMO 公約與規範所提供的 HNS 清單。此外，IMO MEPC 並於 2004 年 10 月通過了針對乾貨船上，以深艙（deep tank）或特別設計用來裝載蔬菜油（vegetable oils）的獨立艙間的一套載運指南。

表 8.4　IMO 公約與編碼所提供之 HNS 清單

材質	公約與規範
散裝液體	Chapter 17 of International Code for the Construction and Equipment of Ships Carrying Dangerous Chemicals in Bulk (IBC Code)
氣體	Chapter 19 of International Code for the Construction and Equipment of Ships Carrying Liquefied Gases in Bulk (IGC Code)

材質	公約與規範
散裝固體	Appendix 9 of Code of Safe Practice for Solid Bulk Cargoes (BC Code) if also covered by IMDG Code in packaged form
包裝貨品	International Maritime Dangerous Goods Code (IMDG Code)

MARPOL 附則參（Annex III）

有關以包裝型式載運化學品的相關規定，載於 SOLAS Chapter VII Part A。包括防止包裝型式有害物質（harmful substances in packaged form）汙染的相關法規。其中包括針對防止有害物質汙染的包裝、標示、標籤、文件、存放、數量限制、但書及注意事項，提出詳細標準之一般要求。其中所針對，即國際海事有害貨物法規（International Maritime Dangerous Good, IMDG Code）當中所指的「海洋汙染物」（marine pollutants）。

化學船汙染事故應變

儘管比起溢油事件，化學品溢出的情況要少得多，然而一旦發生化學品溢出所致後果，卻可能會比溢油要嚴重得多。因此國際間對於化學品溢出的防範和有效緊急應變，近幾年來也格外重視。

海上運送的各種化學品，所涵蓋的物理與化學性質繁多，其溢出後對於環境與人體健康的潛在影響也各異。相較於溢油，化學品溢出的應變並不單純。IMO 於 2000 年三月通過了 2000 OPRC-HNS Protocol，其主要目的，在於針對大型化學汙染事故的應變準備、促進國際合作與相互支援，並鼓勵各國建立並維持應有的緊急汙染事故的應付能力。

應變對策

化學品洩漏應變的主要目的在於：保護人身健康與安全，將對環境的衝擊降至最低，並儘可能將環境復原到洩漏事故之前的狀況。透過控管與計畫加上採取應變行動，可達到上述目的。而此應變行動主要取決於以下因子：

- 化學品類型
- 洩漏規模大小

- 洩漏的位置
- 當時現場的海況與天候
- 受影響環境的敏感性

應變等級

第一級 —— 小型洩漏事故，預計對操作區域以外不造成影響。

第二級 —— 中型或重大洩漏事故，可能會對人命與環境造成重大影響。

第三級 —— 全面緊急狀態，重大洩漏事件，會對人命與環境造成很嚴重
　　　　　的影響，其應變需提高層級。

化學風險評估

可能導致化學品洩漏的風險包括：撞船、觸礁、傳輸溢出與設備故障、結構體失效及嚴重的天候狀況。應變中視洩漏狀況可採取措施包括：

- 儘可能預防控制或停止從來源釋出。
- 若海洋或海岸資源尚不致於受到威脅，則先行對化學品的移動與行為進行監測。
- 若海洋或海岸資源已受到威脅，則決定如何應變，先從海上應變或且對敏感資源進行保護。
- 儘可能將其擴張範圍限制住。
- 先行對化學品的移動與行為進行監測。
- 假若因為天候等因素，在海上或是保護敏感資源都不可行，則另尋求其他適當的監測清除等應變措施。

圖 8.2 所示，為化學品應變的五個階段。任何應變作業都應以人員健康與安全為先，至於整體保護優先次序則安排如下：

- 人身健康與安全
- 棲地與文化資產
- 稀有動植物
- 商業資源
- 感官適意性

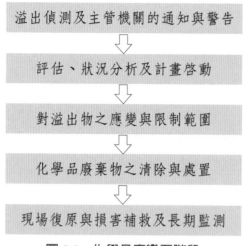

圖 8.2　化學品應變五階段

　　有關事故報告與應變啟動，最初報告由政府機關與船公司等，在第一時間立即報告。接著根據接獲報告研判，採取初步行動。接著由船長提出汙染報告，同時在汙染事故當中，對各相關單位提出進展報告。針對事故的掌控，在應變計畫當中分成策略計畫與事故行動計畫。

職業健康與安全

　　人命與健康安全至為重要。顧及清除溢出化學品所存在的風險，指揮官在整個清除過程當中，除應考慮以下因子外，並應充分了解所有設備的限制與安全操作步驟。

- 溢出化學品類型
- 溢出規模
- 溢出位置
- 溢出的狀況
- 天候狀況

- 文物議題
- 取樣以作為證據與分析
- 溢出材質的處置
- 設備

8.2.4 附則肆（Annex IV）汙水汙染

　　將未經處理的汙水排海可危及人體健康，同時可導致海岸水中溶氧耗

竭和明顯的視覺汙染，乃至對觀光產業構成嚴重問題。以下討論 MARPOL Annex IV 當中，針對防止船舶汙水汙染所訂定的相關規定。

Annex IV 涵蓋一系列有關從船舶將汙水排海的規定，包括船上用來控管汙水排放的設備與系統，港口與碼頭用來收受船上汙水的設施，及檢驗與認證的要求。

由於該附則大致認為，源自船舶的汙水在大洋中，得以透過自然的細菌分解加以涵容，因此規定，除非船上以經過認可的汙水處理器處理過，否則禁止在離最近陸地 12 海浬內將汙水排海。而各國政府，亦必須在港口和碼頭設置用來收受汙水的適當設施。

MARPOL 73/78 Annex IV 當中所指汙水，係指廁所馬桶、浴盆、醫務室所產生者。除非符合以下情況，否則不得排海：

1. 裝有經認可，以汙水溶化的消毒系統，得在 4 浬以外排洩，否則應在 12 浬以外排洩。

2. 裝有經認可的汙水處理設備，其在排出汙水的周圍內，不得有漂浮固體或使海水變色的情形。

3 不得瞬間排放，排放時航速必須在 4 節以上。

該公約除適用於一般船舶外，並擴及在大陸棚（continental shelf）進行開發活動的固定式或漂浮式平臺。而 Annex IV 當中所稱的「油」，所指除原有的原油及重油外，尚包括汽油及輕柴油等所有油品。

該 Annex 於 2003 年 9 月 27 日生效，2004 年經修訂通過後，於 2005 年 8 月 1 日開始實施。修正後的附則適用於 400 GT 以上或經認證，可搭載至少 15 名乘客的國際航線船舶。該 Annex 要求船上裝設經認證的汙水處理器（sewage treatment plant），或經認證的汙水絞碎與消毒系統，或汙水暫存櫃。

進行汙水處理，會產生一些在源頭與過程中無法去除的最終產物。IMO 的 MEPC 也因此通過，針對當船在離最近陸地 12 海浬以上，可以從暫存櫃將未經處理的汙水排海的最大排放率標準（MEPC.157(55)）。

MEPC 接著分別於 2011 年 7 月和 2013 年元旦，通過並實施了 Annex

IV 修訂版（MEPC.200(62)）。該版本將波羅的海納入特別海域當中，並增加了針對航行至特別海域客船的新排放要求。新規定禁止一般客船，在特別海域將汙水排海，除非該汙水已經在合格的汙水處理器處理過。

8.2.5 附則伍（Annex V）垃圾汙染

有鑑於塑膠及其他能長存於海洋環境的廢棄物，可造成嚴重的國際性環境問題，IMO 於 1973 年便召開國際會議，試圖讓各國共同合作以減輕海洋汙染，其中所獲致成果之一，為通過了用以減少自船上棄置海洋的塑膠，和其他可長存於環境的廢棄物數量之 MARPOL 附則伍。2011 與 2013 年 Annex V 分別經過修訂、生效，擴大了所涵蓋的船舶、海域設施及禁止棄置入海的廢棄物類型。表 8.5 摘要整理了 MARPOL Annex V 當中的防止海洋垃圾汙染規則。

表 8.5　2013 年元旦生效的 Marpol Annex V 海洋垃圾汙染規則（MEPC.201（62）決議文）摘要

垃圾類別	特別海域以外	特別海域內	海域（離岸 12 海浬以上）平臺及距其 500 公尺內船舶
絞碎或磨碎的食物殘渣（廚餘）	航經 3 浬海域以外允許排放	航經 12 浬海域以外允許排放	禁止排放
尚未絞或磨碎的食物殘渣	航經 12 浬海域以外允許排放	禁止排放	禁止排放
清洗水中不含的殘餘廢棄物	航經 12 浬海域以外允許排放	禁止排放	禁止排放
清洗水中所含殘餘廢棄物		航經 12 浬海域以外允許排放；外加二條件	
洗艙水中所含清潔劑與添加劑	允許排放	航經 12 浬海域以外允許排放；外加二條件	禁止排放
甲板與外殼清洗水中所含清潔劑與添加劑		禁止排放	禁止排放

垃圾類別	特別海域以外	特別海域內	海域（離岸 12 海浬以上）平臺及距其 500 公尺內船舶
運送途中死亡的貨物牲口屍體	允許排放	禁止排放	禁止排放
包含塑膠（如化學纖維繩、魚網及垃圾袋）、漂浮性的櫬板、填料、包裝材料、紙製品、破布、玻璃、金屬、瓶、陶器及類似的棄置物品等其他材質	禁止排放	禁止排放	禁止排放
混雜的垃圾	凡混有禁止排放或受到不同要求材質的汙染，則採取受到較嚴苛要求者		

其中最重要的相關棄置規定摘要為：

1. 任何海域絕對禁止棄置人工合成的廢棄物。

2. 特別海域禁止棄置所有，絞碎廚餘以外的廢棄物。如今此處所稱的特別海域指的是，地中海、波羅的海、黑海、紅海、波斯灣、北海、南極海域及擴大加勒比海海域（包括墨西哥灣）。

3. 離岸 3 海浬，或特別地區的 12 海浬範圍內，連食物也禁止丟棄。

特別海域

值得特別注意的是，Annex V 中規定，當垃圾混雜而未經分類的情況，其執法是以混於其中，受到最嚴格限制之一種成分為準。表 8.5 當中所提到的特別海域範圍，如圖 8.3 所示。

MARPOL Annex V 禁止任何船隻將塑膠棄置海洋。而部分國家更將規定適用範圍擴而大之。例如美國實施 Annex V，除了適用於位於全世界的所有美國船隻外，並適用於位於美國 200 海浬經濟海域的所有船隻。而此處所指的船隻為任何大小、類型的所有船隻，包括商船、商用漁船、娛樂小艇以及海域鑽油井。表 8.6 所列，則為適用於美國水域的廢棄物棄置規則。

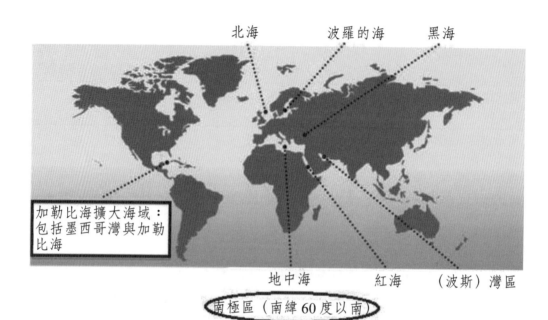

圖 8.3　表 8.5 當中所提特別海域範圍

表 8.6　適用於美國水域的廢棄物棄置規則

地點	違法的棄置物
湖泊、河川、海灣、海峽、河口及離最近的陸地 3 海浬範圍內	塑膠、貨墊、襯裡及包裝材料、破布、玻璃、金屬、瓶子、瓦礫及除了鮮魚和魚體外的廚餘
離最近的陸地 3 至 12 海浬範圍內	塑膠、貨墊、襯裡及包裝材料。至於紙、破布、玻璃、金屬、瓶子、瓦礫，除非絞碎至 1 英吋以下，以使能通過網目小於 1 英吋的濾網，否則亦視為違法
離最近的陸地 12 至 25 海浬範圍內	塑膠及漂浮碰墊、襯裏及包裝材料
離最近的陸地 25 海浬以外	塑膠（包括所謂「可分解」塑膠及混有塑膠的垃圾）

　　規則中廣義地以特性及一般常見的實例，來定義所謂的「塑膠」（plastics）。例如，禁止棄置海洋的項目有：

- 食品包裝
- 浮具
- 個人衛生用品
- 免洗餐具
- 包裝材料如瓶子、箱子、襯板
- 免洗杯，包括合成樹脂產品
- 用於船上的建材，如玻璃纖維、管材

- 合成纖維漁網、黏著劑、合成板、地毯、牆板
- 單股釣魚線
- 塑膠袋
- 膠帶
- 塑膠布
- 合成纖維繩及線
- 「可分解的」塑膠

此外，MARPOL Annex V 亦禁止在某些情形下，棄置非塑膠垃圾。依 Annex V 規定，使用垃圾紀錄簿（Garbage Record Book, GRB）時，需將垃圾分成以下幾類記錄：

A. 塑膠（plastics）
B. 廚餘（food wastes）
C. 一般垃圾（domestic wastes）
　（例如紙類、破布、玻璃、金屬、瓶）
D. 食用油（cooking oil）

E. 焚化爐底灰（incinerator ashes）
F. 運轉廢棄物（operational waste）
G. 貨物殘料（cargo residues）
H. 動物屍體（animal carcass）
I. 漁具（fishing gear）

在此附則當中的建立垃圾管理計畫指南當中，涵蓋了垃圾收集程序及垃圾加工程序。垃圾收集程序包括：

- 收集與分類的適用容器與位置。
- 從垃圾產生源到收集與分類站的運送過程。
- 從產生到收集與分類的處理方法。
- 從事上述工作人員的教育訓練計畫。

垃圾加工程序包括：

- 確認負責設備操作的人員。

- 確認可用的加工裝置及其容量。
- 確認上述裝置的位置。
- 確認各裝置所需加工垃圾的類別。
- 描述材質的再利用與回收方法。
- 描述其他材質的加工過程。
- 描述上述垃圾再利用與回收及加工的教育訓練計畫。
- 確認垃圾管理相關設備的操作與維修過程。

MARPOL Annex V 之修訂

2018 年 3 月 1 日，於 MEPC 70 會期通過的 MARPOL Annex V 修訂版，開始實施。該修訂版所作的變更，包括用以決定貨物殘料是否對環境有害的標準，以及用於 E-waste，搭配新垃圾類別之一套新垃圾紀錄簿格式。E-waste 指的是，用於讓船舶正常運作的電氣與電子設備，包含其所有元件在內。

貨物殘屑之揭露（declaration of cargo residues）

相對於對環境無害的貨物殘料，對海洋環境有害者之排海要求，較為嚴苛。SOLAS 公約當中規定 VI/1-1.2 所列固體散裝貨物，除穀物外，皆被歸類在 MARPOL Annex V 新附錄 I 當中，而運送者也就需揭露，該貨物是否對環境有害（harmful to the marine environment, HME）。

垃圾紀錄簿

MARPOL Annex V 的附錄二（Appendix II）包括了新格式 GRB，其分成兩部分：

- Part I —— 適用於所有船舶，除了貨物殘料外的所有垃圾。
- Part II —— 針對貨物殘料，僅適用於載運固體散裝貨物船舶。

經過修定的 GRB 垃圾類別，將 E-waste 納入，並將垃圾殘料分成對海洋環境有害的 HME，及非 HME（non-HME）兩類。新的垃圾分類如下：

A. 塑膠

B. 廚餘

C. 生活廢棄物

D. 烹飪油

E. 焚化爐灰燼

F. 運轉廢棄物

G. 動物屍體

H. 漁具

I. 電子廢棄物（E-waste）

J. 貨物殘料（non-HME）

K. 貨物殘料（HME）

　　GRB 排放紀錄表亦經過修定。其中必須記錄焚化爐的起停日期、時間、船位。此外需依規定 7 記錄其他排放或遺失的垃圾，並載明其理由、細節及採取的警惕。新 GRB part II 要求針對固態貨物殘料，記錄排海或送收受設施的船位或港口、垃圾類別（J 或 K）及數量。從收受設施拿到的收據，需保留在船上至少兩年。

　　儘管所有船舶都需遵循 MARPOL Annex V，其卻無證書與認可的相關要求。而以下則是 Annex V 所要求的作為：

- 在船上張貼顯示排放要求的布告
- 一套垃圾管理計畫
- 一套垃圾紀錄簿

8.3 防止源自船舶的空氣汙染——附則陸（Annex VI）

　　自從 IMO 在 1989 年開始正式討論限制源自船舶的空氣汙染物以來，由於事關重大，國際間許多相關團體與業界，接著展開一連串積極的研究與討論。為 IMO 負責研擬國際防制海運排氣法案的，是海洋環境保護委員會的散裝化學物質附屬委員會（sub-committee on bulk chemicals）。其於 1997 年 9 月在 MARPOL 公約當中增訂了附則陸（Annex VI），藉以規範源自船舶的空氣汙染。此外，很多國家也分別在各自國界內，訂定更為嚴苛的管制法令，而同時也有類似的區域性合作。

　　在 1990 年 3 月的第 29 屆會議中開始討論船舶所造成空氣汙染問題時，

最活躍的當推挪威代表團。其在會議中提出了至少四篇論文，分別論述船舶在各方面所造成的空氣汙染。

挪威所提第一個報告中指出三方面源自船舶的空氣汙染：第一、CO_2、氟氯碳化物（Chlorofluorocarbon, CFCs）及 Halon（海龍）的排放，這些是造成地球暖化與臭氧層耗蝕（ozone layer depletion）的元凶；第二、SO_x 及 NO_x 的排放，這些造成了區域性酸雨和局部性港口附近的健康問題；第三、NO_x 及碳氫化合物，這些會產生像臭氧等光化學產物的溫室氣體，而有損植物與人體的健康。

在第二個報告中，挪威提到了耗蝕臭氧層的排放物。其中特別強調應盡到蒙特婁議訂書中所決議的，要在 1999 年將耗蝕臭氧層的排放物降低 50%（以 1986 年為基準）的責任。由於船上所用的 CFC 及 HCFC 等冷媒及海龍等滅火劑的數量都相當龐大，若加以控制，應該會很有助於紓解相關問題。其中真正用於滅火的海龍大約只有 50 至 100 噸，剩下的主要是用於滅火演練所消耗的。

雖然 IMO 有關的議訂書已於 1994 年通過，但要使得真正為此立法，還得先在量測與執行的方法上取得一致。這樣的時程，對於 IMO 之一些權宜船籍會員國來說，可能緊迫了些，但許多以波羅的海周遭為主，所有「比較綠」的國家，則早已通過自己之一套方案。源自船舶之空氣汙染防制法規重點如下所列：

- Annex VI 中包括發給國際空氣汙染防制證書（International Air Pollution Prevention Certificate, IAPPC）之規則。
- 船用燃油（bunker）之硫含量（sulfur content）上限定為 4.5%，並包含對硫排放有特別嚴格控制的「SO_x 排放管制區」（SO_x Emission Control Areas, SECA），區域中船用燃油硫含量不得超過 1.5%。
- 另一選擇是裝設排氣清淨系統或採用其他限制 SO_x 排放的技術，波羅的海與北海都包含在管制區中。
- 禁止 CFCs，新裝設的 HCFC 設備允許用到 2020.1.1。
- 禁止船上焚燒受汙染包裝材料及 PCB（polychlorinated biphenol,

PCB）等。

- IMO 未涵蓋源自船舶的 GHG（greenhouse gas, GHG），但在 2003 年 11 月通過船舶 GHG 減量政策與措施決議文。

以下所列，為 MARPOL 73/78 最初新增的附則陸（Annex VI）源自船舶的空氣汙染規則，當中的通則（第一章）和船舶檢驗、發證及防制方法（第二章）。

第一章　通則

規則一── 應用

除本附則規則三、五、及十四所提外，本附則適用於所有船舶。

規則三── 一般例外

本附則不適用於以下情形：

(a) 在海上為確保船舶的安全及為救人的必要排放。

(b) 導因於船舶及其設備受損的結果。

　(i) 即便在受損或發現該排放情形後，隨即採取合理的預警措施以防止或減輕排放。

　(ii)船東或船長意圖造成損害，或忽視明知可能造成損害的情況除外。

規則四── 同等情況

(1) 當局可接受符合本附則規定中所要求的同等裝置、器具、設備及材料等。

(2) 當局所接受的同等裝置及材料應知會 IMO，以便轉達公約的締約國，作為其資訊或藉以採取必要行動。

第二章　檢驗、發證、及防制方法

規則五── 檢驗

(1) GT 在 400 以上或出力在 1,500kW 以上者應接受檢驗。

(2) 檢驗由當局所指派的官員執行，執行時以 IMO 所訂定的準則為依據。

(3) 當局應於發證有效期間安排不定期檢驗。

(4) 所指派的驗船師或組織，在認定設備的狀況與證書所載項目有明顯

不符時，應確保其必要的改正，並知會當局。

規則六 —— 發給國際空氣汙染防制證書

(1) 經依照規則五檢驗合格後，得發給國際空氣汙染防制證書（IAPP）。

(2) 針對在本附則生效前建造的船舶，有關的要求應於本附則生效兩年後適用。

(3) 本證書應由當局或其授權的個人或組織發給。

規則七 —— 由其他政府發給證書

(1) 經當局要求，議訂書國家政府得依附則所規定發給國際空氣汙染防制證書。

(2) 所發給證書連同檢驗報告副本，應盡快交送要求當局。

規則八 —— 證書格式

如本附則附錄 II 的格式。

規則九 —— 證書的期限及有效性

(1) 有效期限不超過五年。

(2) 除非符合 (3)，否則不得延期。

(3) 證書到期時，若船不在應掛旗國或檢驗國的港口，當局得給予不超過五個月的延期。

(4) 以下情況需終止證書的有效性：

　　(i) 未依規則五在期限內完成檢驗。

　　(ii) 未經當局許可，在設備、系統、裝置、器具及安裝上作重大改變。

　　(iii) 船改掛其他國旗。

規則十 —— 港口國對船舶操作要求的管制

(1) 船所靠泊的港口或海域碼頭的議訂書國家，若有充足證據認定該船船長或船員，對在船上防制其所造成空氣汙染的程序不熟悉時。

(2) 在本規則一所述情形下，該國應採取行動以確保該船在符合本附則所要求者之前，不得航行。

(3) 本公約第五款所述關於港口國的控制程序，適用於本規則。

(4) 本規則不應用於限制在公約中該國在運作要求中的權利與義務。

規則十一 —— 違規檢測與執法

本公約第六款的應用準用本附則。

規則十二 —— 海龍

(1) 針對規則三所提,禁止任意排放海龍。

(2) 禁止在所有船上新裝使用海龍的滅火設備(及輕便滅火器)。

(3) 從船上清除的海龍及含海龍的設備,均應送至適當的收受設施。

規則十三 —— 氟氯碳化物及其他臭氧層耗蝕物質

(1) 除本附則中規則十所提情形以外,禁止任意排放 CFC 及規則二中所定義的臭氧耗蝕物質。

(2) 禁止新裝含有本規則中 (1) 所提物質的系統、設備、絕緣或材料。唯允許在 2020 年 1 月 1 日之前新裝,含有部分氟氯烴(hydrochlorofluorocarbon, HCFC)。

(3) 從船上清除本規則中 (1) 所提的物質或含該物質的設備,均應送至適當的收受設施。

規則十四 —— 氮氧化物(NO_x)

(1)

    (a) 本規則適用於

        (i) 2000(原訂 1998 年)年 1 月 1 日以後所建造船上所安裝,出力大於 100kW 的柴油引擎;

        (ii) 1998 年 1 月 1 日以後進行大規模改裝的船上所安裝,出力大於 100kW 的柴油引擎。

    (b) 本規則不適用於緊急用途,例如救生艇的柴油引擎。

(2)

    (a) 本規則中所述的「大規模改裝」指的是船做以下情形的改裝:

        (i) 2000 年(原訂 1998 年)1 月 1 日以後換新的引擎。

        (ii) 引擎或其附屬裝備作了大幅改裝。

        (iii) 引擎或其附屬裝備的出力提高了 10% 以上。

(b)在 (a) 中所述的修改後，其所導致的 NO_x 排放量應經由當局認可。

(3)

(a)除非 NO_x 的排放量符合以下限度，否則不允許該柴油引擎運轉：

(i) 17g/kWh　　　　　引擎轉速低於 130。

(ii) $45*n^{(-0.2)}$g/kWh　　引擎轉速高於 130，但低於 2000。

(iii)9.48 g/kWh　　　　引擎轉速高於 2000。

試驗方法依據 IMO 所發展出的 NO_x Technical Code, Guidelines。

(b)當柴油引擎符合以下其中之一時，亦允許運轉：

(i) 藉由當局依 IMO 所訂準則認可的廢氣清淨設備，將船上所排放的 NO_x 減至低於 (a) 所述的限度以下。

(ii) 其他經當局依據 IMO 準則所建立，可將船上所排放的 NO_x 減至低於 (a) 所述的限度以下的技術。

(4)

(a) 每部柴油引擎應出據其能符合 (3)(a) 所述限度的證明。

(b) 各船無法提供足以確認其能符合 (3)(a) 所述限度的證明者，必須裝設監測與記錄的裝置，以證明其合於規定。

(5) 需依據 IMO 所建立的 NO_x Technical Code, Guidelines 進行檢驗。

規則十五 —— 硫氧化物（SO_x）

一般要求

(1)船上所用燃料油的硫含量不得超過 4.5%m/m。

在特別區域的要求

(2) 依本規則的目的，訂出特別區域。

(3)船位於特別地區時，至少需符合以下規定其中之一項：

(a)船上所用燃料油的硫含量不得超過 1.5%m/m。

(b)藉由當局依 IMO 所訂準則認可的廢氣清淨設備，將全部（包括主、輔機）船上所排放的 SO_x 降低至 6.0g/kWh 以下。

(c)其他可達到 (b) 所限度的 SO_x 排放量的可確認技術。

(d)應由燃油供應商提供有關本規則中 (1) 及 (3)(a) 的硫含量的相關

證明文件。

規則十六 —— 揮發性有機化合物（Volatile Organic Compounds, VOC）

(1)針對油輪所產生的 VOC 進行規範。

(2)擬對 VOC 進行規範的議訂書簽署國政府，應知會 IMO。

規則十七 —— 船上焚化爐（incinerator）

(1)2000 年以前船上所安裝的焚化爐需經由當局依照 IMO 的規範認可。

(2)禁焚物質：本公約附則貳（Annex II）及附則參（Annex III）所列物質，含鹵化物的石油提煉產物，含重金屬、PCB 的垃圾。

規則十八 —— 收受設施

(1)議訂書簽署國的政府應提供以下的收受設施：

　(a)從船上去除的 CFC、海龍及其他臭氧層耗蝕物質。

　(b)清淨排氣的殘渣。

　(c)不符硫含量規定的燃油。

規則十九 —— 燃油品質

(1)船上所用燃油應符合以下要求：

　(a)為石油經提煉後產物的混合，不排除少許改善性能的添加劑。

　(b)燃油不含無機酸。

　(c)不含會導致以下後果的添加劑：

　　(i) 會危及船舶安全或不利機械性能者。

　　(ii)對人體有害者。

　　(iii)加重空氣汙染者。

防止船舶空氣汙染法規自 2005 年 5 月 19 日起生效。薩摩亞是第十五個國家送出認可書，使認可 Annex VI 的國家總計擁有全世界 54.57% 的商船噸數。總的來說，Annex VI 在於對船舶引擎排氣設限，並禁止任意排放臭氧耗蝕物質。

Annex VI 的目標，在於降低源自船舶排放到大氣當中的 NO_x、SO_x 及 GHG。其針對 NO_x 的減量目標分三期（或稱三階段）：Tier I、Tier II 及 Tier III。圖 8.4 與表 8.7 當中所示為此三階段，船舶引擎在不同轉速

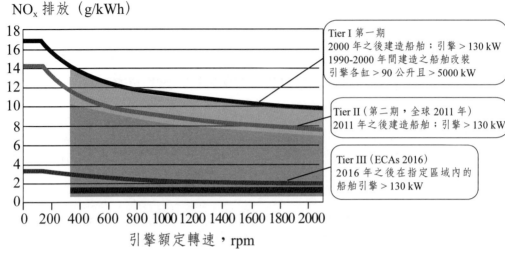

NO_x 排放（g/kWh）

Tier I 第一期
2000 年之後建造船舶；引擎 > 130 kW
1990-2000 年間建造之船舶改裝
引擎各缸 > 90 公升且 > 5000 kW

Tier II（第二期，全球 2011 年）
2011 年之後建造船舶；引擎 > 130 kW

Tier III（ECAs 2016）
2016 年之後在指定區域內的
船舶引擎 > 130 kW

引擎額定轉速，rpm

圖 8.4　MARPOL Annex VI 當中分別在三階段的 NO_x 排放上限
資料來源：IMO, 2013

（recolution per minute, rpm）下，每單位作功所允許的 NO_x 排放上限（g/kWh）。針對 SO_x，圖 8.5 當中所示上下兩條曲線，為航行於 SECA 及全球其餘區域船舶的燃料硫份百分比上限。從圖 8.7 當中則可看出排放管制區（Emission Control Area, ECA）從目前到未來的擴充趨勢。

表 8.7　MARPOL Annex VI 當中的 NO_x 排放上限

階段	實施日期	NO_x 之上限（g/kWh）		
		n < 130	$130 \leqq n < n^{-0.2}$	$n \geqq 2000$
Tier I	2000	17	$45n^{-0.2}$	9.8
Tier II	2011	14.4	$44n^{-0.23}$	7.7
Tier III	2016*	3.4	$9n^{-0.2}$	1.96

n 為引擎轉速
資料來源：IMO, 2013

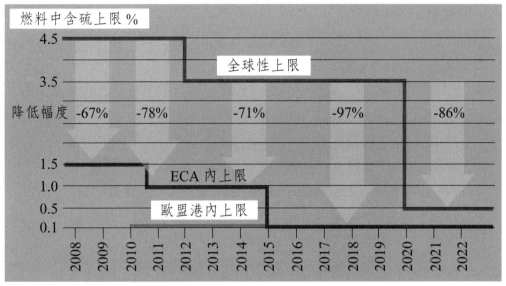

圖 8.5　針對限制 SO_x 排放所訂出的燃料中硫含量上限
資料來源：整理自 IMO, 2009; IMO, 2013

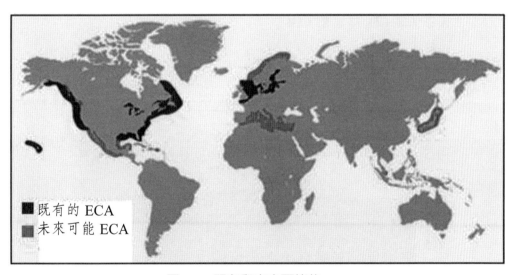

圖 8.6　既有和未來可能的 ECA
資料來源：整理自 IMO, 2009; IMO, 2013

降低船舶CO₂排放

針對船舶排放 CO_2 的設限趨勢，可從圖 8.7 當中的曲線看出。以下摘要 IMO 對 GHG 減量議題的工作進程：

- 1998 至 2002 年：研究減量的可行性，建立排放量清查與減量技術，及相關市場誘因機制。
- 2002 年：成立聯絡小組研議提出 IMO 的策略，對個別船隻建立環保指標（GHG 指標或 CO_2 指標），為極受重視的一種做法。
- 2003 年：提出 IMO 的 GHG 減量政策決議文（Resolution A.963 (23)），主要內容包括：

  - 以採用環保指標為優先，且首重 CO_2。
  - 優先建立環保指標的運作指引，尤其是驗證工作。
  - 繼續評估技術性與操作性，甚至是市場性的減量對策。
  - 要求 MEPC 提出工作計畫，包括時程表。

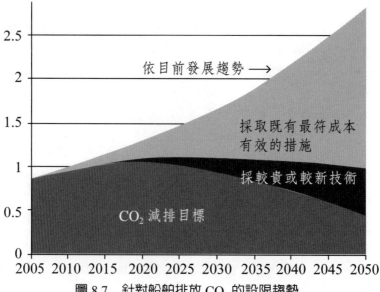

圖 8.7　針對船舶排放 CO_2 的設限趨勢

其他區域性NO$_x$立法

除 IMO 的全球性立法外，類似的區域性合作也正在規劃中。而同時也有很多國家，正在其國界內擬訂更為嚴苛的管制法令。例如在美國加利福尼亞州水域，曾分別由加州空氣資源局（California Air Resources Bureau, CARB）及美國環保署（Environmental Protection Administration, EPA）提出二個不同的方案。

CARB 提出的標準，針對新船的輔引擎（發電機），在 15% O$_2$ 下為 600 ppm。針對現成船，在 15% O$_2$ 下輔引擎的標準則為 750 ppm。該法案還另外結合了燃油硫含量上限為 0.05% 的規定。在 U.S. EPA 提出，針對航行至洛杉磯與長堤港的船，收取排放費的方案當中，基本排放費為 USD 10,000 / 噸 NO$_x$。其基準線根據以下公式計算：

$$NO_x(g/kWh) = 64.3 \text{ rpm}^{-0.2}$$

費用減免原則為：

- 減少 NO$_x$ 排放超過 80% 者，減免 90%。
- 減少 NO$_x$ 排放 30 到 80% 者，減免 50%。
- 減少 NO$_x$ 排放不及 30% 者，零減免。

美國 EPA 接著又提出，擴大非路上（off-highway, non-road）引擎排放標準的適用範圍至船用引擎的方案。其針對 NO$_x$、CO、HC 及粒狀物，所提限制分別為 9.2 g/kWh、11.4 g/kWh、1.3 g/kWh 及 0.54 g/kWh。

有關防制源自船舶大氣排放的問題，兩個最基本的疑問是：（一）如此防制能得到多大效益？及（二）要花多少錢？表 8.8 整理了因應防制船舶空氣汙染國際法令的各種對策。

表 8.8　2010 至 2020 年間船舶引擎排放國際法令與因應對策

實施日	法規	適用區域	標的船	可能後果	船東一般因應
2010.1.1	靠泊歐盟港口和在運河內燃料硫含量 <0.1%	歐盟	現成及新船	加裝新設備，營運成本增加	• 停泊和在運河內時換用含硫 0.1% 燃油 • 以 LNG 作為燃料

實施日	法規	適用區域	標的船	可能後果	船東一般因應
2010.1.7	SECA 內燃料硫含量 <1%	SECA	現成及新船	加裝新設備或排氣淨化，營運成本增加	• 採用含硫 <1% 燃油 • 採用含硫 >1% 燃油及洗滌器 • 以 LNG 作為燃料
2011.1.1	NO$_x$ 降至第二階段水平比目前第一階段的低約 20%	全球	現成及新船	營運成本可能增加	• 選用或改裝成低 NO$_x$ 引擎 • 使用合於第一階段引擎及 SCR、EGR、HAM、水乳化等 • 以 LNG 作為燃料
2012.1.1	燃料硫含量 <3.5%，在 2020 年前（也可能更遲）逐漸朝向 0.5%	全球	現成及新船	營運成本可能增加	• 2012：改用含硫 3.5% 燃油，到 2020 年：採用低硫或傳統燃油但需要洗滌器 • 以 LNG 作為燃料
2015.1.1	SECA 內燃料硫含量 <0.1%	SECA	現成及新船	營運成本可能增加，加裝新設備或排氣淨化	• 用含硫 <0.1% 燃油 • 採用含硫 > 0.1% 燃油及洗滌器 • 以 LNG 作為燃料
2016.1.1	在 ECA 內 NO$_x$ 降至第三階段水平，比第二階段的低約 75%	ECA	新船	排氣淨化（除非引擎大幅改進），建造與營運成本增加	• 加裝 SCR 等排氣淨化設備等措施 • 以 LNG 作為燃料

　　IMO 在訂定控管 NO$_x$ 的規定時，也擬出同時允許初級（primary）及次級（secondary）的控制技術。尤其，同時結合初級及次級技術的方法，更不應被排除在外。所定規定及符合規定的手段，必須合於實際，並與目前海事實務相稱，如此才對環境具有真正的價值。比方說，用於緊急目的的小動力救生艇、滅火空氣壓縮機或緊急發電機，便應該不必列入控制 NO$_x$ 的考

慮範圍內。這主要是基於該引擎的大小、運轉時數以及其以安全為第一優先等考量。

一般認為，針對新的主、輔引擎所定的 NO_x 限制，應該適用於這些引擎的速限中。IMO 認為，持續加強 NO_x 的限制是妥適的。而做法上是預先在一段時間，大約是三年前，就先發出公告，讓海事界有時間進行調整。而外界一般認為，此一限制應該是不溯及既往的。這些對策可望使 NO_x 隨著船隻的更新，而穩定降低。

至於海軍的做法，則與商船有所不同。在英國，有的海軍政策是不依賴 IMO 所給予的「負責權」，而認同要符合、甚至要勝過所有的相關規定。而這段可預期的和平期，又正好讓海軍戰艦得以為目前的引擎找出控制 NO_x 的出路。而海軍一般所用的高品質燃油及密集的人力與機器的保養維修，對此政策的成型，應該具有很大的影響力。

NO_x 的控制和 IMO 的其他規定一樣，船籍國有關當局，最終必須對為其管轄範圍內的船隻，負責檢驗和認證。而船東則必須使其船終其一生，都符合規定。因而與船東有約的造船者有責任，在初步的海上試俥時展現其合於要求，而引擎製造廠或分包商，則必須滿足造船廠，提供在服役中符合規定的試驗參考數據。

IMO 其他以天然氣作為燃料相關法規

IMO 的海事安全委員會（Maritime Safety Committee, MSC）第 95 會期通過了，針對以天然氣作為燃料的船舶的新法規。該委員會通過修訂 SOLAS Chapter II-1 Part G，以及針對使用氣體或其他低閃火點燃料的 IGF 法規。該法規當中的條款在 2017 年元旦生效，適用於 GT 大於五百，以天然氣作為燃料的新造貨船和客船。修訂內容主要包括：

- 在 SOLAS Chapter II-2 當中，針對 2017 年元旦之後建造的新油輪，修改其貨艙通風的配置，以對貨油或惰性氣體蒸氣，隨時提供完整的流通釋出。
- 針對 2017 年元旦之後新造客輪和貨輪的車輛、特殊貨物及駛上駛下（rollon-rolloff, RO-RO）船的艙間，隨時提供一定量（視船型和空

間用途而定）的換氣率。

- 修訂國際海事固態散裝貨物（International Maritime Solid Bulk Car-goes, IMSBC）法規當中第三節（人員與船舶安全）條款，要求船員對裝有輸送帶系統的自動卸貨散裝貨輪理貨區，定期進行消防安全風險評估。

船舶節能進展

全球快速攀升的燃油價格，加上趨於嚴苛的環境法令，驅使可以讓航運業者既能真正節約成本，同時也朝向完全符合排放標準規範的技術需求，持續擴大。而由於船運業者無法僅依賴造新船，對朝向建立具能源效率並且低排放的全球船隊，改裝與引進能源效率技術的需求，也前所未有。

全球海運所排放的碳，約占全球人為總排碳量的百分之 3.3（超過十億公噸），而若不採取行動，估計此數字可在 2050 年增為三倍。船運若進一步採行具市場規模的技術，以改善船殼、引擎與推進器的設計，可望進一步降低燃料消耗。另外還有一些更積極的技術，包括像是替代燃料，及像是風帆驅動船舶等各類型超低碳概念船舶，已然證明有效，但卻因尚未取信於業者，而未達市場規模。

MARPOL Annex VI 當中第四章，有關防止源自船舶空氣汙染法規的降低源自國際海運 GHG 排放的規定，適用於 GT 大於 400 的所有船舶。其中針對新船要求能源效率設計指標（Energy Efficiency Design Index, EEDI），而針對所有船舶的，則是一套船舶能源效率管理計畫（Ship Energy Efficiency Management Plan, SEEMP）。

新增訂第四章對新船強制要求的 EEDI，主要在於要求其設計得更具能源效率（也得以釋出較少 GHG）。該法規屬非預先設定的，亦即只要能達到要求的能源效率水平，船舶的設計者和建造者，便可針對每艘特定船舶，隨意採用最具成本效率的方案。

SEEMP 為詳述船上用以增進效率以降低燃料消耗，所採行或將實施運轉與技術措施的文件。其構想在於找出可能節省燃料之處進而落實之，並監測其效果。如此可望在減少燃料消耗上，構成一正向循環。其實屬一柔性

規範，意即其中並無強制或誘使船舶經營者落實 SEEMP 當中所列措施的機制，而也僅有限的監測與推行，以單純確認 SEEMP 的存在。然有鑒於 SEEMP 過程，確具透過降低燃料費用的潛力，對於船舶營運者而言，進一步採取遵循措施，亦頗有道理。

　　增進船舶能源效率的選項有許多，例如船速最佳化、依氣象調整路徑和船殼保養等，而就一艘船而言，其最好的一套增進效率措施，會隨其船型、載貨路徑等因素，有很大差異。新增法規要求，針對個別船舶訂定計畫，而也鼓勵船運業者有系統的檢視其所採行的實務，以找出一套最佳平衡情況。

　　根據 IMO 委辦的研究結果，實施國際海運的強制性能源效率措施，可因為能源效率提升而導致源自船舶的 GHG，尤其是二氧化碳（CO_2）顯著降低。研究發現，在 2020 年之前藉由引進相關措施，平均每年可減少 1.515 億公噸的 CO_2 排放。此數字並可接著在 2030 年之前，提高到每年 3.3 億噸。而對於船運業者本身而言，減碳措施也可導致燃料消耗與成本，皆顯著降低。只不過這些還需要對更有效率的船舶和更複雜的技術，以及一些新的運轉實務，做更大的投資。

　　而由於 EEDI 的效果，只有在有足夠較老舊、效率較低的船，被效率較高的新船取代後才會顯現，SEEMP 規定所帶來的效果也會比 EEDI 的來得快。

　　要求採用 EEDI，除了會帶動更具能源效率的船舶設計，並顯現技術創新在降低 CO_2 排放上的潛能外，也會帶動使用低碳或無碳的能源。在目前 IMO 法規的基礎上要求採用 SEEMP，將可提供一套讓船公司認清運轉節能重要性的程序架構。其可顯著提升節能意識，且若實施得當，還可帶動在文化上的正向改變。研究顯示，船舶在流力與主機方面力圖最佳化，將可不需在造船成本上多太多額外成本，就帶來百分之十左右的節能機會。

　　在 2014 年的 IMO MEPC 65 會期當中，便針對以市場為基礎的措施（market-based measures, MBMs）進行討論。而其實在 MEPC 64 會期當中，便已收到許多用來降低 GHG 排放的 MBMs，可望用來補足已通過之一

些技術與操作措施。

如今船運公司普遍都已有很強烈的經濟誘因，能同時降低燃料消耗並降低其 CO_2 排放。畢竟船用燃油成本，在船舶營運支出當中所占比率愈趨重大，光是過去五年內即增加了將近 300%。最近的研究顯示，船運部門因此額外多支付了七百億美元的燃料費用。換言之，這些錢應可藉著對潔淨技術的投資，獲致重大燃料結餘和快速回收，而很快省下。除此潛能，商船在持續低碳成長當中，更潛藏著許多亟待開發的商機。

EU海運減排策略

歐盟議會（European Parliament, EP）要求使用歐盟（European Union, EU）港口，5,000 總噸以上船舶的船東自 2018 年 1 月起，對該船舶的年度 GHG 排放，進行 MRV，期望能在增進透明度、提高競爭力及提升燃料效率之間，形成一良性循環。2011 年 EU 運輸政策白皮書建議，要在 2050 年之前將 EU 源自海運的 CO_2 排放，比起 2005 年的至少削減 40%，並於 2013 年提出一套策略。該策略包含三步驟：

1. 第一階段——監測報告並確認造訪 EU 港口大船（5,000 總噸以上）的 CO_2 排放。
2. 第二階段——對海運部門設定 GHG 減量目標，建立一套經過同意的全球能源效率標準，作為規範之一部分。
3. 第三階段——進一步包含市場導向措施在內的中長期措施。認清該能源效率標準可否達到 EU 所要的 CO_2 排放減量絕對值，以及其他可以做的，例如引進各種 MBMs。

其所採行的第一步，便是排放的監測與報告。2015 年 4 月通過 EU 通用的海運監測、報告及確認（Monitoring, Reporting, and Verification, MRV）規定，除了能依法建立船舶排放相關資訊外，也寄望 EU 在接下來國際討論中獲致最佳成果。其應用在於：

- 針對 GT 超過 5,000，正在 EU 港口間航行的船舶（有些例外），監測其每航次和每年的 CO_2 排放，及其他如能源效率和運送貨物量等

參數。

- 公司（DOC holders）每年需提出前一年活動的排放報告。此外，將包含根據 IMO Resolution MEPC.231（65）的 EEDI 或估算指標值。
- 如船舶在報告期間進行超過 300 航次，或此期間航次的開始和結束，都是在 EU 會員國所轄港口，則得以免除監測這些資訊的義務。

歐盟海運MRV

2015 年巴黎氣候會議要求締約國提供透明資訊，作為共同協商的法律文件，而在 GHG MBMs 當中，MRV 屬運作的核心要素，未來針對源自海運減排，亦不例外。船舶排放的監測與報告為爾來 EU 推行 MRV 的第一步，一方面依法建立船舶排放相關資訊，同時也寄望藉以在接下來國際討論中獲致最佳成果。針對船舶 CO_2 排放監測，可採推估或直接量測。推估法根據燃耗與適用排放因子算出，在煙囪直接量測 CO_2 則處開發與認證階段，二者都能提供可靠數據，並據以申報。從國際間落實限制源自海運大氣排放相關法規的發展趨勢來看，在船上對燃燒氣體進行自我檢測，即為趨勢之一。

因應全球氣候變遷，國際間繼 1994 年通過《氣候變化綱要公約》之後，每年召開氣候會議。2009 年《哥本哈根 COP15 會議協定》（Copenhagen Accord）當中，便納入了監測、報告及確認（Monitoring, Reporting, and Verification, MRV）機制，接著又在坎昆 COP16 會議中達成的《坎昆協議》（Cancun Agreement）針對 MRV 機制的透明化，提出進一步規範。直到 2015 年巴黎氣候會議，則要求締約國提交「國家自主決定預期貢獻」（Intended Nationally Determined Contributions, INDCs），以提供透明資訊，作為進一步共同協商的法律文件。

根據 IMO 針對 GHG 的研究結果，每年源自海運的 CO_2 排放近一億噸，相當於全球 GHG 排放量的 2.5%（3rd IMO GHG study）。此海運排放預計在 2050 年之前將增加 50% 到 250% 之間，端視未來經濟與能源發展狀況而定。而此顯然無法達成，國際間要讓相較於工業化之前的全球溫升，低於

2℃的目標。歐洲執委會（EC）因此於 2013 年對此提出政策，要將海運排放逐步整合到歐盟政策當中，以減少其當地的 GHG 排放。此策略於 2014 年 4 月在歐洲議會中通過，成爲法律。

根據 IMO 針對船舶 GHG 減量研究結果，船舶若能採取一些運轉措施，並落實既有的技術，便可望省下 75% 的能源消耗和 CO_2 排放（2nd IMO GHG study）。而這些技術當中，有很多都合乎成本有效性且也有利於降低運轉與投資成本。若進一步採用一些創新技術，還可望進一步達到節約的目的。

未來 IMO 所可能採行的 GHG 總量管制（Cap on Emissions）政策當中的合作減量計畫（Clean Development Mechanism, CDM Projects）可行性頗高。其屬於一種排放權交易，由既有減量責任國家與未受限國家或機構合作減量，未受限國家進行減量，取得減量抵減額，售予排放受限的國家。

近二十年來，歐洲國家在其區域內和國際間積極推動防制，源自船舶的大氣排放，對海運相關部門在各層面構成重大衝擊。理由之一在於全世界源自海運的空氣汙染與 GHG 排放當中，在歐洲水域占相當大的一部分。以氮氧化合物爲例，預計到 2020 年之前，歐洲水域源自海運的將持續增加到近乎源自陸地的。至於近年來在臺灣社會廣泛討論的細懸浮微粒（PM2.5），源自於船運的約占 20～30%。因此，對源自海運的 GHG 和空氣汙染物進行 MRV，爲改善氣候變遷和與其直接相關的空氣品質的當務之急。EU 環保署除致力透過收集足夠的監測數據，以針對船舶排放與空氣品質之間的關係，建立較清晰概念外，也可望藉此針對接下來推動的相關政策，所不可或缺的共同利益與取捨等問題，提供較周全的資訊。

海運業監測計畫擬定

如表 8.9 所列，各航運公司需作出一套監測計畫，用來記錄在各 EU 港口進出及在其間航行所有航次的監測數據，並提出航次與年度報告。

表 8.9　航運公司配合 MVR 的監測計畫

每航次監測	年度監測
抵達港與離開港，包括抵達與離港的日期與時間	在所有於會員國管轄港口之間航行、離開及抵達的 CO_2 總排放量
各類型燃料總消耗量及其排放因子	在會員國管轄港內停泊期間的 CO_2 排放量
排放的 CO_2	CO_2 總排放量
航行距離	總航行距離
海上歷時	海上與靠泊總時數
載運貨物量與運輸作功數據	平均能源效率

在年度數據揭露方面，萬一某些情況下，當數據的揭露可危及應受保護的商業利益時，公司得要求將數據加以整理以保護該利益。若保護不可得，則 EC 將不會公開此資訊。

監測與推估船舶排放

CO_2 監測將包括船上如主機、輔引擎、燃氣渦輪機、鍋爐及惰氣產生器等船上的排放源，唯該源頭的確切範疇尚未明定。在目前的諮詢完成後，EC 將可望在更新規範時提供較確切的清單。CO_2 排放量將根據燃料消耗及適用於各類燃料的排放因子計算出。

船在 EU 會員國所管轄的所有港口之間航行的燃料消耗與 CO_2 排放，抵達和離開所轄港口間，及在海上和靠泊時的數據，皆需報告。其他包含航行距離、在海上和靠泊的時間、靠泊時主電力連接範圍、船舶的能源效率及其他船舶性能指標等在內的資訊，皆需報告。數據的報告應以每航次為準，另包含得免報告每航次數據的所有船舶，亦應報告整年的數據。若採燃料消耗法，EU MRV 接受的燃耗監測法有四，船公司可以選擇以下四方法當中之一或一個以上，對各擬監測的燃燒源進行燃料消耗監測：

　　1. 加油單（Bunker Fuel Delivery Notes, BDN）及燃油櫃定期盤點。

　　2. 船上燃油艙櫃監測。

　　3. 適用燃燒過程的流量表。

4. 直接量測排放。

若有利於改進監測準確性，經某確認者同意，船方便可採上述方法的組合。

直接在煙囪量測和其他選項的基本差異，在於其對氣體（即 CO_2）而非液態燃料進行量測。此船上量測技術已由若干船公司採用，這類系統最初開發時，是用來量測傳統的像是 SO_x 與 NO_x 等空氣汙染物。如今市面上大多系統，也都針對 CO_2 的量測單獨認證（實際上 SO_x 測值也是根據 SO_x/CO_2 比值得到）。

船上直接量測和連續燃料消耗量監測，同樣都能提供營運者可靠且透明的數據，也都可自動向執行機關申報。而直接監測的最大好處在於其可和其他如 SO_x 與 NO_x 等空氣汙染物結合。因此其既可對執法者提供該船的所有大氣排放測值，也可作為其表現的指標。

EU 的 MRV 規範，尚包含加入相關特定細節的空間。這些細節可不需在 EC 中通過，便可納入。EC 表示，一旦針對源自船舶的 GHG 減量在國際間達成協議，其將重審此 EU 規範，以確保一致不悖。

從國際間落實限制源自海運大氣排放相關法規的發展趨勢來看，在船上對燃氣進行自我檢測為趨勢之一。整合空氣汙染偵測裝置，到一無人機上，進行空中監測，可為選項之一。未來船員亦可以此系統，飛到船舶煙囪附近，進行數據收集，以執行船上自我排放監測。而藉由此法得到的數據，可和透過燃油消耗計算等方法得到的排放數據，進行比對。

8.4 防止生物汙損船舶塗料汙染

8.4.1 船舶防汙系統

船殼上長出的生物（biofouling）可導致航行額外受阻、減緩航行並增加燃料消耗，同時亦可能成為全世界有害物種入侵的傳輸工具。早期航海，為防止船殼上藻類與貝類等海生物附著，用來塗在船殼上的先是石灰，接著是砷。到後來，化工界開發出有效的金屬化合物防汙油漆，一般也

都會在船殼塗以防汙油漆（antifouling paint）。直研究發現，這些逐漸析出進入海水的化合物，不只可殺死附著在船殼上的生物，其也可常存於海洋殺害其他生物、危及環境，並可能進入食物鏈。經研究證實，1960 年代所開發出最有效，含有有機錫三丁基錫（tributyltin, TBT）的防汙油漆，可造成牡蠣突變及蛾螺性畸變。

針對 TBT 防汙油漆的潛在衝擊所引發對於環境的關切，世界各國普遍提出相關法規措施。IMO/MEPC 於 1990 年通過決議案，建議各國政府針對限制 TBT 基防汙油漆的使用與釋出率，採取相關措施。迄今全世界相關規範，對於減輕環境中 TBT 濃度已具成效。但值得關切的是，若日後發現，替代塗料的防汙效果並不如原先的防汙技術，或其對整體環境的危害性並不亞於後者，則將導致社會、經濟及環境更嚴重的損害。

防止生物汙損機制的使用由來已久。1805 年英國納爾遜將軍即以銅片貼在船殼上以防止藻類成長，結果發現其船舶比起法國的要容易操縱得多，導致其在之後多次戰役中獲勝。

當船殼上沒長出像是藤壺、管蟲、貝、海藻及軟體動物等海洋生物，而既光又滑時，船在水裡不僅可以航行得較快，且燃料消耗也較少。早期的帆船，先是用石灰，後來用砷（砒霜）、汞等的化合物和 DDT 等塗在船殼上，做為防止生物汙損系統。1960 年代，化工界開發出了有效且節省成本的防汙油漆，用的是金屬化合物，尤其是 TBT 有機錫化合物。自 1970 年代以降，TBT 便一直被用來作為防汙油漆添加劑，而絕大多數在海上航行的船隻，也都在船殼塗上了 TBT 漆，以防止海生物附著。

早期所用的以有機錫為基礎的防汙油漆，當中的活性成分散布在油漆的樹脂組成當中，而會由此漸漸滲入海水，殺死藤壺和其他也附著在船殼上的海洋生物。對於大型遠洋船舶，TBT 基油漆在防止汙損與燃料節約上，確能提供重大效益。但由於這些油漆當中尚屬自由的殺蟲劑，其釋出率無法受到控制，所以在初期會快速自油漆中釋出，而經過 18 至 24 個月之後，效果便逐漸減退。

8.4.2 TBT 在環境中的問題

國外有關 TBT 在環境中造成危害的研究，在過去十幾年當中大量出爐。例如 1998 年德國波昂大學研究人員 Akis 進行 TBT 對人腦與胎盤的影響研究後發現，TBT 的確會干擾人類性荷爾蒙系統的運作。這是首次證明化學品對人類荷爾蒙系統干擾的明顯事證，在波羅的海區域大量食用魚類的居民與船塢油漆工，皆為 TBT 的高危險群，且此一研究結果顯示全面性的禁用 TBT 有其必要。根據 1995 年 Evans 等研究者所描述，TBT 為被任意引進海洋環境中的最毒物質。作為一除霉劑、殺菌劑、除蟲劑以及木材防腐劑，其被認為對於包括微藻類、軟體動物類、甲殼類、魚，以及一些無脊椎動物等一系列水生物皆有害。

最初以 TBT 做為防汙油漆中的殺蟲劑時，經證明用於保持船殼光滑和乾淨，極為有效。而在當時，其在油漆中被認為，比起其他如 DDT 和砷等防汙系統中所用的農藥，較為無害。然事實上，TBT 既是作為殺蟲劑，便需具有一定毒性，以有效殺死可能附著在船殼上的生物。其主要問題乃在於海洋環境中的持久性。

隨著 TBT 廣泛用在油漆當中，科學家們亦開始發現，在像是碼頭、港灣等船舶密集處，TBT 濃度亦愈來愈高。雖然接著一些研究顯示，TBT 在魚和哺乳類動物體內累積的證據，TBT 汙染在於開放海洋中，則被視為較不至於構成問題。科學家們首先是在牡蠣中發現 TBT 汙染的證據，在 1970 年代，位於法國西海岸的 Arcachon 灣中，源於船舶的 TBT 汙染與牡蠣幼蟲的大量死亡等嚴重後果具關聯性。

1980 年代，於英國西南狗峨螺個體群下降，也與 TBT 毒性有關。研究顯示雌狗峨螺反映 TBT 毒性而發展出所謂性畸變（imposex），亦即雌性長出雄性生殖器以及雌性不孕。大約同一時期，在世界各海岸地區（包括法國大西洋海岸、地中海、英國北海海岸、加拿大、美國、紐西蘭、以及澳洲），都傳出高濃度 TBT 的報導。結果，有些國家開始針對小船防汙漆中所含 TBT 設限。法國於 1982 年禁止小於 25 公尺的船舶使用 TBT 基油漆。

其他國家亦隨的跟進。例如日本，其於 1990 年對防汙油漆中所用的 TBT 通過嚴苛規定，並於 1997 年禁止生產該類油漆。

2000 年希臘的雅典 ENS 根據環保團體綠色和平組織委託的研究結果表示，在對比里夫斯及塞沙羅奈基港口及緊鄰薩拉米斯島海水浴場的海域的沉澱物測試中，發現了高含量的有毒 TBT 及其他有機錫化合物。表 8.10 整理了國際間所做 TBT 在環境中所造成影響的研究結果。

表 8.10　TBT 在環境中所造成影響的研究結果

主題	結果
水及底泥	水中的 TBT 在光和微生物的影響下能分解成較不具毒性的二或一丁基錫。其半衰期介於數日至數星期，然當 TBT 累積在底泥當中，缺氧時，其分解隨的減緩，半衰期可因而延長至數年。因此，底泥沉積嚴重的，像是港、灣、河口等水域，便有可能受 TBT 汙染長達數年之久
殼變形	海中牡蠣因鈣的新陳代謝受到 TBT 干擾，造成殼變厚
性畸變	在海蝸牛的紀錄是雌性長出雄性性徵。有性畸變紀錄的海洋物種多達 72 種。每公升水中僅需 2.4 奈克，即可對雌狗峨螺造成性別改變，以致不孕
海洋哺乳類	在美國、東南亞、亞得里亞海（Adriatic Sea），以及黑海的鯨、海豚及海豹家族體內，都曾發現微量的 TBT
感染抵抗力減弱	研究顯示，TBT 使得底棲且暴露於高度 TBT，尤其是具粉沙底泥的港灣及河口的比目魚（flounder）及其他扁魚（flatfish）等魚類的感染抵抗力減弱

中國大陸研究亦發現，有機錫化合物進入水體後，能維持多日不分解，在天然水體中半衰期甚至可達幾個月。沉入底泥，則更難分解，半衰期高達二至四年，甚至高達十年以上。研究結果並指出，船塢由於長期停放船舶底泥中，TBT 濃度可達 3500 ng/g。大連、青島、北海等港口海域均發現有機錫汙染，一般濃度值為每升 150 ng。

亞洲海域，是目前世界上有機錫汙染最嚴重的地區之一。根據既有的研

究結果，有機錫汙染普遍存在於臺灣淡水和海水水域，例如西部沿海新竹香山一帶有三成至九成八的雌蚵長出陰莖，彰化鹿港一帶蚵螺冬天也有九成雄化。此外，也有研究顯示，日本與臺灣某些港口的牡蠣，百分之百有雌化現象；馬祖港區及養殖牡蠣等海域及二仁溪河川及河口、金山核二廠出水口，及基隆港汙泥海拋區等地區沉積物中皆含有 TBT。其中最高含量（2500 ng/g 乾重）出現在基隆外海海拋港區汙泥地區。研究發現，發生異變的蚵螺體內 TBT 和其代謝物（二丁基錫、單丁基錫）呈現高度正相關。

【海汙小方塊】

環境荷爾蒙、性畸變、共聚物

環境荷爾蒙（Environmental Hormone）指的是，環境中對生物體內分泌造成性干擾的化學物質。其可能對生物生殖機能造成妨礙或引發惡性腫瘤，對於胚胎成長初期影響相當大。

日本政府所公布疑似環境荷爾蒙的 70 種化學物質當中，有包括 DDT、多氯聯苯（Polychorinated biphenyls）、六氯苯（Hexachloroben-zene）、五氯酚（Pentacholorophenl）等 20 種，被行政院環保署公告列管為毒性化學物質。

性畸變（imoposex）包括雌性動物的雄化或雄性動物的雌化。有機錫可使螺類軟體動物雄化，例如海螺雌體中疊加雄性器官。雌性動物則可使既有雌性器官發育不全，例如輸卵管卷曲、堵塞，阻礙卵子釋放與完成受精。其整體結果是物種群雌雄比例失調，繁殖力下降。

共聚物（copolymer）為一彈性體，同時由兩種或以上不同單體聚合而成，如 SBR 合成橡膠，由苯乙烯與丁乙烯製成。

【問題討論】

一、什麼是生物汙損（biofouling）？

　　解答：長在結構體水下表面，不利於它的貝類與藻類等，例如……

二、船舶若未加以保護，可造成多少生物汙損？

　　解答：在海上，船底若少了加以保護的無防汙系統，每平方公尺可在
　　　　　六個月內形成 150 公斤的汙損。就一艘大型油輪而言，其水下
　　　　　面積約四萬平方公尺，則可累積達六千公噸的汙損。

三、防汙系統可以如何為船東省錢？

　　解答：一有效的防汙系統可在幾方面為船東省錢：

- 維持船殼上無造成汙損的生物可直接省下燃料；
- 當防汙系統得以用上好幾年時，可拉長進塢間隔；
- 由於不需在船塢內耗太多時間，船舶的利用率亦得以提升。

四、在防汙系統中，以什麼樣的殺蟲劑為佳？

　　解答：防汙系統中，稱得上好的殺蟲劑應具備以下特性：

- 適用範圍廣，
- 對哺乳類動物的毒性低，
- 水溶性低，
- 在食物鏈中不至生物累積，
- 在環境中不持久，
- 與油漆成分相容，
- 易接受的價格。

8.4.3 TBT 公約與規範

　　基於過去對 TBT 基防汙漆所可能對環境帶來衝擊的考量，世界各國皆
陸續對其進行規範。1980 年中末期，許多國家著手限制在船上使用 TBT 基
油漆（船長小於 25 公尺者禁用）以及其滲出率。從擴大監測範圍所得數據
顯示，目前用以限用 TBT 基油漆及其釋出率的規範，對於降低環境中 TBT

濃度極為有效。

　　過去多年來一個由北海國家、日本及特定環保組織所組成的團體，一直對 IMO 施壓，要求在國際層級上，進一步規範 TBT 基油漆。1990 年四月在摩納哥舉行的第三屆國際有機錫會議中公認，IMO 為促成此事的適當組織。後來，IMO 分別於 2001 年 10 月 5 日和 2008 年 9 月 17 日通過與生效的《船上有害防汙系統控管國際公約》（The International Convention on the Control of Harmful Anti-fouling Systems on Ships），即在於禁止使用含有害有機錫的防汙油漆。其同時亦在於建立，用以預防未來可能在防汙系統中，使用其他有害物質的一套機制。

　　該公約的附則壹（Annex I）載明，自 2003 年元旦起，所有船舶不得採用任何含有機錫化合物的防汙系統。且自 2008 年元旦起，禁止船舶的船殼或外部塗有這類化合物，或應塗上足以阻擋其底下不合格防汙系統（anti-fouling systems, AFS）析出含這類化合物的塗料。公約上將此防汙系統定義為，在船上用以控制或防止有害生物的塗料、油漆、表面處理、表面或裝置。

　　以上所述，適用於 2003 年元旦之後建造的所有船舶、浮動平臺、浮動儲存單元及浮動卸載單元。表 8.11 整理了過去一世紀當中，船舶防汙系統的演進。

表 8.11　船舶防汙系統大事紀

防汙系統	時期	環境衝擊／採取措施
在船殼上採用樹脂或瀝青	1900	
銅基油漆，含氧化汞、砷鹵化物	1960s	長期防汙油漆，對船殼提供保護達 24 個月之久
引進 TBT 為基礎的防汙油漆	1970s	含 TBT 自滑性防汙漆為船運業所推崇。船舶因此可延至每五年進塢一次
引進自滑性共聚合（self-polishing co-polymer）TBT 基防汙油漆	1980s	開始擔心在法國所證實的 TBT 對牡蠣的副作用（變性）。在英國海岸亦有與 TBT 有關的變性紀錄。許多國家針對長度小於 25 公尺的船，禁用 TBT

防汙系統	時期	環境衝擊／採取措施
針對小船引進非黏性塗料開發出各種無錫替代品	1990s 早期	IMO 決議建議各國政府針對長度小於 25 公尺的船禁用 TBT，自油漆析出的 TBT 應少於每日每平方公分 4 微克。日本、紐西蘭、澳洲，禁用含 TBT 的防汙劑。發現 TBT 所引起的峨螺變性。美國、加拿大、澳洲、瑞典、荷蘭制定 TBT 釋出率的限制
	1995	IMO 組成針對防汙漆危害影響的 MEPC 工作小組
	1997	日本禁產 TBT 基的防汙漆
	1998	MEPC 同意草擬，用以禁止在防汙系統中採用有機錫的強制性規則；MEPC 並通過了草擬會議的決議，訂出執行的時間表
	1999	IMO 第 21 次會議通過在防汙系統中以有機錫化合物做為殺蟲劑的決議
	2003	預定在防汙系統中採用有機錫化合物做為殺蟲劑的禁用期限
	2008	預定在防汙系統中以有機錫化合物做為殺蟲劑完全禁止的期限

　　接下來，全世界研究者持續提出明確證據顯示，TBT 及其他有機錫化合物對水生物有害，而許多國家也都單獨或在區域性公約下，通過用以減輕 TBT 基防汙油漆有害影響的措施。在臺灣，行政院環保署也在 2002 年 3 月公告 TBT 為毒性化學物質，廠商要申報才能製造、輸入、販賣，但未禁止使用。表 8.12 所示，為各國使用有機錫基防汙劑法規的比較。

表 8.12　各國使用有機錫基防汙劑法規

法規	日本	美國	加拿大	澳洲	奧地利	紐西蘭	法國	英國	荷蘭	愛爾蘭	歐盟國家	─瑞典	非歐盟國	南非	芬蘭	德國	香港	挪威	瑞士
全面禁用任何含有基錫油漆																			
新船禁用含 TBT 防汙油漆	[2]○																		
所有船禁用含 TBT 防汙油漆	□																		
禁準含 TBT 防汙油漆	[3]○	○	○																
小於 25m 船隻：禁用所有有機錫基防汙塗料，鋁殼船除外							○			○									
小於 25m 船隻：禁用所有有機錫基防汙塗料，鋁殼船亦不例外				○					○							○		○	
小於 25m 船隻：禁用所有 TBT 基防汙塗料，鋁殼船亦不例外											○	○	○	○					
禁止在小於 25m 船隻及漁機機械上使用所有含三丁錫的防汙產品								□											
大於 25m 船隻：TBT 防汙劑僅能用 20 公升以上容器盛裝								□		○	○			○					
大於 25m 船隻：允許低釋出率（<4μg TBT/cm² / 天）		○	○									○						□	

國家＼法規	日本	美國	加拿大	澳洲	奧地利	紐西蘭	法國	英國	荷蘭	愛爾蘭	歐盟國家	瑞典	非歐盟國	南非	芬蘭	德國	香港	挪威	瑞士
大於 25m 船隻：允許低釋出率（<5μg TBT/cm²/天）				○		○													
所有防污劑均需註冊		□	○	○		□			○	○		○		○			○	□	○
僅經認證者得以塗用 TBT 油漆		□																	
所有防污劑均需當作農藥註冊，其販售與使用必須經農藥諮詢委員會認可								○											
禁用無 TBT 相關油漆						○													
清洗或噴砂泥漿視為有害廢棄物								□	□										
TBT 防污漆的進口或供應需先取得許可								○									○		
三國錫油漆只能以 20 公升以上桶裝販售；必須在共聚合物（copolymer）中含有 <7.5% 總錫或是 2.5% 總錫為自由錫																			
淡水湖中禁用 TBT 防污漆					○														○

○ 第一階段立法：□ 第二階段立法

1. 有機錫基防污塗料在特定水域完全禁用。2. 自 1990 年起實施。3. 自 1997 年起實施。

資料來源：Paper submitted by Japan to MEPC, MEPC 41/INF.3

　　值得注意的是，當初根據估計在禁用 TBT 後，每年隨之增加的進塢與重漆，會增加 8 億公升的汙染廢水、230 萬噸的船殼塗料碎屑、外加 180 萬個大油漆桶，都必須加以處置。此外，由於採 TBT-SPC 替代品的船舶需要的重漆次數為原來二至三倍，必然導致二至三倍的溶劑消耗量。而此溶劑中所含揮發性有機化合物與有害空氣汙染物，又因其臭氧層耗蝕特性，在全世界受到嚴格規範。然而，迄今仍甚少國家針對棄置清潔船殼所產生廢棄物進行規範。

　　TBT 基油漆的處理與使用的相關法規，已然獲致極為正面的結果。表 8.13 所整理，為各國訂定有機錫法規之後所獲致的成效。監測數據顯示 TBT 的分布，僅侷限在緊鄰 TBT 來源範圍內。在靠近 TBT 來源區域內，則幾乎無法測出 TBT 濃度。尤有甚者，一些田野研究更顯示，自法規實施以來，諸如英、法等國海域的海螺與牡蠣個體群，皆已迅速恢復。根據最近的數據，全球性規範已對減少海洋環境中 TBT 濃度，產生莫大效果。

表 8.13　各國有機錫法規成效

國家	環境層面	改進之處	未改進之處
法國	水	於大西洋海岸 TBT 濃度降低	於地中海海岸 TBT 濃度未降低
	底泥	從底泥樣本看出情況有改善	雅加洪灣（Arcachon Bay）底泥表層仍呈現高濃度 TBT
	生物	於太平洋牡蠣的有機錫濃度與殼不良情形均降低	仍存在著殼不良的情形
英國	水	TBT 濃度降低	有時仍超過標準
	底泥	一半位址的 TBT 濃度均降低	仍有一半位址的 TBT 濃度未降低
	生物	牡蠣的 TBT 濃度降低。蘇格蘭性變異個體群降低	蛤未復育。雙殼貝類生長減緩，情況不良
美國	水	聖地牙哥灣 TBT 濃度降低	
	底泥	波士頓港 TBT 濃度降低	聖地牙哥灣 TBT 濃度未降低
	生物	西海岸軟體動物的 TBT 濃度降低	東海岸軟體動物的 TBT 濃度未降低

國家	環境層面	改進之處	未改進之處
加拿大	生物	性變異及輸精管形成機率均降低	
澳洲	生物	牡蠣體內 TBT 濃度降低，成長情形亦有進步	有些牡蠣的殼不良情形仍在
紐西蘭	底泥	底泥樣本顯示輸入 TBT 已降低	未看出蚵螺孕育容量恢復跡象
荷蘭	水		未見丁基錫濃度降低跡象

資料來源：Paper submitted by Japan to MEPC, MEPC/41/INF.3

8.4.4 TBT 油漆以外的防汙技術

自滑油漆

防汙油漆於 1960 年代末期有了突破性進展，開發出所謂自滑塗料（self-polishing coating, SPC），其中的有機錫化合物是以化學鍵接在高分子基礎之上。如此一來，由於該殺蟲劑是在海水與油漆表層反應時釋出，這些油漆的滲出率因此得以控制。一旦此表層剝落，該釋出殺蟲劑的反應乃在下一層重新開始。依此類推，在整個油漆的壽命過程中其滲出率得以維持一定，而船舶也可以延長到 60 個月內不需油漆。海水與 TBT 鍵水合，而 TBT 殺蟲劑及高分子樹脂，則以受到一定控制的速率，緩緩釋出。

TBT-SPC 系統的機制堪稱特殊。其結合了受到控制的水解作用，致使塗布面顯得光滑，並能一面藉 TBT 成分造成殺蟲效果，同時又能維持良好的薄膜特性。TBT 群透過有機錫酯的連接固定在聚合物主幹之上。該酯群在海洋環境中水解，釋出活性 TBT 成分至海水中。該水解作用便在此情況下，從表面穩定而緩慢的釋出 TBT。而具有自由羧酸群的剩餘聚合物即在此情況下形成，使該表面具親水性。當防汙油漆的最表層因摩擦而被侵蝕掉時，一層全新的殺蟲聚合體表面隨即暴露出來。

無錫防汙系統

IMO MEPC 禁用包括 TBT 基系統在內的，所有具有害影響的防汙系統。此仍有賴開發出一套不但性能合乎標準，且對於海洋環境的負面效果最

小的系統。而所面對的挑戰即在於開發一聚合體系統，一方面能釋出受到控制的防汙殺蟲劑，同時又不至對非目標生物造成副作用，且還不至於有太高的聚集潛力。

令人懷疑的是，此具高度極性的聚合系統作用起來，是否能和 TBT-SPC 系統一般靈活。於此系統中，銅化合物的釋出並不能提供相當的殺蟲效果，因此也就不得不提高該銅化合物的殺蟲特性與負荷了。據指出，其離子交換機制屬一次機制，而其作用亦有別於 TBT-SPC 機制。若要維持油漆的效力，便得進一步提升其殺蟲劑的負荷。其他使用中的船舶防汙系統尚包括不黏塗料（non-stick coatings）、清潔、天然防制劑、天然殺蟲劑、電氣法、刺針塗料（prickly coatings）等。表 8.14 所整理，即為各類船舶防汙系統的優缺點比較。

表 8.14　船舶防汙系統的優缺點比較

產品／方法	優點	缺點
銅基防汙漆	- 既有產品 - 在水環境中毒性低於 TBT	- 僅對海洋生物有效，用以控制水草生長 - 所加入除草劑對環境造成新的威脅
無錫防汙漆	- 經證實適用於北海渡輪 - 用於至少每隔三年半進塢的船結果最好，因仍有部分汙損情形 - 適用於每年使用至少 100 天的拖船、領港船、救生艇、研究船等特殊船舶，至少每隔三年即進塢	- 特殊船舶若使用不夠頻繁，會有汙損的風險，必須每年進塢
不黏塗料 （non-stick coatings）	- 不含殺蟲劑但有極滑膩的表面，可防止汙損發生，而一旦發生亦可輕易清除 - 輕微的汙損可在年度進塢時，以高壓水管清除 - 最適用於航速在 30 節以上船舶	- 難以修補破損的塗覆

產品／方法	優點	缺點
清潔	- 船殼定期清潔最適用於，同時在淡水與海水中營運，僅很少生物附著於船殼的船舶	- 商輪清潔需靠潛水夫藉刷輪或高壓水管作業
天然防制劑、天然殺蟲劑	- 為自然界所產生的物質，可防止汙損或抑制汙損過程。其藉由珊瑚與海綿等海洋生物的含容以維持不汙損 - 例如角質胺類（ceratinamine & mauritiamine）等活性新陳代謝物業已驗明，且已有新合成的殺蟲劑 - 酵素可用以打斷真菌在船殼上的黏著（汙損成長的第一階段），而親水性塗覆的觀念也因汙損會傾向黏在像是岩石、船殼等拒水表面而激發 - 生物在親水的溼性表面無法抓牢 - 油漆業者與研究機構投入歐盟贊助，名為 Camellia 的計畫，以研究天然化合物	- 天然化合物利用的研究尚處萌芽階段
電氣法	- 在船殼與海水間造成一荷電差，以釋放足以預防汙損的化學過程 - 該技術的防汙效果優於不含錫塗料	- 系統昂貴且易損壞 - 伴隨腐蝕風險與較高耗能
刺針塗料（prickly coatings）	- 包含顯微刺針塗料 - 能預防藤壺與藻類附著，卻無害於環境 - 在不久的將來，將刺針塗料應用於海上平臺與冷卻水入口等靜態物體上，應屬務實的選擇	- 其有效性取決於刺針長度與分布情形 - 刺針增加船舶在水中航行阻力

資料來源：TBT in antifouling paints: National Institute for Coastal and Marine Management/RIKZ, Netherlands. MEPC 42/Inf.10

8.5 壓艙水管理公約

8.5.1 壓艙水生物入侵議題

　　壓艙水控管（ballast water management, BWM）也是近二、三十年來，國際間致力減輕源自船舶的汙染過程中的一項重大議題。一艘船在汲取壓艙水的同時，亦不免吸入大量水中生物。其中有些具有毒性，有些則因爲從其本身當地生態系中移出，在排放到船外時，被帶進了另一個生態系，而可能具危害性。外來物種在沒有天敵的情況下能急速繁殖，造成巨大的傷害。

　　過去二十幾年來的研究顯示，非原生物種入侵在全世界各地區，皆造成生態群落組成與機能上的明顯改變。同時，非原生物種亦在許多淡水、河口及鹹水體系中，成了重要成員。例如在美國舊金山灣，至少形成了 234 個非原生物種，美國五大湖區至少有 113 種。而這些入侵的生態體系，接著又將成爲其他區域，非原生物種的可能提供者。

　　就幾個可能導致水生物入侵的機制來看，壓艙水應該是傳遞與釋出浮游生物的主要途徑。研究顯示，壓艙水會傳輸港口間的細菌、原生生物、鞭毛蟲、矽藻、浮游動物、底棲生物以及魚，這些生物當中有些在釋入新環境後，得以存活並隨即建立其物種群。例如，至少有 57 種物種，被懷疑是經由壓艙水進入到美國的，而這些入侵情況當中，有些在生態與經濟層面，都造成重大衝擊。1999 年 Lovie 等人的研究顯示，在某船的混合航程中，總共有包含三個界（kingdoms）及九個門（phyla）的四十類（taxa），出現在壓艙水當中。

　　有關船舶壓艙水傳播有害水生物與病原體的問題，德國和澳大利亞更早即陸續以研究結果證明，此問題已相當嚴重，必須加緊解決。根據澳大利亞學者 Hallegraeff 於 1992 年的報導，從船舶壓艙水中收集到的生物，光是雙鞭毛藻就有二十多種。據澳大利亞港口檢疫當局的 1993 年的報告，有三種有害的甲藻在澳洲東南的塔斯曼海水域出現。產生的甲藻毒素，經由食物鏈傳遞並累積在貝類體內，食用這樣的貝類會導致人體的麻痺性神經中毒，嚴重者會致人於死。對船舶壓艙水檢驗，確認這些甲藻是經由船舶壓艙水帶入

的外來水生物。美國、德國、紐西蘭、祕魯等國家，也早已陸續向 IMO 提出了類似的研究報告。

　　以上證據使人們認識到，船舶壓艙水是不同地理位置水體間，傳播水生物和病原體的主要媒介。這樣的壓艙水如不控制，排放到港口國水域，將破壞水域的生態平衡，並對當地民眾與水中動植物，構成健康威脅。1991年，在祕魯爆發的流行性霍亂，據報導便是船舶壓艙水經由亞洲攜入的，血清型 Inafa 的霍亂弧菌所致。在中國大陸，1988 年上海市民食用被病原體汙染的毛蚶，造成 A 型肝炎蔓延，人數達三十餘萬人。近幾年，在臺灣城市亦不斷出現在本地早已絕跡的疾病，造成許多人死亡的情形。雖然至今沒有查出證據確鑿的病原體來源，但食用被海水汙染的海產貝類食物，已確信是最有可能的原因之一，而海水中病原體的來源，則很可能是藉由船舶壓艙水從其他海域攜入的。

8.5.2 壓艙水國際公約

　　關於防止船舶壓艙水造成汙染的國際立法，在 MARPOL 73 的大會上，通過的 18 號決議文時就指出，船舶壓艙水排放造成危害的潛在可能性。1990 年 11 月召開的 MEPC 第 30 屆會議上，針對「控制壓艙水排放」議程成立專門工作小組，由澳大利亞邀集加拿大、美國、丹麥、日本及某些國際組織的代表參加，起草了「關於防止船舶壓艙水及底泥排放傳播有害水中生物和病原體的國際指南」。1991 年 7 月 MEPC 第 31 屆會議上，正式通過了 MEPC 50（31）決議相關指南。該指南提出了一系列，船舶壓艙水排放的管理措施，旨在向主管機關和港口國當局提供，關於制定減少船舶壓艙水及底泥傳播有害水中生物和病原體的程序導則。該指南的主要內容有：

- 成員國為抵禦外來感染病原體的危害、保護公民的健康、保護漁業和農業的生產及保護環境，可制定壓艙水與底泥的排放程序。
- 在任何環境下，港口國當局必須考慮壓艙水和底泥排放程序，對於船舶及船上人員與設施安全的各種因素。

防止外來水中生物及病原體傳播的管控措施包括：

- 不排放壓艙水；
- 在海上及港口國當局可以接受並爲此目的而指定的區域更換壓艙水和清除沉澱物；
- 旨在防止或減少壓載和卸載作業中吸取汙水或底泥的壓艙水管理辦法；以及
- 將壓艙水排入岸上設施處理或進行控管處置。

1994 年 3 月，MEPC 第 35 次會議成立了壓艙水工作小組，1994 年提出了一份壓艙水工作中的有害水中生物報告。該報告指出，現階段不可能完成防止經由船舶壓艙水排放所帶來的水中生物與病原體的傳播，只能儘可能減少此汙染帶來的危害。在報告附錄中並列出了修改的 1991 年指南。工作小組成員一致認爲，經過修訂的指南，可作爲 MARPOL73/78 公約新附則的框架文件。

有關控制與管理船舶壓艙水與底泥的國際公約草案，IMO MEPC 於 1999 年第 44 次會期第 4 議案完成討論（MEPC 44/4）。徵諸對此事的分歧意見，該委員會要求壓艙水工作小組（Ballast Water Working Group）將此草案內容，當作一獨立新公約與可能形成公約附則中的規則，一起進行審查。該委員會當時強調，將接著再度提出針對此議題的一個適當法律架構，並對於一旦決定如此，便可以很容易的將此獨立新公約草案內容及相關規則轉換成 MARPOL 73/78 之一個新附錄規則，形成了共識。接著在第 44 次會期，工作小組便訂出以下五個關鍵議題：

1. 一套放諸四海皆準的應用措施：壓艙水管理區域與區域性同意的概念、船舶的類型及大小、深海航行等；
2. 標準的建立，例如用以評估與接受新壓艙水管理與控制的替代方案；
3. 其他替代性管理與處理技術的評估與認可程序；
4. 安全議題，包括商業營運壓力在內；以及
5. 國際壓艙水管理條例（目錄）。

最後工作小組並訂出幾個必須加以考慮的實施議題，包括：

1. 現成船的逐漸採用；

2. 訓練議題；

3. 風險評估的角色；以及

4. 進入執行的情況。

最早，為防止船舶壓艙水傳播水中生物和病原體，各國政府和國際機構便考慮採取有效的控制措施。澳大利亞和紐西蘭分別於 1990 年和 1991 年公布了有關規定，宣布在未得到檢查人員許可之前，不得在其海域排放在其領海以外水域裝載的壓艙水。1989 年、1991 年，美國海岸防衛隊和加拿大政府，也先後聯合制定了有關「防止通過壓艙水傾倒水中生物進入大湖區並擴散的自願準則」。

1993 年 4 月 8 日，美國海岸防衛隊在「聯邦公報」上發布了最終規則，要求對每一艘從美國和加拿大沿岸二百英里以外，進入大湖區的船舶，實施壓艙水管理。這一強制規則，規定從美國專用經濟區外進入五大湖靠港的船舶，在駛入聖勞倫斯水道之前，必須在美國專用經濟區的外 2,000 公尺以上水深處更換壓艙水，同時還要對更換壓艙水的地理位置，和排入大湖區的具體位置，做詳細記錄。如果船長決定不排放壓艙水，在大湖區航行期間，應對壓載艙實施鉛封。在任何情況下，如果船舶沒有遵從更換壓艙水，或不排放壓艙水的這些要求，將受到嚴厲處分。

在違反規定期間，每一天構成一個獨立的民事責任，處以每天兩萬五千美元的民事罰款：對故意違反者作重罪處罰，判十五年以內監禁，並對個人處以二十五萬美元以下罰款，對船公司處以五十萬美元以下罰款。為實施這一規則，當年美國海岸防衛隊在馬賽納，成立了一支海上安全特遣隊，對每一艘通過該處船岬的船舶發放附有印刷資料的磁帶，告知船長有關事項和他們的責任。

8.5.3 壓艙水管理

IMO「船舶壓艙水與底泥控管國際公約」規定，所有船在航行時都必須實施壓艙水管理。有關公約落實的準備，包括：

• 壓艙水管理系統認可指南。

- 港口國管制（Port State Control, PSC）之壓艙水採樣與分析指南。
- 壓艙水管理計畫指南。
- 壓艙水交換（操作）指南。
- 壓艙水交換設計與建造標準指南。
- 底泥收受設施指南。
- 船上底泥管控指南。
- 其他指南。

壓艙水處理標準

最初用來防止壓艙水中嫌惡性水生物擴散的技術，僅限於在海上更換壓艙水。此技術有諸多限制。船舶的安全是最主要的考量，因而天候與海況也就在決定何時在海上進行換水才恰當的考量上，扮演著決定性的角色。此外，藉著各種技術所能除去微生物的百分比，主要尚需視何種生物而定。

MEPC 接著建立了一套壓艙水處理（ballast water treatment, BWT）標準，使其最終得以用來評估其他處理方案的效果。該提出用以管理壓艙水的新工具，所依據的是一套所謂二階段措施。第一階段當中包括了，能適用於所有船舶的要求，例如強制要求準備一套壓艙水與底泥管理計畫、一本壓艙水紀錄簿，以及新船應在一既定標準之下或標準範圍內，執行其壓艙水與底泥管控的程序。現成船則被要求採行一定的壓艙水管控程序，此程序有別於新船所適用者。第二階段包括一些可能適用在某些特別區域的特殊要求，及界定該特別區域的標準。在該區域排放與（或）汲取壓艙水時，還需額外加上一些管控措施。

公約中訂定的兩套壓艙水管理標準包括：D-1 換水標準及 D-2 生物標準。2017 年之後一律符合 D-2 標準。

規則 D-1 壓艙水交換標準 —— 應達體積 95% 的換水效率。若船舶實施泵入法換壓艙水，各壓載艙泵入水體積達三倍即視同達此標準。若泵入未達三倍，但能證明達 95% 換水率，亦可。

規則 D-2 壓艙水成效標準 —— 所排出每立方公尺壓艙水中，最小在 50微米的存活生物應不超過 10 個，而所排放的指標微生物應不超過規定的濃

度。其中的指標微生物包括：毒性霍亂弧菌、大腸桿菌、腸道腸球菌。

附則——B節　船舶管控要求

- 船上具認可之壓艙水管理計畫，並落實之。
- 各船有其特定之壓艙水管理計畫，詳述落實壓艙水管理要求所採行動之細節。
- 船上具壓艙水紀錄簿，記錄何時引進壓艙水及管理壓艙水進行的循環或處理及排海。其並應記錄何時將壓艙水排至收受設施以及壓艙水的其他意外排出。

船舶需符合以下特定要求：

- 2009 年以前建造，壓艙水容量在 1,500 至 5,000 立方公尺間的船，在 2014 年以前，必須實施至少符合壓艙水交換標準，或壓艙水成效標準的壓艙水管理。之後則至少需符合壓艙水成效標準。
- 其餘的壓艙水管理，亦得以視爲壓艙水交換標準，或壓艙水成效標準的替代方案，只要該方法能確保具有保護環境、人體健康、財產或資源的同等效果，並獲得 MEPC 認可。

8.5.4 美國 BWM 法規

目前美國的 BWM 相關立法包括：

- 美國海岸防衛隊（United States Coast Guard, USCG）regulation：33 CFR 附件 "C"（針對五大湖及哈德遜河）& "D"（針對全美水體）；
- EPA regulations：CWA 當中的 VGP（船舶一般許可），及
- 各州法規。

規定中摘要包括：

- 強制要求報告與記錄。
- 船抵達之前 24 小時提供相關資訊。
- 在船上保留紀錄兩年。
- 罰則。
- 民事連續處罰最高 $27,500 ／日。

- 明知故犯以 Class C Felony 論處。

報告：

- 即便在 US EEZ 以外，只要是有壓載艙要開往美國港口的船，皆需提出 BWM 報告。
- 即使是船上無壓艙水（NOBOB）或不排放壓艙水的船也不例外。
- 各報告必須納入針對某一航次當中的 BWM 的資訊。
- 需在抵港之前 24 小時提交，若航程不足 24 小時，則需在離港之前 24 小時內提交。
- 內容與格式需依照 33 CFR 151.2045（如圖 8.8 所示）。

OMB Control Number 1625-0069
Exp. Date: 31-Aug-2018

BALLAST WATER REPORTING FORM

IS THIS AN AMENDED BALLAST REPORTING FORM? YES☐ NO☑

1. VESSEL INFORMATION	2. VOYAGE INFORMATION		3. BALLAST WATER USAGE AND CAPACITY
Vessel Name:	Arrival Port:		*Specify Units Below (m^3, MT, LT, ST)*
IMO Number:	Arrival Date (D/M/YYYY):		Total Ballast Water on Board:
Owner:	Agent:		Volume / Units / No. of Tanks in Ballast
Type:	Last Port:	Country of Last Port:	m3
GT:			Total Ballast Water Capacity:
Call Sign:	Next Port:	Country of Next Port:	Volume / Units / Total No. of Tanks on Ship
Flag:			m3

4. BALLAST WATER MANAGEMENT Total No. Ballast Water Tanks to be discharged: ☐

Of tanks to be discharged, how many: Underwent Exchange: ☐ Underwent Alternative Management: ☐

Please specify alternative method(s) used, if any:

If no ballast treatment conducted, state reason why not:

Ballast management plan on board? YES☐ NO☐ Management plan implemented? YES☐ NO☐

IMO ballast water guidelines on board [res. A.868(20)]? YES☐ NO☐

5. BALLAST WATER HISTORY: Record all tanks to be deballasted in port state of arrival; IF NONE, GO TO #6 *(Use additional sheets as needed)*

Tanks/ Holds List multiple sources/tanks separately	BW SOURCE				BW MANAGEMENT PRACTICES						BW DISCHARGE			
	DATE D/M/YYYY	PORT or LAT. LONG.	VOLUME (units)	TEMP (units)	DATE D/M/YYYY	ENDPOINT LAT. LONG.	VOLUME (units)	% Exch	METHOD (ER/FT/ ALT)	SEA HT. (m)	DATE D/M/YYYY	PORT or LAT. LONG.	VOLUME (units)	SALINITY (units)
			m3	C			m3		ER				m3	sg
			m3	C			m3		ER				m3	sg
			m3	C			m3		ER				m3	sg
			m3	C			m3		ER				m3	sg
			m3	C			m3		ER				m3	sg
			m3	C			m3		ER				m3	sg
			m3	C			m3		ER				m3	sg

Ballast Water Tank Codes: Forepeak = FP, Aftpeak = AP, Double Bottom = DB, Wing = WT, Topside = TS, Cargo Hold = CH, Other = O

6. RESPONSIBLE OFFICER'S NAME AND TITLE, PRINTED AND SIGNATURE:

Released 12-Aug-2010 | Send form by e-mail | OR | Submit form on-line | NBICReportingForm_old.pdf

圖 8.8 壓艙水採樣報告格式

此外，針對 BWM 的實務要求包括：

- 避免在海洋棲息地保留區公園或珊瑚礁區域汲取或排放壓艙水。
- 避免或盡量減少在已知感染汙水放流實施潛碟等區域附近汲取或排放壓艙水。
- 定期清除壓載艙內底泥。
- 盡量減少壓艙水排放量。
- 清洗錨與錨鏈。
- 定期清除船殼與管路等的汙損生物。
- 持續實施 BWM 計畫。
- 對船上人員進行 BWM 實務訓練。
- 在離岸 200 nm 以外區域進行 BWE（換水）。
- 當船長認定相關實務會危及船、船員或其乘客時，則不需要進行 BWM。

USCG 船上技術評量計畫（Shipboard Technology Evaluation Program, STEP）

- 類似 IMO 公約當中的規則 D-4。
- 針對透過實驗系統，促進開發出有效的壓艙水處理技術。
- 提供不採取換水的船東更多的選擇。

圖 8.9 與圖 8.10 所示，分別為美國壓艙水處理生物標準，及美國加州、紐約、五大湖和 IMO 生物標準的比較。

Organism Size Class	IMO Regulation D-2	US Federal Bills (H.R. 2423, H.R. 2830 & S.1578) (Note 1)	California – interim standards (Article 4.7 / Sec. 2293)
Organisms > 50 μm in minimum dimension	< 10 viable organisms per cubic meter	< 1 living organism /10 cubic meter	No detectable living organisms
Organisms 10 – 50 μm in minimum dimension	< 10 viable organisms per ml	< 1 living organism /10 ml	< 0.01 living organisms per ml
Organisms < 10 μm in minimum dimension	N/A	N/A	< 10³ bacteria/100 ml < 10⁴ viruses/100 ml
Escherichia coli	< 250 cfu/100 ml	< 126 cfu/100 ml	< 126 cfu/100 ml
Intestinal enterococci	< 100 cfu/100 ml	< 33 cfu/100 ml	< 33 cfu/100 ml
Toxicogenic Vibrio cholerae (serotypes 01 & 0139)	< 1 cfu/100 ml or < 1 cfu/gram wet weight zooplankton samples	< 1 cfu/100 ml or < 1 cfu/gram wet weight zoological samples	< 1 cfu/100 ml or < 1 cfu/gram wet weight zoological samples

圖 8.9　美國壓艙水處理生物標準

		IMO	California		New York		Great Lakes	
Implementation year		2010?	2010	2020	2012	2013	2012	2016
Applicability		New	New	All	All	New	New	All
Organisms > 50 μm	per cubic meter	< 10	0	0	< 0.1	0	< 10	< 10
Organisms 10 – 50 μm	per milliliter (ml)	< 10	< 0.01	0	< 0.1	< 0.01	< 10	< 10
Escherichia coli	cfu per 100 ml	< 250	< 126	0	< 126	< 126	< 250	< 250
Intestinal enterococci	cfu per 100 ml	< 100	< 33	0	< 33	< 33	< 100	< 100
Toxicogenic Vibrio cholera	cfu per 100 ml	< 1	< 1	0	< 1	< 1	N/A	N/A
Notes			1		2	1	3	

圖 8.10　比較 IMO 和美國加州、紐約、五大湖的生物標準

8.5.5 澳大利亞的 BWM 要求

澳大利亞的 BWM 主管機關為其防疫檢查局（Australian Quarantine

and Inspection Service, AQIS）。國際船舶在取得澳大利亞領海（12 海浬）
內壓艙水排放許可之前，需根據 AQIS 的要求進行其壓艙水控管。所有船舶
在第一個造訪的港口都要接受 AQIS 檢查，確認已達控管要求。其 BWM 要
求項目包括：

- 不得在澳大利亞港口或水域排放高風險（所有外國的）壓艙水。
- 艙與艙之間傳輸。
- 海上完整的換水：
  - 至少 95% 體積換掉
  - 需在離岸 12 nm 以外進行
  - 採取順序流通及稀釋法
- 替代性 BWM 方法。

其 BWM 替代選項包括：

1. 包含針對難以在船上換掉所有壓艙水的汽車船等特殊船舶，所提供的
   建議。
2. 建議愈遠愈好，水深至少 200 m。
3. 即便艙內水非全滿，也要泵入三倍於壓載艙容量的水。

AQIS BWM 摘要紀錄需保存在船上至少兩年：

- 艙／容量
- 壓艙水汲取港位置、日期及水量
- 換水位置（開始與結束時船位）
- 所使用泵清單
- 預計要在何澳洲港口排放

8.5.6 系統認可

　　圖 8.11 所示，為壓艙水控管系統類型認可（type approval）的測試與
評估程序。

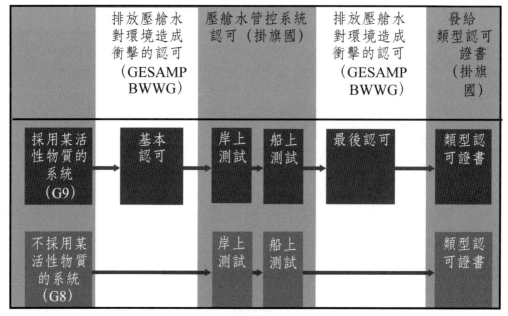

圖 8.11　壓艙水控管系統類型認可的測試與評估程序

8.5.7 壓艙水控管選擇

　　目前針對降低壓艙水中非原生海洋生物在世界四處傳送的可能，已有一系列壓艙水管控指南及規範實務。這些指南涵蓋了所有建議過，應加以考慮的管理與處理步驟，但並非都適用在所有情況之下。其中有些選擇尚處於開發、測試階段。針對用以作為選擇壓艙水處理系統的基礎，IMO 根據其殺死、解除作用或清除生物的有效性，建立不同選擇的接受標準與程序。

　　上述所提有效性所考慮的，不僅只於技術層面，成本問題亦需一併納入。根據澳大力亞政府所贊助的「澳大利亞壓艙水研究諮詢小組」所得到結果，一艘海峽型（Capesize）散裝船所攜帶將近五萬噸的壓艙水，分布在十組上層翼艙、雙重底艙、前尖艙及後尖艙中。除了前述壓艙水換水，其他可供選擇的措施，可大致分成化學殺蟲劑與物理二類。化學殺蟲類所採方法包括：熱、紫外線輻射、超音波、放電與脫氧等方法，及臭氧、氯、有機酸與銅／銀等化學系統，搭配使用。在物理類別方面包括：大洋海水交換、換水

提高鹽度、加熱，及過濾／水流漩渦。

大洋中換水

　　大洋換水方法可分做二種基本措施：重新壓艙及連續沖洗。重新壓艙時先將艙清空，再重新加滿壓艙水，固然得以有效替換掉大量的水，但卻需大大依賴船艙與泵送系統及安全要求上的設計。其更換效率在 91 至 100% 之間，但藉著噴射泵送系統的二次收艙，可將艙內殘留水量減至最少。唯重新壓艙的最大問題，在於其中潛在的船舶彎曲力矩、剪力以及船殼應力。

　　從圖 8.12 可看出，一艘滿載稻米①的散裝船，在航經紅海、穿過蘇伊士運河，進入地中海南歐國家，卸下米②，同時泵入當地的壓艙水到船上的壓載艙。接下來，船在前往美國從東岸，進入五大湖裝載小麥④之前，會先在航經大西洋途中，將船上的壓艙水換成大洋的水③。如此，該船在裝入小麥之前，所排出的便已是大西洋的水。壓艙水交換規則包括：

- 儘可能在離最近陸地 200 海浬以外、水深至少 200 公尺處，依 IMO 的相關指南進行換水。
- 所有船應根據該船的壓艙水管理計畫條款，將源自所訂定壓艙水汲取區域的底泥清除並棄置。

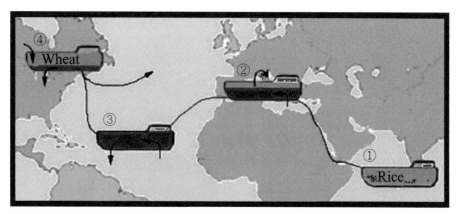

圖 8.12　一艘從南亞載運稻米前往地中海卸貨，接著航向美國裝載小麥的壓艙水換水過程

　　連續沖洗因可一直維持艙內滿水狀態，而得以避免超過安全限度的彎曲力矩及剪應力等問題。然而，其仍存有船艙或壓載管路超過壓力等潛在問題。在此選擇的情況下，「新鮮」的海水藉由壓艙水泵送入艙內，在安全情況下讓水逕自滿溢出艙。此一措施的換水效率，取決於換水艙數與水量、艙的設計與泵送容量，以及船的運動與海況等因素。文獻中詳述了在散裝船 Iron Whyalla 的換水測試，並提供了包括「巴西稀釋法」在內的替代性管路改裝的建議。而之後在 Lauras 輪上所做的測試結果顯示，換水效率可達90%，葉綠素甲的交換率則為 96%。

加熱

　　加熱選擇是讓來自主引擎冷卻系統的熱水流經各壓載艙。在實驗室中的研究顯示，以低至 35℃的水加熱 30 分鐘到數小時之間，即可殺死大部分的葉綠素甲，在 Iron Whyalla 輪上的試驗發現，在加熱過後的水樣當中，無動物性浮游生物得以存活。

　　如圖 8.13 所示，船上加熱處理壓艙水的對策主要分成：在吸入口針對水生物把關，以及在壓載艙內去除生物二大方向。以壓艙水加熱處理為例，其可選擇於吸入口，對正泵入的壓艙水進行加熱，也可對以泵入壓載艙內的壓艙水加熱，以去除其中生物。圖 12 所示，為這類熱處理壓艙水的過程：先打入海水沖洗壓艙水櫃①，接著以冷卻引擎的熱淡水，將海水加熱（如圖顏色變深）②，再將加熱過的海水打入壓艙水櫃，殺死生物③。最後，將經過熱處理的壓艙水打出船外④。從研究結果可看出，採取加熱與換

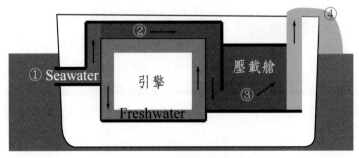

圖 8.13　壓艙水熱處理

水同時並進的方法為極有效。原先引入船上的浮游生物中，高達 99% 皆可
在如此沖洗換水之後加以去除。

過濾

最有可能做大規模壓艙水過濾的包括，自洗式濾網過濾及流沙過濾，網
目一般為 50 微米，可去除浮游動物。針對其他如鞭毛蟲囊等生物則需 20 微
米濾網方能奏效，至於細菌則需用到 0.2 微米的。目前美國大湖壓艙水技術
展示小組已針對過濾的概念進行評估。其並在新加坡的環境技術研究院設置
一展示場。連續自洗式過濾器顯示可達到 82～95%（50 微米）及 74～94%
（25 微米）的分離效率（全體粒子數），而各種不同生物的相對生物去除
效率則在 80～99% 之間。

水流漩渦

截至目前為止，透過此一概念所做的實驗可看出，其針對某特定種類生
物的去除效率相當差，且幾乎完全無法去除細菌。

紫外線輻射

迄今，幾乎尚無針對以此法處理壓艙水的有效性研究，其優點尚待發
掘。但另一種說法卻是，若與上述水流漩渦法相結合以預處理壓艙水，則針
對某特定微生物，可有完全去除的效果。而若能在紫外線處理之前，加以分
離或淨化處理則可獲最大效果。

化學藥品

儘管可能用來殺死生物的化學藥品相當廣泛，但迄今都因安全理由被
拒。圖 8.14 為以臭氧處理壓艙水的示意圖。從圖中可看出，該系統由過濾
單元、臭氧產生器、臭氧噴射器、去除總殘留氧化劑（total residual oxi-
dants, TRO）之中和單元、系統控制單元及採樣單元。

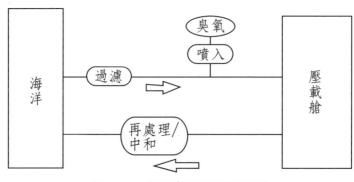

圖 8.14　臭氧處理壓艙水系統

　　圖 8.15 比較，採取換水、過濾、加藥、加熱及紫外光照射等不同方法，所適用的生物大小範圍。從途中可看出加熱法適用於處理成熟甲殼類及大、小魚。紫外光則是用於浮游生物、魚卵及微小生物。圖 8.16 整理分屬換水、處理及隔離等壓艙水管理方法的各種技術。

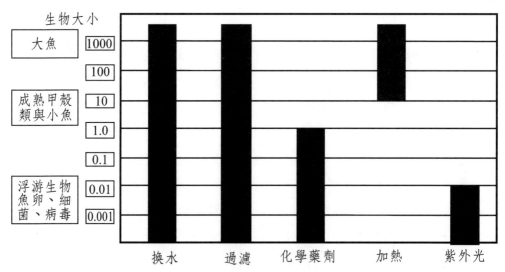

圖 8.15　換水、過濾、加藥、加熱及紫外光照射法所適於處理的生物大小範圍

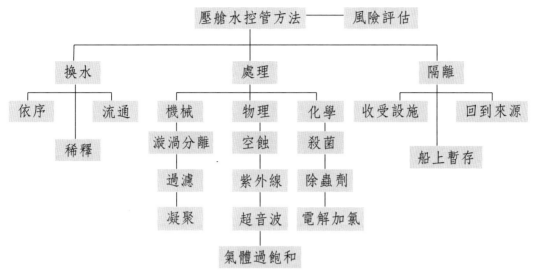

圖 8.16　分屬換水、處理及隔離等壓艙水管理方法的各種技術

至於選擇壓艙水處理系統的主要考量，包括：

- 空間－足跡、化學品存放
- 安裝容易－模組／裝貨櫃、單元／分離部件
- 安全位置－有害區、毒性
- 運轉成本
- 水流率

- 操作容易
- 保養維護
- 人員訓練
- 相關文件
- 現成船之考量

亦即，該系統需具備的競爭優勢，包括：

- 低耗能
- 易安裝
- 最小足跡

- 對環境友善的處理（不使用化學品）
- 對系統不造成腐蝕等不利影響

8.5.8 無壓艙水船舶

為徹底解決船舶壓艙水生物傳輸問題，美國密西根大學持續針對流通

壓載（flow-through ballasting）系統（圖 8.17）進行研究。該系統在空船
需要壓艙時，以吃水線下方圍繞在貨艙周圍的縱向結構的壓載艙，取代傳
統壓載艙。這些艙和位於船艏與船艉附近的吸入與排出兩道開口相通，讓其
保持淹到壓載的情況，藉著艏與艉之間壓力差，讓水緩緩流入，大約每小
時完成一次換水，以確保壓載艙內隨時裝著當地的海水。到接近壓載航程
尾聲時，這些艙被隔離，並以傳統方式抽乾壓艙水。韓國現代尾浦造船廠
（Hyundai Mipo Dockyard）則預計於 2018 年底，交出全世界第一艘無壓
載的 LNG（7,600 m³）加氣船。

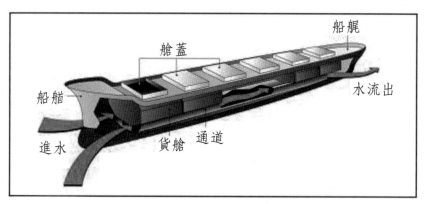

圖 8.17　散裝貨輪流通壓載系統示意

8.6 船舶回收

　　根據 HIS Fairplay 2010 年的數據，全世界 500 GT 以上的船有 56,000
艘，大過 3,000 GT 的有近 32,000 艘。估計全球平均船齡 30 年，每年有
1,800 超過 500 GT 和 1,000 艘大過 3,000 GT 的船會被淘汰。2016 年，全
世界有 97% 船舶的回收工作是由孟加拉、中國、印度、巴基斯坦、土耳其
等五國完成。其所採船舶回收方法有：

- 潮水上灘（tidal beaching）——孟加拉、印度、巴基斯坦以此法，對
  全球 65% GT 船舶進行回收。

- 非潮水上灘——土耳其採此法，回收世界 2% GT 船舶。
- 靠岸（alongside）——中國以此法回收 31% GT 船舶。
- 塢內（graving dock or drydock）——以此法進行船舶回收的仍很少。

船舶從船殼、機器設備、裝置到家具，幾乎可完全回收，可謂符合永續發展。對於進行船舶回收的國家而言，可獲取其中資源，並提供就業機會，相當有利於其國內經濟。然其中亦存在著公安、勞安、環境汙染等問題，亟待建立標準並落實之。

【海汙小方塊】

拆船王國——臺灣

民國五十八年接下來的二十年間，高雄曾經是「拆船王國」。最興盛的時期，一年拆 293 艘船，對當年貧困臺灣的經濟發展貢獻不可磨滅。但終究，它也讓臺灣在環境汙染和人命安全上付出高昂代價。民國 75 年 8 月 1 日發生卡納利油輪爆炸慘劇，導致 16 人死亡，107 人輕重傷。

2006 年 MEPC 54 依挪威所提，組成船舶回收（Ship Recycling）工作小組，隨即陸續透過多次會議，進行公約草擬，並在 A.981（24）決議文中提出新規範工具如下：

1. 船舶需在設計、建造、運轉及準備回收上，在不損及安全與運轉效率前提下，促使其得以在安全且環境上可靠地進行回收；
2. 促使在船舶安全且環境上進行可靠的回收運作；及
3. 建立一套妥適的船舶回收執法機制（認證／報告要求）。

有關船舶回收，依循的是 2009 年 5 月 15 日通過的《香港安全暨環保船舶回收國際公約》（Hong Kong International Convention for the Safe and Environmentally Sound Recycling of Ships）。該公約所含機制要素包括：

- 有害材質盤查（Inventory of Hazardous Materials, IHM）（針對新船

與現成船）

- 有害材質盤查國際證書（International Certificate on Inventory of Hazardous Materials, ICIHM）（由船籍國發給經初始或更新檢驗後的船舶，效期 5 年）
- 船舶回收設施計畫（Ship Recycling Facility Plan, SRFP）（敘述船廠的系統與過程，以確保安全與環保）
- 授權進行船舶回收文件（Document of Authorization to conduct Ship Recycling, DASR）（由國家主管機關發給船廠，效期 5 年）
- 船舶回收計畫（Ship Recucling Plan, SRP）（由船舶回收業者根據前述 IHM 等條款提供，通常由主管機關認可）
- 國際回收證書（International Ready for Recycling Certificate, IRRC）（在依據 IHM 與 SRP 作成最終檢驗後由船籍國發給）

其中針對船舶回收設施的要求，主要包括：

- SRF 應建立並落實一套 SRFP，其中涵蓋：工人的安全與訓練、保護人體健康與環境、人員的角色與責任、緊急狀況之準備與應變，及監測、報告與紀錄保存系統；
- SRF 應由主管機關授權，設置於其管轄範圍內，效期最長 5 年；以及
- SRF 僅接受遵循公約或符合其要求之船舶。進而，SRF 應僅接受被授權進行回收之船舶。

第九章

海洋環境管理

9.1 管理海洋環境所需面對的問題

9.2 再問何謂汙染與其防治之道

9.3 汙染防治成本

9.4 受保護區

9.5 綜合管理計畫

9.6 汙染和海洋休閒活動

9.7 與環境相容的海洋公園

9.8 動態海洋管理

　　人口成長、都市化、經濟、工業及農業等活動對全球環境帶來的不利影響，可謂日趨嚴重。而由於海洋同時在提供地球賴以為生的資源，以及人類活動產生廢棄物之處置場所上，所扮演的角色逐漸凸顯，海洋環境的管理也就成為當務之急。

　　自從 1960 年代初期以來，改善環境在策略上主要採取法規強制手段，而未藉由社會與經濟層面的壓力。然幾十年來所採取的法規手段，往往缺乏效率，所訂定的標準亦失之僵化，且不接受以經濟手段有效解決環境問題。其結果，對企業界與環保人士和執法者之間的關係，造成了不利的影響。

　　圍繞在我們周遭的海洋既有趣且多變化，有淺灘也有深海，有半封閉的海灣，也有開放的大洋。當中各種參數隨季節改變。海洋環境的開發與利用範圍，從海運、漁業、養殖、海洋能源（例如潮汐、波浪、溫差等發電）、廢棄物的棄置、礦產開採、石油與油氣的探勘。此外，在文化與觀光休閒方面，全都具有重要的經濟價值。而這些經濟上的重要利用方式之間，又經常存在著矛盾。為了要建立長程管理策略，充足的資訊基礎和可靠的預測科技，是首先必須具備的。

　　時至今日新的做法是，鼓勵在市場上反應出環境的真實成本與效益，同時亦致力於排放權、環境績效及使用費等市場的建立。然而，目前諸多環保議題，尤其是有關海洋環境的公約、議定書，在經濟層面所造成的衝擊，及對執行與遵循成本方面的了解，都還相當薄弱。而我們對保護海洋環境相關法規，其成本與效益的了解遠不及對其他環境的，主要還是因為一般都認為，海洋尚屬邊陲，而事不關己。儘管如此，以我們目前的處境，實無理由忽視此一課題，而應及早規劃，積極管理海洋環境。

　　從過去其他區域性，共同合作管理海洋的經驗可知，唯有該區域內各國本身，才得以促使這類跨國合作成功。以當今舉世矚目的南中國海為例，保護南海海洋環境，為有效永續利用該處海洋資源的第一步。而南海諸國合作，成功的踏出這第一步，端賴各國政府對該地區的珍惜與能力。反之，若漠視事實，僅一味以競爭開發該區資源為要務，甚至為此引發衝突，則不僅

無任何一國得以獨享，甚至可能將此上天所賜與寶藏，破壞殆盡。

9.1 管理海洋環境所需面對的問題

假設我們已經明瞭什麼是海洋汙染，知道它是怎麼來的，而且也知道它在海洋環境當中將歸向何方。接下來，我們就來想想該如何將此汙染加以控制，以期因為汙染所衍生的問題，能減至最輕程度。

上述句子裡，我們可能需要將其中幾個字眼小心定義。但也有可能我們永遠無法做到這點。在「如何將汙染加以控制，以期因為汙染所衍生的問題，能減至最輕程度」這句話裡，不同的人可能各有不同的解釋。因為同一個問題對某一群人而言可能很嚴重，但對另外一群人，便可能無關緊要。做為海洋環境的管理者，長期以來都在為不能有效作出抉擇，而深感困擾。

就好比某人的垃圾可能是他人的寶貴資源，而對於環境中某成員構成的汙染，也可能反倒成了其他成員的滋補物一般。而事實上海洋管理者所一直困擾的，往往並不僅止於這類單純的二選一。另外還有一些像是管理責任歸屬的問題，例如哪些歸中央，哪些屬地方政府或某仲裁委員會的權責等。通常，社會都會就整個情形，預設優先次序。而往往，作為一個海洋環境管理者，所採用的一個基本工具便是法律。

此外，雖說到目前為止，我們已提到大部分的海洋汙染物，然而實際上，要釐清海洋汙染問題，以進行有效的管理，卻極其複雜。頭一個理由是：人類所從事的每一項海上活動，都可能同時會產生一連串的汙染物。例如一艘航行中的輪船，其必然會持續排放生活汙水、機器廢水、廢氣、CFC、油、廢熱等。此外，為了使其得以順利航行，各港灣、河道也就必須進行疏濬，結果便造成了像是水中懸浮微粒和鹽度等的改變。

其次，海洋裡的同一項汙染物可能來自許多來源，例如營養物質可能來自汙水處理場、雨水下水道、養豬戶和農地等。重金屬則可能來自都市下水道、垃圾焚化爐、車輛廢氣、電鍍工廠、掩埋場滲漏水等。除此之外，使問題更趨近複雜的另一因素，是各汙染物之間的交互作用，所造成的一種綜合

效果。

　　事實上，汙染物存在於海洋當中的問題，要比想像的複雜許多。不同汙染物同時存在於海洋時，其所衍生的問題，除了本身單獨效果外，尚有其間交互作用後所帶來的效果，例如汙水處理廠的放流水，若與大鋼廠廢水中所含硫酸鐵（$FeSO_4$）與磷酸鹽（PO_4^{3-}）作用，會產生磷酸鐵與硫酸鹽沉澱，而不溶於水中。如此一來，二者放流後在海洋當中相遇，便似乎可同時解決兩個問題。

　　然而，重金屬與粒狀物作用後沉入水底，卻會導致底棲生物受害最大。而此底棲生物又可透過食物鏈進入人體。另一實例是，由於農藥在油中的溶解性高於在水中的，加上其與粒狀物間的親和性，因此當水中有油存在時，會傾向濃縮農藥，使其容易沉至水底，對底棲生物造成較大危害。這也是通常海灣內，海底的底泥都有高濃度的油和農藥的原因。所以當我們在規劃海洋汙染整治時，必須先充分考慮可能帶來的其他綜合效果，否則某個解決方案可能表面上「解決」了其中一項問題，卻引來更多、更大的問題，而得不償失。

　　有時人為添加東西到海裡，倒也不一定真的有害。例如故意沉入海底的廢船，可能最後成了人工魚礁，而有助於提升漁獲。又例如岸上的侵蝕作用，可能帶來溼地或沼澤，除了長出茂密的草，也構成了新的生態系。不過終究，任何對於一個原始純淨環境的改變，都應視為某種人為汙染（aesthetic pollution）。

　　由此我們可看出，假若我們想維持一個自由開放的經濟行為與體制，而又期望海洋環境不被破壞，恐怕是個不切實際的想法。這顯然很矛盾，我們一方面希望保持某些地方的原始、純淨，而在另一方面卻又任意開發與利用某些區域，不僅必然會改變它，甚而破壞它。而究竟如何作出抉擇，還端視在某時代社會大眾的想法。比如說花大錢整治河川，其目的為何，可能帶來的效應又會是什麼？由此我們不難理解海洋管理的重要性，少了該有的妥適管理，海洋政策又從何訂定？

9.2 再問何謂汙染與其防治之道

　　大家都知道什麼是汙染，知道那是個壞東西。雖然曾經有人對汙染下過定義，但是以科學的眼光，仔細研究海洋或其他任何一種汙染，則必須先加以量化再作判斷，再來回答是怎麼樣的壞？多壞？又對誰有壞處？而想回答這些問題，我們還得首先考慮：

- 直接排放到海裡或河口的物質有哪些種類？或因為人類活動而造成同樣結果的有哪些？

- 這些加入海裡的東西，對於海洋或河口的環境，或者說是對其中的植物或動物，會產生哪些影響？

- 而這些影響對於人體健康、食物來源、商業利益、野生動植物的保護，或整個生態系統等，又隱含了什麼意義？

- 而為減輕或去除因為某些物質進入海中，所導致對海洋的損害或不利影響，人類做了什麼？

- 如果說，這些物質沒有進入海洋環境，又將會有什麼樣之後果？其結果會比目前的情況好嗎？或者，情形會不會反而比現在的還要糟？

　　儘管當今海洋汙染已造成經濟成本暴增，然其中許多不是被擱置，便只是延後其對經濟的衝擊。有些像是在觀光或漁獲的損失，成本還容易估算，礦產開採所額外增加的成本也可決定出，但另外有許多活動的成本，卻只能模糊估測。畢竟有些成本或不利因素並無法清楚界定，或是只有在未來的時間裡，才可能具體化。這些成本會依某些因素而定，其包括：人類對海洋資源未來用途的要求、海洋資源經濟有效開採科技的發展、以海洋資源替代陸地資源的可利用性及成本，以及一些成本屬間接且難以確定的，例如對健康的影響、對海岸空氣品質的衝擊、氣味與海水顏色等海面觀感以及其他林林總總。雖然全球對海洋汙染所付出的代價，每年不下好幾千億美元且持續成長中，然要建立一種能將所有直接、間接成本一併納入以精確計算的方法，在目前仍有其困難。

量化評估

　　既然從定義來看汙染是一種損害，那麼停止將汙染物排入海中以減輕損害，便應該理所當然。近年來，雖然採取若干措施，試圖達此目的，不幸的是汙染問題並未獲得解決。不同部分的陸地、海洋和空氣等環境，並不容易彼此區隔。而進入海洋的廢棄物當中，其實又有一大部分是源自於河川和大氣。這當然不足以構成忽略直接進入海洋，或努力防治海洋遭受汙染的理由。只是我們恐怕必須擴大範圍，來看這整個問題。而廢棄物海洋棄置的問題，也必須抱持這種態度來面對，才能同時在環境的各個部分減輕損害，而不致於只是海洋這一環節而已。這便亟需針對某種特定排放物的衝擊，作審慎評估。損害的評估與量化涉及技術問題，並且必須事先釐清汙染的真正意涵。

務實汙染防治

　　吾人必須接受的一點是，純粹基於務實的理由，汙染是不可能被完全去除的。回顧過去，類似海鳥受油汙染而夭折的例子，許多固然肇因於人為疏忽或設備故障造成的溢油意外事故，不過另外也有不少是因為非法故意排放廢油或含油的水所造成的。靠一些手段來減少油汙染固然不是件難事，難的是若想完全免除海鳥因此受油汙所害的可能，那就非得完全停止海上輸油，而這也就等於是要讓很多國家，不再使用石油與石油製品。如此一來，恐怕多數人又會認為這個代價未免太高，而主張：犧牲一些海鳥，是使用石油必得付出的代價。

　　若以此例做為阻斷某種汙染之道，的確有失實際，而也可能會被指失之偏頗，然同樣的說法，其實是適用於其他很多汙染物的。

替代方案

　　縱使藉停止用油來消弭油汙染顯然不切實際，但有些用油卻是可以加以取代的。不過這看似不錯的解決辦法，仍必須提防替代品本身對環境的危害性。這類替代問題並不容易解決，以下是幾個實際的例子：

　　實例一、含汞的防腐劑過去被用在木材紙漿工業，後來被五氯酚取代以

防止水銀流入海洋。五氯酚如今被證實，會在至少一種生物體內累積。而事實上，會在海洋生物體內累積的物質，其危害性卻是相當高的。

　　實例二、銅對於很多的海洋生物都具有很高的毒性，因此常被用在船用防止海洋生物附著的油漆中。但也因此在一些船舶來往頻繁的區域，由於銅會從防止生物汙損的油漆中釋出，造成了很大的損害。然而繼銅被 TBT 取代之後，又經證實其危害性較之於銅有過的而不及，尤其是對漁業，因此後來 TBT 油漆也就被禁止使用了。

　　實例三、含有機氯農藥對大多數鳥有致命的影響。DDT 等農藥乃因此在北美和歐洲都被禁用，結果鳥的數量得以恢復。原本有機氯農藥對於人類的毒性相對較小，然其被有機磷酸殺蟲劑取代後，卻接連出現導致人類死亡的例子。

　　實例四、鉛在陸地上對人體健康具有嚴重的傷害而逐漸減少使用。鉛顏料過去廣泛被用來做為白漆，而毒性小的二氧化鐵在這方面取代了鉛。如此雖然解決了大眾健康問題，但同時卻又由於廢酸鐵的排放，而造成海洋別的環境問題。

謹慎防止原則

　　1986 年德國為了擔心廢棄物進入北海造成損害，而建立了謹防原則（precautionary principle）。該原則主張：既然我們已經能可靠預測，在某長期以來已接受了大量廢棄物的區域，在加入新的物質後會有什麼效果，則除非有人可以證實無害，否則任何廢棄物都不得加入海洋中。這是個很嚴苛的要求，因為幾乎不可能證實任何一樣廢棄物是無害的。而事實上也很少有廢棄物，不會對其所排放的地方造成環境上的改變。

　　而縱然該原則被廣泛接受了，該原則卻未強調，事實上經由河川與大氣進入北海的廢棄物所構成的影響，比起直接進入的，往往更要來得重要。尤有甚者，其僅只關注到保護海洋的問題，卻罔顧了將相同廢棄物置於它處，所可能帶來的其他環境後果。一般對於該原則的主要詬病是，其所做成的決定，往往對科學證據欠考慮。

9.3 汙染防治成本

　　要想了解環境問題與經濟的關聯，必須先了解在配置資源中，價格所扮演的角色。在市場經濟中，價格具有配置像是原料、產量、商品、服務等各種不同資源的關鍵功能，以使其發揮最大的效用。當經濟體系中的市場運作正常時，各項資源所能決定的價格應該等於其他用以生產它的資源的價格。

　　然而許多環境資源迄今尚無價格，而尚處市場之外，由於其所有權尚未經歸屬，而也不可能分成小單位來買賣，以致這些像是水域、空氣、地形特徵，甚或是安寧等珍貴的資源已漸漸被使用殆盡，卻仍不能精確的反應在價格體系中。經濟學家將這些使用所造成的傷害，稱為外部成本（externalities），因為這類資源當其受到傷害時，所增加的成本或負擔，其實是廣泛落在整體社會上，而並不光是落在消耗該項資源者的身上。

　　以海洋溢油汙染為例，照說萬一遇上海洋溢油事故，首在掌握時效，選擇最有效的策略與方法，進行對抗，以防止汙染所造成的損害擴大。而所謂最有效策略與方法的有效性，則可藉成本／效益分析決定。唯此分析所涉範圍至廣，其中所包含的要素，甚至還常涉及許多難以排除的不確定性。以下介紹藉由成本／效益分析方法，以選擇保護策略和決定保護到什麼程度，以確實達到保護海洋環境，免於遭受溢油汙染嚴重損害的目的：

- 保護海岸策略的選擇，亦即在何種狀況下選擇何種設備與方法；以及
- 保護海岸到何種程度，亦即究竟應在設備、人力及其訓練等上面做多少投資。

　　海洋環境汙染的成本效益及其管理相關問題，本來就難以確定。該成本通常以預期造成的傷害，及平撫或清除這些傷害所需付出的代價來表示。從另一方面來看，海洋汙染通常會衍生出一連串的因果反應，而汙染所導致的傷害，也就會接著成為二次，及其他效應的成因。這不僅是在海洋食物鏈中，低階生物吸收了汙染物，影響到高階生物與更高階的生物，而終至影響到吃魚、貝類的人的一種現象；而且在單純的受海洋汙染影響的大自然或是社會互動中，也同樣有這種情形存在。

　　在有些情形，因果反應或許是一種回授的現象。舉例來說，在一個天然海岸渡假勝地，若配備了防止汙染的完整設施，可能因而會帶來鄰近鄉鎮的成長，但卻也因而產生了更多，未經妥善處理的汙泥或廢棄物直接排入海中，而汙染了海灘。其最終的結果，竟是因環境惡化，使得該渡假勝地蕭條、關閉，而小鎮也終於成了死城。

　　因此，海洋汙染的成本，不僅僅是其所直接導致的傷害而已，還必須謹慎估算，以將相應而生的成本，也包括進去。同樣，防治海洋汙染所帶來的效益，也必須同時包含直接和間接相應而生的效益。有時不可忽略，對於某人而言的汙染成本，卻有可能成為另一人的汙染效益，而使得成本效益產生混雜的情形。例如在海岸處理和進行汙泥或廢棄物汙染的防治，對於沿岸養殖戶而言，這可能是一項利多的效益，但對於海岸渡假區和遊憩活動，就可能反倒成了利空的成本。

　　舉例而言，油輪意外事故所造成的海洋油汙染，會帶來如表 9.1 所列的直接與間接成本：

表 9.1　油輪意外事故所造成溢油汙染的直接與間接成本

直接成本	間接成本
油的損失	對海洋生物造成的傷害
船舶受損	漁獲損失
船舶利用價值受損	海洋生物與養殖場的損失
人命損失	觀光收入的損失
油的運送	海灘受損
緊急救難行動	海岸或河口水利用價值的損失
油的回收與儲存	所得減損
緊急應變的成本	清除成本 健康受損的成本

　　從正面看，海洋環境的管理，也會帶來直接與間接效益。同樣，我們

也可列出一串因為有效管理海洋環境，以防止或減輕油輪意外事故造成衝擊，所獲得的直接與間接效益。

值得一提的是，海洋油汙染的代價並不一定和溢出油的量，或肇事船的大小，或是船受損嚴重程度成正比。該項代價應該是取決於以下因子：

- 溢出油的類別及其物理與化學規格。
- 溢出油的量。
- 溢油的位置，如海岸、海域、海深等。
- 溢油排出率。
- 所完成對溢油擴張範圍的設限。
- 當地環境狀況，如風、浪、流等。
- 所採行之除油方法。
- 溢油所在地或可能影響所及地區的經濟活動。
- 大眾對於溢油事件的注意程度與其影響力。
- 實際財產損失。

接下來我們將成本效益分析，應用在某海上溢油事故處理策略上，僅就眾多處理策略中擇一為例分析。假設針對臺灣某特定海岸，利用最常見的溢油汙染防治技術，亦即以圍欄包圍溢出的油，接著以汲油器回收油。舉某艘九萬載重噸油輪，發生一典型溢油事故為例，其在觸礁後排出五萬噸原油，其餘在救援行動中收復，其成本一般可估算如下：

直接成本（百萬美元）		間接成本（百萬美元）	
- 油的損失	4.5	- 對海洋生物造成的傷害	50～100
- 船舶受損	62.0	- 漁獲損失	50～100
- 船舶利用價值受損（租船公司機會成本）	3.2	- 海洋生物與養殖場的損失	0～100
- 油的利用價值受損（額外替代成本）	1.2	- 清除成本	18～500
- 人命損失、傷患救助、賠償金	1.0	- 觀光收入的損失	60～200
- 油的運送	0.8	- 海灘受損	80～250
- 緊急救難成本（一般）	7.2	- 長期健康受損的成本	20～300

直接成本（百萬美元）		間接成本（百萬美元）	
- 應急成本	3.0	- 應急與其他成本	50～100
- 緊急應變、圍油、油的回收與儲存	2.8		
總共直接成本	85.7	總共間接成本	328～1650

資料來源：Frankel, 1995

　　從以上例子可看出，間接成本明顯高於直接成本，唯實際上其通常都無法全額收得。

9.3.1 最佳保護程度

　　針對溢油應變，往往要問：針對某特定海岸，究竟該準備付出多少代價，來達到保護海岸的目的？依照經濟學剩餘理論，讓保護海岸的邊際成本，剛好相等於其所能提供的邊際效益，可決定出最佳保護程度。而實際進行成本效益分析，一方面很難顧全經濟學剩餘理論所有先決條件，同時環境與自然資源準確量化也相當困難。這時，「最佳保護程度」的觀念便很重要。也就是在進行成本效益分析時，需就數個不同保護程度的應變計畫作好事前評估，找出淨效益最佳的保護程度做為選擇。

　　所要保護的海岸可能受到的汙染程度各有不同，而其對汙染的承受能力程度也有差異。因此首先需決定出以下相關因素：

- 油汙所危及的海岸形態與特性；
- 溢油事件的類型；
- 汙油的類別和其如何抵達海灘等，都是改變保護海岸成本與效益的變數；
- 油汙自溢漏至抵達海岸過程的可能分布情形；以及
- 海岸地區受保護的優先次序；重要敏感區應獲優先保護，而其區域的劃定應事先做成周延。

　　海上溢油的應變原則不外立即反應、密切監控及防堵其上岸，以使其對環境和經濟所造成的傷害降至最輕。而在發現溢油之後，是否能迅速而正確地應變，是決定災情輕重的關鍵因素。否則其最後都可能留下慘不忍睹的海

岸、漁業資源的減損、魚價下跌、水產養殖受損、生物棲息地改變，進而因威脅消費者健康而關閉魚場、工業取水受困，船舶、漁具汙損等後果。

　　對於某特定海岸，若採用某種溢油汙染防治技術，例如前述為最常見的，以圍欄包圍溢出的油，接著以汲油機回收溢油，究竟準備付出多少成本來達到保護海岸的目的？或問一個最簡單的問題：究竟要準備多長的圍欄來保護海岸？依照經濟學剩餘理論的講法，最好是讓保護海岸的邊際成本剛好相等於其所能提供的邊際效益。而若分別對這成本與效益仔細分析，應該可以選出最佳保護程度。唯依此方法決定出的最佳保護程度，事實上隱含著以下先決條件：

- 所有與保護海岸有關的成本與效益皆可能加以量化，
- 符合在剩餘價值理論中對移轉行為間的假設，及
- 所保護的成本與效益是可加以區別的。

　　此外，一旦發生溢油事件，由於所要保護的海岸可能受到各種不同程度的汙染，因此要決定海岸與海洋環境應受到多少與受到何種保護，首先需決定出以下相關因素：

- 油汙所危及的海岸。由於需視其所在位置而定，其所受保護的可能性與有效性，以及其潛在的效益都可能會隨著改變。
- 溢油事件的類型。汙油的類別和其如何抵達海灘等都是改變保護海岸成本與效益的變數。
- 以上所述過程的可能分布情形。

9.3.2 成本效益評估

　　分析溢油事故處理的成本效益可從三方面著手，即：(1) 因溢油所造成的損害、(2) 控制油汙所採用的設備（圍欄與汲油機等），以及 (3) 擬保護地區的範圍。表 9.2 即分別列出就此三方面分析，所需考量的參數。

表 9.2　海上溢油事故處理成本效益分析需考量的參數

損害
- 清除油汙與復育海岸的費用，包括廢棄物之處理與處置
- 使用圍欄和汲油機回收油汙的費用，但不包含設備本身的費用
- 漁獲、養殖及海岸觀光等活動的經濟損失
設備
- 採購與維修費用
- 有效性
所保護地區
- 施展油汙圍欄的長度
- 所保護海岸線的長度
- 所漏出油中上岸油汙的量

針對上述各項參數，欲訂定其價格需有以下數據：

- 清除海岸油汙費用，

- 回收溢油費用，元／噸，

- 經濟損失，包括：

　-漁業附加價值的損失，元／噸上岸的油汙。

　-養殖業附加價值的損失，元／噸上岸的油汙。

　-觀光業附加價值的損失，元／噸上岸的油汙。

- 汙染防治設備的採購與維修成本，依以下估價：

　-採購溢油圍欄與汲油器及其所需附件（每公里長的圍欄需配一部汲油機）的費用，元／公里圍欄長度。

　-每年用於維護與操作庫存設施的費用，元／公里圍欄長度。

　-每年用於操演與試驗上的費用，元／公里圍欄長度。

　-每次施展設備後，用於清潔與維修的費用，元／公里圍欄長度。

　-該設備的有效性，從文獻看出，過去溢油回收作業的有效性平均大約為 30%。

9.4 受保護區

9.4.1 保護優先次序

　　一旦溢油事件發生，臨時對各區安排保護的優先次序，向來眾說紛云。因此應事先即做成周延考慮，並在各相關團體與單位間取得共識，加以排定。就以臺灣本島為例，優先保護區的例子有：

- 漁政主管機關所劃定的漁場，及
- 臺灣電力公司所劃定，可危及核能發電廠與火力發電廠運轉安全的冷卻水抽取水域範圍。

　　表 9.3 所列，為過去環保署研究案所建議劃定的海岸重要敏感區，可用作擬定保護優先次序的依據。

表 9.3　環保署所建議海岸重要敏感區劃定

類別	敏感區	說明	舉例	資料可能來源
1	生態保護區	通常為政府公告保護者	自然保護區、自然保留區、國家公園	內政部、農委會、縣市政府
2	生物棲息地	稀有或瀕臨絕種的生物或大眾關切的生物的棲息地	鳥類棲息地、紅樹林、沼澤地區	學術單位、民間團體
3	古蹟史前遺址	政府公告或學術、地方單位認為據文化或特殊價值者	考古研究區、歷史紀念碑、廟宇	內政部、文化部、縣市政府
4	觀光風景區	供人們遊樂、休憩或觀賞用途者	觀光海灘、海濱遊樂區、風景名勝、特殊景觀	交通部觀光局、縣市政府觀光局（課）
5	漁業資源保育區	通常為政府公告保護者	九孔、龍蝦、紫菜、石花菜、文蛤、西施貝等保育區	縣市政府漁業局（課）、地區漁會
6	養殖區	人為管理以達到大量生物生產者	魚塭、貝類及蝦類養殖	省漁業局、縣市政府漁業科、地區漁會

類別	敏感區	說明	舉例	資料可能來源
7	港口	各類船隻、貨物進出、停泊者	商港、漁港、油港、軍港	交通部航港局、省漁業局、經濟部、國防部
8	工業入水口	需要大量用水作為製程、冷卻、稀釋用途者	核能、火力電廠、工業區等入水口	經濟部
9	其他	由現場指揮官認定的	--	--

資料來源：海上重大由汙染應變規劃（一）研究報告，行政院環境保護署 EPA-81-E3G1-09-18

9.4.2 計算

以單純採取機械方法（圍欄／汲油器）進行海洋溢油事件應變為例，其成本／效益分析相關計算應先假設：

- 從海上回收得的溢油量與所減輕因油汙染所造成的損害成正比，及
- 所施展的圍欄／汲油器能回收海上溢油量的 30%。

並定義：

Q ＝ 抵達岸上的汙油量，噸

C ＝ 以所施展的設備（圍欄／汲油器）回收溢油的有效性比率

X ＝ 每噸油汙上岸所造成的經濟損失，元

Y ＝ 回收每噸油汙所需清除費用，元

Z ＝ 回收每噸油汙的復育費用（不包含設備本身），元

如此，採用圍欄／汲油器方法回收溢油的獲益 A 可藉以下公式計算出：

$$A = CQ(X - Z + 0.3Y)$$

計算式中的參數 C 對計算結果的影響，遠大於其他參數的影響。其正是迄今最不明確的參數，取決於：

- 所用設備的有效性
- 施用設備所在地的特性

- 施用過程的天候與海況等不可抗力因子
- 施用設備與操作人員的表現

而爲使所選定的數值儘可能準確，必須先確定以下資訊：

- 所採保護海岸系統的技術與設計
- 所牽涉的自然環境參數數據
- 其他所可能採用的各種保護海岸的措施

因此，爲能恰當地評估上述 A 值，不僅需對於保護海岸措施的有效性與清除油汙的花費，能有詳實的了解，且對於復育海岸所能擔負的代價，尤其是經濟上的損失皆能充分掌握。亦即需就該特定海岸發生的某類型溢油事件，對於各利害關係者在社會經濟及生態各方面所帶來的影響，進行全盤評估。如此可根據評估結果，對諸如海岸保護體系的運作，可爲減輕溢油汙染損害帶來何種、多大的價值等問題，提供具說服力的答案。

9.5 綜合管理計畫

9.5.1 政治程序

一旦判定環境方面的問題塵埃落定，接下來的便是政治程序的問題了。所謂政治程序意味著一些技術上的標準，通常都必須屈就於一些像是危難事件、緊急狀況或是大眾的強烈情緒。其結果，凡是涉及環境的問題都必須要大眾參與，否則所作出的結論通常都不會收到效果。一個環境管理者所必須面對的，往往不單是情緒化的大眾，而且還有一些個別的公家單位，也必須一併爲其共同的目的努力配合。表 9.4 所列爲海岸地區的主要用途。

不管用什麼方法，社會都必須設定優先次序，如此環境管理者才能使該地區符合社會所需。這是很重要的一點，但卻也是很容易被完全忽略掉的一點。社會很少爲海洋地區的利用價值，預先明白設下優先次序。

表 9.4　海岸地區的主要用途

• 商業運輸（船運）	• 軍事用途
• 海岸沿線開發（居住、產業、娛樂）	• 研究與教育
• 礦場開發（溶解的成分、砂石或其他固體、石油與天然氣）	• 氣候調節
• 發電	• 生物養殖（食物、工業用材料）
• 娛樂及其他（遊艇、滑水、游泳、風浪板、日光浴、釣魚）	• 避難所及聖堂
• 海水淡化	• 廢棄物處置（生活、事業廢棄物）

　　反倒是每當優先權被突然特別指出並要求時，管理者便被迫做出欠佳的決定。由此看來，能為海洋地區的利用預設優先次序，實為海岸地區管理上的一大貢獻。

　　然而就算保護海洋環境是整體社會的共同願望，其實真的要做起來，還有許多問題。例如環保署要的是乾淨的海洋，農委會要確保漁業資源，交通部、港務局則要確保航道暢通。既然各有各的要求，則海洋的確需受到全面保護。但是一般大眾卻亦有其最基本的要求，例如：就業機會、景觀的維護、住者有其屋、經濟成長及海岸線的安全。

9.5.2 成本、效益、風險分析

　　排定優先次序的一個比較科學的方法就是設法將各活動的效益、成本、風險加以量化，並計算出成本／效益及風險／效益的比值，再根據這些比值來設定優先次序。

　　然而，這三個參數卻經常是相當的定性而難加以定量的。比方說，所謂效益大多只是人們的感受，所以最後都只是政治性的評估，而非精確計算出的。至於成本，則似乎是比較容易做到，如：建築物、房舍、機器、能源、工時等等。但是另一方面，該工作進行中所帶來的社會成本則是另一項難以估算的因子。再說風險，又是一項難以估算的參數。生命值多少？自己的跟別人的又有什麼差別？從以上我們所舉的實例，必須接受某種近似方法的估

算。臺灣海岸地區目前主要的利用包括：農業、畜牧、林業、鹽業、水產養殖等 19 種，其間存在許多不相容的情形，因而亟待全面規劃土地的利用。迄今臺灣海岸地區仍存在著以下亟待解決的環境問題：

1. 沿海地區河川及近岸的嚴重汙染——畜牧、工業、家庭汙染。
2. 海岸地層下陷及海水倒灌——超抽地下水，例如屏東佳東、雲林口湖。
3. 海岸土地鹽化。
4. 海岸侵蝕造成海岸地形嚴重改變，天然資源急遽減少——沿海地區填土、整地、建屋、開路、闢建養殖池、建機場、設施置工業區、建電廠、機廠、突堤護岸工程。
5. 沿岸天然資源的銳減——電魚、炸魚、毒魚、濫捕。

圖 9.1 所示，為汙染防治效果與汙染防治成本的關係曲線，其為一指數曲線。曲線所示，在開始進行汙染防治工作時，所支付的成本相當低廉，但在除去最後 5～10% 汙染物時，所花在汙染整治上的錢，可能是去除前面 80% 汙染物的好幾倍。

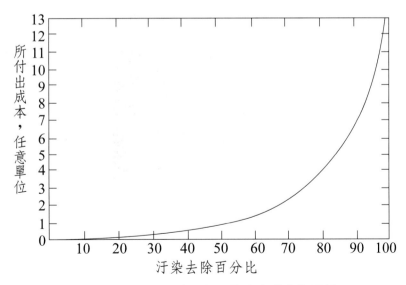

圖 9.1　汙染防治效果與汙染防治成本的關係

另一方面圖 9.2 所示，爲汙染清除率與所獲效益的關係曲線，其爲一拋物線。一開始清除汙染時，其效益是相當顯著，但在最後階段所能獲致的效益則變得相當小。

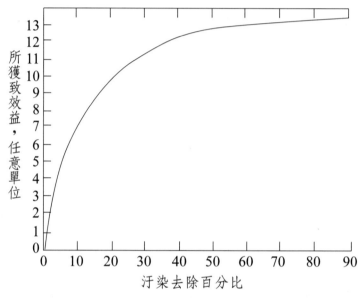

圖 9.2　汙染清除率與所獲效益的關係

接著我們可考慮效益與成本的比值。最佳成本－效益比的決定，乃在於每單位效益增加量所增加花費的成本。比方說，假如每額外增加的一塊錢投資在汙染防治上，可以得到價值大於 1 元的效益，則另外花些錢在汙染防治上，便會更加收效。反之，若額外增加的防汙開支所得到的效益卻較少，則顯然我們的汙染防治工作，已做過頭了。

在圖 9.3 當中可看出，汙染防治的最佳點並不是 A（汙染物 100% 去除），而是點 B，即每單位成本的增額與每單位汙染清除的比值和收益增加與每單位汙染防治的比值相同的點，亦即在點 B，二曲線的斜率相等。如此，我們可寫成：

$$\Delta\text{ 成本 / 單位汙染防治} = \Delta\text{ 效益 / 單位汙染防治}$$

即

dC / d(PC) = dB / d(PC)，亦即切線斜率相等的 B 點。

其中

C = 汙染清除成本

B = 汙染防治所獲致收益

PC = 汙染防治規模大小

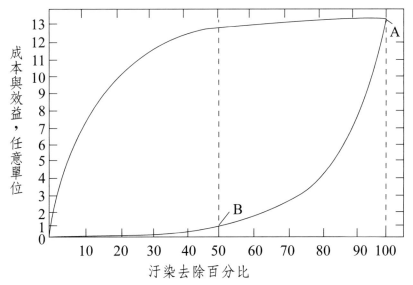

圖 9.3　汙染清除率與所支付成本及所獲效益之間的關係

從本益分析的角度來看，吾人其實並不追求將環境「完全清乾淨」，因為並不值得支付做那些開銷，來換取從中所得到的那些效益。然而此例也並不能就代表所有情況皆如此。很顯然地，在某些特別的情形下，因為對人體健康能造成危害，即使是環境中僅存在些微的汙染物，也無法接受。而也因此，汙染所帶來的風險，便必須一併考量。

每項人類活動或每項汙染都可能存在著相關的風險。有些風險針對的是環境，有些則是針對人。不難想見，要將該風險加以量化並不容易。但有一個常用的方法，就是決定出在每個人從事所考慮的活動，在每百萬小時中的

死亡個數。表 9.5 所示，爲一系列以這種方法所表示的幾種不同活動中，所帶來的風險。

表 9.5　各種活動的風險

風險	歷經一百萬小時可能的死亡率
自發性	
攀岩	40.0
騎乘機車	6.6
搭乘預定班機	2.4
抽菸	1.2
病死或老死	1.0
乘坐自用車	0.95
滑雪	0.71
搭乘火車與公車	0.08
非自發性	
發電廠	0.002

值得注意的是，以上這些活動被區分成兩個群，即自發性的與非自發性的。自發性的活動指的是一些個人可以決定要或不要去做的，其中有很多活動其風險都比因爲病、老而死的風險來得高。其他活動像是攀岩，則具有很高風險，因此只能算是一種冒險。

有趣的是，所列出的非自發性活動，發電廠所帶來的風險，竟然比在表中自發性部分中的大部分活動所帶來的風險，小將近 1,000 倍。因此，顯然我們都極厭惡人家對我們做出具危及風險的事情，卻又樂於去做對自己更具風險的事情。

爲了要將優先次序加以量化，我們接著還必須作出一些像是風險／效益比值之類的計算，如此一來，我們便需將效益加以量化。量化效益的一個可行辦法，是先假設在自發性活動情形下參與的個人，其花費與效益成

正比。而在非自發性情形下，因該活動而加諸個人年收入的與其效益成正比。從這些結果，我們可做成以下幾個結論：

1. 大眾接受自發性活動風險的意願，大約是接受非自發性活動風險的一千倍。
2. 因病、老而死的統計風險，被一般人用來作爲是否接受其他風險的標準。

要做成汙染防治的最佳決定與規範非常不容易。我們發現每件事都需付出一些代價，其有時微不足道，但有時卻又非常高昂。比方說，美國爲了達成 1972 年「聯邦水汙染法」當中所通過的 1983 年標準，光是在都市汙水處理方面，在當時就花費近 3 千 5 百億美元。這筆開銷包括花在非點源汙染的控管及更新汙水處理廠。

從以上實例我們應深刻了解，任何一個清除計畫都必須付出一筆可觀的代價。一旦我們決定以環境爲第一優先願意花這筆錢，便表示接下來我們可能沒有充裕的錢花在其他方面，而其他無形的損失，像是社會的不安與經濟的衰退等，也都難以估算。

因此我們終究需做一個抉擇，而要使此抉擇正確不至後悔，首先便必須收集充足的數據與資料，期使所決定的收益、代價及風險力求精確。此外，未來的環境目標還取決於兩套標準：一是以上所定義的科學標準，另一則是部分社會大眾的感受。

至於必須大幅改變個人生活形態的，即便已有充分的科學證據，仍難以使社會大眾接受。所以未來的海洋環境，不僅有賴提高人們的環保意識，告訴人們環境的珍貴，同時也有必要教育人民，如何選擇在某個時期的環保目標、標準、規範及方法。

此外，我們必須假設這些目標、標準、規範及方法，都不會是永不改變，而是隨著時間的演進做彈性調整的。所以我們需隨時偵測的，將不僅只是環境，還需包括大眾的取向。有了這類完善的偵測，我們可隨時調整的，不只是標準、規範及方法，而且連我們追求的目標，也會隨著異動。

徵稅常被用做落實汙染防制的手段。藉由課徵汙染防制稅可得到的效果

包括：對某些行為造成鼓勵、抑制某些行為，及得以籌錢以進行防制工作。因此藉徵稅防制汙染固然可行，條件是需隨所造成的汙染後果付費。

實際上有些人繳了汙染罰金，卻繼續做他的汙染者。其結果，這些人等於是付錢換取「汙染許可證」。徵稅的做法並非行不通，問題可能出在課得太輕，因此需採累進稅制，以符合汙染少付少，汙染多付多的原則。此處所謂少或多，指的是社會成本而言。

從以上討論可知，當今海洋環境管理的問題已非技術、科學層面的問題，如今的重點在於社會及經濟層面。至於未來的重點，則尚需獲取更多有關於海洋汙染的成本與益處等的資訊。

9.6 汙染和海洋休閒活動

今天靠近都市的海岸地區，往往都存在著嚴重的海洋垃圾汙染問題，而其他許多區域也有類似的困擾。休閒旅遊業中的船舶活動，是造成海洋垃圾汙染的主因之一。據統計，從船舶休閒旅遊活動所產生的海洋垃圾，約占垃圾總量的 4%。

而另一方面，海洋汙染對全球休閒旅遊業所造成的衝擊，亦不容忽略。愈來愈多的證據顯示，環境的惡化對海岸渡假區的經濟，具有毀滅性的影響。舉一個典型的案例來說，某海灘渡假中心因為汙水意外排放，導致海灘上的水上運動被迫完全停止。緊接著，旅館住房率隨即從 85% 降至不到40%。即便後來狀況回穩，接下來仍有長達 3 年，住房率不及六成。該區原本從海岸休閒帶來的觀光收入約每年 4 億美元，事件發生後收入銳減至不到原本的四成。從事件發生到狀況回穩這段期間，觀光收入總損失超過 5 億美元，大約相當於蓋一座能有效處理汙水之處理廠所需造價的 10 倍。

9.6.1 海洋汙染造成的損失

據統計，全球因為海洋汙染造成海岸休閒旅遊業的損失，大約每年 200億美元。除非能從根本減少或防止海洋汙染，否則損失的額度還會逐年攀

升。在某些地區，爲了確保環境安全及可靠的觀光收入，人們將觀光業移到人工化的休閒設施及環境，例如擁有人造海浪的人工控制潟湖即是。但在全球對海岸休閒旅遊的期盼日益殷切之際，投資龐大的人工設施，也絕非長久且大規模的解決之道。

　　人類對海岸地形所造成的消長改變，會導致更長遠的海岸環境問題。一旦海岸消失了，具保護功能的沙丘或堤壩，就會被海水穿透或沖刷殆盡。反之，如果沉積層大量增加，幾年的時間內海岸渡假勝地，就會被陸地包圍。

　　實際上海岸汙染對休閒旅遊業所造成的，經濟上或是社會上的衝擊，都很難量化。除了像是收入減少造成的直接經濟損失之外，還會有其他副作用，例如工作機會流失、人群遷徙以及經濟泡沫化等。

　　過去一段時間已累積不少，針對海岸區域有效管理的研究成果，研究中將成本與獲利情形一併納入考量。許多研究指出，難處不僅在於如何去定義，更難的是如何將成本以及獲利量化，並找出成本和獲利之間，相互依賴的關係。

　　對許多諸如北非、加勒比海、南太平洋以及東南亞地區的開發中國家而言，休閒旅遊業格外重要。大多數這種以海岸區爲主或相關的海洋活動，爲當地國帶來了重要的經濟貢獻。因此有關海洋環境的維護，對一些開發中國家及其他在海洋環境管理上，未能有效因應的國家，更顯重要。

　　比方說，由於海藻生長失控、河水排放中低度或高度飽和的汙水或毒素，以及海底持續性的沉積，海岸的汙染將會爲海洋休閒功能帶來長遠的影響。許多案例顯示，即使在排除了海岸汙染的汙染源之後，其所帶來的衝擊仍會持續多年。再者，海岸的汙染會影響海岸物質的平衡，包括海灘及岸邊土地的肥沃或貧瘠，以及海洋底泥的累積，都會影響海洋環境。

　　離岸海洋的汙染，將影響帆船及海釣等外海活動的休閒功能。海洋汙染所產生的惡臭，則會使得海岸地區失去號召遊客的吸引力，有時甚至嚴重到不適合人類居住。不過儘管如此，這些臨海地區的土地，還是能維持一定的價值。

　　環境惡化的程度會依許多不同因素而定。這些顯現在外的因素分別爲：

休閒功能的低落、經濟價值的低落以及社會發展機會的減損等。雖然這些因素一般都是獨立的議題，但卻會相互影響。

　　休閒功能的低落，意味著海岸區域的主要功能無法有效發揮，其所伴隨而來的就是經濟的低落。在休閒功能的主題上，即便是小規模的功能減損，往往仍可招致大規模經濟價值的低落，進而演變成社會發展惡化及就業機會的銳減。

　　例如，某一個旅遊業興盛的海灘渡假勝地，被鄰近食品加工廠因為故障所排放的汙水所侵擾，可能會造成局部海水和海灘休閒品質的低落。此將造成部分遊客暫時離開或從此不來消費。而業者為了維持基本營運，只好以折扣壓低價格，此又造成收入銳減。另外，即使只是暫時性的汙染傷害，若要以封鎖或大舉清除的方式改善，恐也成效有限。

　　海岸的汙染同時也會影響海灘本身，實例包括由於各類型廢棄物丟棄在海灘，及放流汙水中所含毒性，使得海水中含有大量細菌與毒性。近年來在全世界各地海灘出現的醫療廢棄物，已構成汙染危機，其所導致的傷害遠超過醫療廢棄物處理單位所能估算。

　　堆積在海灘的海洋廢棄物通常是頑強不易移除的。海岸線的改變、岸邊海底地形地貌的變化、近岸或離岸各種建築物林立，都會造成海灘侵蝕及退化。海灘景觀小小的變化，即可降低該灘地休閒功能的可用性，並減少對遊客的號召力。

9.6.2 休閒娛樂功能的惡化

　　時至今日，海洋的功能當中（尤其在海岸區域），和海洋休閒與旅遊活動相關的消費支出，已逐漸攀升占全球休閒及旅遊消費支出的 30% 以上。乘船漫遊就是一個價值 248 億美元的工業，另一海岸帆船活動（包括釣魚運動），如今全球每年就占了 390 億美元的營業額。僅美國一個國家的海岸渡假屋及飯店事業，一年的營收就超過 380 億美元，全球的營收金額則高達千億美元。

　　全球海洋休閒及旅遊活動，創造出每年超過 2,500 億美元的價值，相當

於所有休閒及旅遊業的 30%。因此海洋環境的品質對海洋的休閒娛樂功能影響不言可喻。其中之一，便是會影響到主要的收入來源（及就業），這種現象對於位居加勒比海、南太平洋及印度洋的海島國家而言，格外明顯。

海洋環境的衝擊，不僅會影響人們健康與相關休閒用途的生存，同時也會間接影響運輸業及其他相關產業。一般而言，休閒旅遊業可比其他經濟活動衍生更高的附加價值。尤其在開發中國家，對就業機會和經濟發展的影響更大。

就許多國家而言，休閒旅遊業不僅是整體經濟重要的一環，也對其外匯收入及工作機會有顯著的貢獻。過去二十幾年來，全球休閒旅遊業以每年8.8 個百分點的速度成長，成長率是總經濟成長的兩倍。而其中又以海岸與海洋休閒旅遊的發展占最大宗。然而一旦環境劣質化了，休閒旅遊活動對於環境長期受害的容忍是極有限，而環境品質的控制也益顯重要。休閒旅遊業除了和同業競爭激烈，它畢竟並非民生必需品，只是消費選項之一。而人們在選擇休閒旅遊時，大多會以品質與口碑來做判斷。舉例來說，就算某海濱渡假勝地的海岸只遭到短暫的汙水或是動物殘骸的汙染，就有可能要歷經好幾年的時間，才能恢復原來的觀光市場。

9.7 與環境相容的海洋公園

9.7.1 旅遊區開發與營運的演進

旅遊區開發計畫所必須面對的管制、法規及財務等議題的複雜性，不僅使整個規劃過程延長，所涉及非技術面的考慮因素亦待釐清。唯有在整個過程中經過縝密的籌劃才能確保如期順利付諸營運。而廣泛與各相關組織與人士討論，並從各角度持續監測營運狀況，才能避免可能危及營運的因素，而確保永續經營。

評估海洋公園計畫的考量因素

值得注意的是，海洋公園計畫除在市場、位置及用途方面各有其特定

性外，在環境方面亦有特定性。整體而言，海洋公園計畫的環境評估，如圖 9.4 所示。

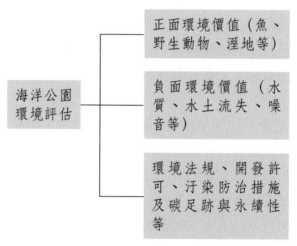

圖 9.4　海洋公園計畫的環境評估

　　正面環境價值指的是已經存在的有利條件，應儘可能保留與發揮。負面環境因子即指一般會隨著海洋的開發與利用伴隨而來的。這部分即便無法完全避免，也應儘可能減輕，並設法彌補。

　　有待儘可能保留與發揮的正面環境因子包括以下：

- 自然生態與資源——如陸上、水中動植物
- 水質——如河口、海水
- 山坡地——如森林、植被、水土
- 環境衛生
- 景觀
- 海岸線
- 寧靜

環境和休閒娛樂、觀光間的平衡

　　環境保育與娛樂、觀光及其開發課題間的平衡，會依序隨各種狀況改變。為維護自然生態，應儘可能免去人為工事，以避免衝擊。而某些敏感範

圍，除進行資源管理監測或認可的科學研究外，應不允許進入。作爲以自然爲導向的休閒娛樂，應儘可能保留自然風貌，並採取極有限的工事。例如鋪設可防水土浸蝕及防止遊客進入敏感區域的障礙。

　　由於多目標用途的需求，各用途之間不免存在一些可能的矛盾。例如：

- 泳客或浮潛者與動力小艇／滑水者
- 泳客與衝浪者
- 浮潛者與水肺潛水者
- 海灘遊客與沙灘車
- 運動釣客與商業性捕魚
- 有組織的團體與個人

這些活動之間的衝突包括：

- 明顯的危險性（例如：小艇／泳客）。
- 生物資源的競爭（例如：運動的釣魚／商業性的捕魚）。
- 自然景觀的欣賞，與另一種形態娛樂價值的人工設施。

至於避免以上衝突的實例則包括：

- 以浮具作記，劃定游泳區以排除動力小艇入內活動。
- 禁止在水下天然路徑附近的各種釣／捕魚活動。
- 禁止在水下天然路徑附近的水肺潛水。
- 禁止在部分原來的商業捕魚海灘上釣魚。
- 允許賽舟活動，但其範圍需加以管制。
- 在海鳥築巢季停止海灘捕魚。
- 禁止或限制在海灘上行駛車輛。

9.7.2 實例一，女王頭的省思

　　臺灣野柳風景區女王頭等獨特海岸景觀，由於長久以來任由遊客接近，以至加速受損，女王頭有瀕臨落地的危機。從野柳實例，不難令人聯想到我們的海岸，因地處海、陸交會的尷尬邊際，一直缺乏一套完整而有效的的管理策略。而隨著解嚴、海岸逐漸開放，類似野柳的問題陸續浮現，不難

預期。原來，保護女王頭大可藉限制遊客「只能看不能摸」達到，只是面對著每年可觀的門票收入，管理當局也只有儘量不去掃遊客的興。

聯合國環境綱領曾指出：無計畫或規範不當的海岸開發中，最急待保護的生態系包括河口、紅樹林、溼地、海草床及珊瑚礁。而實際上，任何像是休閒漁業、滑水、動力小艇、潛水及水下攝影等海岸休閒活動，都可視其活動的密度及形態，而對海岸環境帶來某種程度的影響。

或許我們暫時可以慶幸，目前臺灣海岸環境所受的威脅，除了已呈現的女王頭問題外，前述海岸生態系尚未受到觀光的威脅。但隨著一波波觀光客湧向海岸之際，令人擔心的卻是除了放眼觀光收入，大肆開發觀光資源，我們的海岸保護政策在哪裡？需知，有很多海岸生態是一旦失去，就再無法恢復的。

9.7.3 實例二，金崙灣海洋公園規劃

過去類似臺東金崙灣海洋公園開發計畫，所考量的核心因素不外當地區域性開發計畫及市場。然近十幾年來，環境因子所占的重要性持續大幅領先與成長。伴隨著結構物及設施、交通工具及人等的明顯增加，而對環境可能造成，如表 9.6 所列不等程度的影響。

表 9.6　設施、交通工具、人等增加，對環境可能造成的影響

改變的項目	舉例	影響
結構物及設施	碼頭、旅館、商店、倉庫、消波塊、防波堤、觀景臺、娛樂設施	景觀改變及水土侵蝕
交通工具	車、船、飛機所需的道路、橋樑、停車場、靠泊、維修、加油設施	景觀、噪音、海岸線、水土侵蝕、廢棄物及空氣、水中的排放物
人	遊客及服務工作人員	水源、電及能源、垃圾、廢汙水、噪音、安全問題

環保規劃

就金崙灣海洋公園而言，為達到保護前述正面環境因子的目的，不僅

需在事前規劃工作中顧及必要的，例如生態與水質調查等預防與評估，公園建立後藉由廢油、水之處理等措施以防治汙染，真正的關鍵還在於對包括遊客、導遊、工作人員、當地居民及商家等人的宣導教育及訓練。下表所列為主要環保規劃項目及其目標：

環保規劃項目	目標
景觀設計	使結構物、設施與環境和諧並避免各種活動間可能的干擾
水土工程	逕流控制、水土流失的控制
生態調查	確保生態平衡
水質調查	避免油、清潔劑、農藥、肥料等化學品的汙染
廢油及廢汙水之處理	減量產生、有效收集、處理與處置
供水系統	有效利用並力求省水
電力及能源的供應	預設替代方案並力求省能
廢棄物的控制	減量、分類、內容控制、有效清理
人員的宣導教育與訓練	寓教於樂以確保公園環境品質
防止油汙	控制加油站、儲油槽等汙染源
防蝕塗料與方法的慎選	避免汙染
清洗站的設置	控制汙染源
建立有機花園、農場	寓教於樂並增加賣點

廢、汙水及廢棄物處理

　　無論對於遊客或區域內業者而言，廢棄物及廢汙水的棄置方法都只是簡單常識。然而，絕大多數旅遊區的經驗，卻都是甚難防範任意排放與棄置的行為。影響這類行為的主要因素包括：

- 棄置往返交通不便。
- 廢汙水抽除不可靠。
- 法令不當、不足或執行不力。
- 大眾對於相關法令認識不足。

- 大眾對於其汙染行為對公共衛生或環境、生態的危害認識不清，並對於環境缺乏負責的態度。

因此，垃圾的收集應從二方面進行：

- 垃圾桶、垃圾車等收集容器設置在最方便丟垃圾的地點，以確保垃圾不致四處散布，而一旦設置了這些容器，便必須確實定期維護並清除，尤其是密集使用的假日等時段。容器需選擇加蓋，有疏水孔，並以堅固的塑膠等不腐蝕材料製作的。
- 盡可能避免使用不易分解且會漂浮的保麗龍或塑膠杯子、餐具等器具。

其他防範汙染措施包括：

- 燃油等石化品的地面或地下容器，顧及其老化、破裂後漏溢可能造成的地面或地下汙染，必須選擇符合最安全等級的雙重殼容器。
- 防止意外溢出的油或化學品造成汙染，必須備妥應變緊急狀況所需的攔油索及吸油布等清除器具與材料。除負有緊急任務的巡邏艇外，盡可能管制使用動力小艇及水上摩托車。
- 為防止開發建設及各種活動所造成的河岸或海岸土壤流失，進而破壞水體水質，應事先做好周圍的水土保持工程。並盡可能選擇能與原有景觀搭襯，能夠維持自然感官的植被或石材。
- 船艇及設施的維修保養應避免清潔劑、油漆及化學溶劑等對水體造成汙染，其清洗所產生的廢水及廢棄物應設法收集處理與處置，而這類工作應限制只能在指定地點進行。
- 在區域內所可能產生的各種汙染物，如油等化學品應定期（約一年一次）盤點，並對其使用者進行宣導與訓練，使充分了解汙染防治措施及意外溢出時的應變步驟。
- 建立完整的廢棄物清理系統，並確保其終年正常運作。
- 在適當的位置設置攔網或攔索，收集水面的溢油及垃圾。
- 供水：安裝止回閥、自動停止閥等節水裝置。
- 衛生設備及抽出系統：選擇時需充分考慮使用大眾的方便。

- 漁獲等的清洗站：選擇適當地點，設立完善清洗站，不僅可以提供釣客服務還可確保清洗產生的廢棄物及汙水的收集，清洗站的排水需接至衛生水系統。

小結

　　海岸及海洋觀光對於地方與國家整體，無論從經濟、社會、文化等各角度來看都有其正面價值；甚而亦可能有助於環境的保護。然不可諱言，依過去國內外的經驗，海岸管理原本就是既困難又難獲得重視的。通常相關議題辯論的結果如何，只取決於個人的價值觀，而觀光支持者的態度往往和環境支持者的態度一樣，都很難商量，也都很難接受折衷。因而這類戰爭所造就的往往不是贏家就是輸家，其間沒有妥協。

　　也因此，未來對於類似臺東金崙灣海洋公園的海岸與海洋觀光的議題，應廣泛邀集各領域如：

- 環境及社會科學
- 資源及海岸地區管理
- 教育
- 法律
- 商業經濟
- 專家及研究者
- 政策分析者
- 綱領評估者
- 規劃者甚至詩人、藝術家等

一起做完整的討論。並積極展開以下相關的研究：

- 環境及社會的監測
- 目前觀光模式的改進，訂出環境所能接受的改變限度
- 海洋公園、保護區及生物圈的設計、完成與落實
- 提升地方社區參與觀光開發計畫的程度
- 建立淺顯的生態觀光教育計畫，以培養有責任心的觀光客。

9.8 動態海洋管理

　　大多海洋管理技巧（例如海洋保護區）在移動的動物與資源使用者等周圍，劃設固定的界線海洋。而動態海洋管理則是透過對近乎即時的生物學、海洋學、社會及經濟等數據的整合，在空間與時間上，隨著海洋與其使用者，做出應變。如此，動態管理可對管理區的時間與空間尺規做修正，以在生態與經濟目標上，獲致較佳的平衡。

　　既有的實例顯示，動態海洋管理可讓經營者可藉以快速對海面的變化做出應變，然而要能更廣泛的落實動態海洋管理，則尚需補足若干短缺。這些包括強化法律機制、整合生態與社會經濟層面的考量、建立透明平臺以將動態管理數據提供給使用者，以及在其他海洋資源部門之間擴大應用之開發。

　　動態海洋管理可定義為：根據新生物學、海洋學、社會與經濟近乎即時的數據，在空間與時間上做出快速改變，以回應海洋及其使用者特性變動的管理（如圖 9.5 所示）。包括生物、遙測、社會經濟及使用者分布數據等

圖 9.5　動態海洋管理圖示

多種數據類型，可在動態管理當中整合。數據經過處理，接著分送給使用者（例如管理者與資源使用者），其通常可利用智慧型手機等動態數據分享技術。

　　實際進行動態管理時，我們可整合：(1) 遙測、動物追蹤或魚群觀察數據等既有數據組、(2) 讓我們可預測在空間與時間上的關鍵物種分布、使用者行為或海洋棲地的先進分析處理與模型技術，以及 (3) 像是手持裝置等快速數據分享技術，以操作比過去更能細膩回應的動態工具。

　　這類做法到近幾十年才得以付諸實行，主要受限於相關技術的改進，及模型所需要的長期數據組。這些數據組未來可透過遙測等得到可靠的收集。儘管動態管理並不一定需要整套的先進技術，其功能與容量仍賴整合各種數據類型與技術平臺。遙測數據都屬現成且往往可免費取得。動物追蹤數據的升級也讓我們得以接近及時對於動物的移動與棲地進一步了解。而分析過程的升級也讓我們可利用和遙測數據整合在一起的動物分布數據與棲地模型技術，預測出動物棲地。

　　接下來，這些模型還可和，例如動物追蹤、海上調查、業界觀察者或使用者所收集的數據等許多數據來源整合在一起。同時很關鍵的是，數據分享技術也得以用於支援動態管理。透過收音機或電子郵件等較低階技術的通信已然存在，而透過例如智慧型手機等移動技術的較複雜通信系統，以及相應衛星（corresponding satellite）與行動數據能力（cellular data capabilities）都快速改進與降低成本。這些技術對於動態海洋管理方法所需要的海洋使用者之間的雙向數據共享，都特別適合。

參考資料

Adam, W., D. Ballmaier, B. Epe, G.N. Grimm, and C.R. Saha-Möller. 1995. N-Hydroxypyridinethiones as photochemical hydroxyl radical sources for oxidative DNA damage. Angew. Chem. Int. Ed. Engl. 34(19), 2156-2158.

Afgan, N.H., P.A. Pilavachi, M. G. Carvalho. 2007. Multi-criteria evaluation of natural gas resources. Energy Policy, Volume 35, Issue 1, 01 2007, 704-713.

Aldenberg, T. and W. Slob. 1993. Confidence limits for hazardous concentrations based on logistically distributed NOEC toxicity data. Ecotoxicol. Environ. Saf. 25, 48-63.

Alderman, R., M. Pauza, J. Bell, R. Taylor, T. Carter and D. Fordham. 1999. Marine Debris in North-east Arnhem Land Northern Territory Australia. In, Leitch, K. (Ed) Entanglement of Marine Turtles in Netting: North-east Arnhem Land, Northern Territory, Australia, Dhimurru Land Management Aboriginal Corporation, Nhulunbuy.

Alföldy, B., Lööv, J.B., Lagler, F., Mellqvist, J., Berg, N., Beecken, J., Weststrate, H., Duyzer, J., Bencs, L., Horemans, B., Cavalli, F., Putaud, J.P., Janssens-Maenhout, G., Csordás, A.P., Van Grieken, V, Borowiak, A., Hjorth, J. Measurements of air pollution emission factors for marine transportation in SECA.

Aloui, Omar, and Lahcen Kenny. 2005. "The Cost of Compliance with SPS Standards for Moroccan Exports: A Case Study." Agriculture and Rural Development Discussion Paper, World Bank, Washington, DC. APEC (Asia-Pacific Economic Cooperation)

Alvik, S., M. Eide, Ø. Endresen, P. Hoffmann, T. Longva, 2009. Pathways to low-carbon shipping - Abatement potential towards 2030. Report, Oslo: DNV, 2009.

AMSA. 1999a. Garbage disposal at sea results in prosecution. Website, www.amsa.gov.au/me/pollut/Garpro.htm Australian Maritime Safety Authority, March 2003.

AMSA. 1999b. Fairstar owners prosecuted for garbage discharge. Website, www.amsa. gov.au/me/pollut/Fairstar.htm Australian Maritime Safety Authority, March 2003.

Ananthaswamy, A. 2001. A Diet of Plastic Pellets Plays Havoc with Animals Immunity, New Scientist 169(2274), 18.

Anderson, C.D. 1998. TBT and TBT-free antifouling paints-efficiency and track record. Prepared by International Paint and presented at the IBC conference Marine Environmental Regulation: The Cost to the Shipping Industry, International Conference, London, September 1998.

Andrady, A. 1990. Environmental degradation of plastics under land and marine exposure conditions. In Shomura, R.S & Godfrey, M.L. (Eds), Proceedings of the International Conference on Marine Debris, Honolulu, 2-7 April 1989. US Department of Commerce. National Oceanographic and Atmospheric Administration Technical Memo. NPAA-TMNMFS-SWFSC-154: 848-869.

Andrady, A. 2000. Plastics and their impacts in the marine environment. In, McIntosh, N., K. Simonds, M. Donohue, C. Brammer, S. Manson, and S. Carbajal. 2000. Proceedings of the International Marine Debris Conference on Derelict Fishing Gear and the Ocean Environment, 6-11 August 2000, Honolulu, HI. Hawaiian Islands Humpback Whale National Marine Sanctuary, US Department of Commerce: 137-143.

Asche, F., P. Osmundsen, R. Tveterås. 2000. Market Integration for Natural Gas in Europe. Bergen: SNF-Report No. 45/00, 2000.

Baird, R.W., and S.K. Hooker. 2000. Ingestion of Plastic and Unusual Prey by a Juvenile Harbour Porpoise. Marine Pollution Bulletin, 40(8), 719-720.

Balazs, G. 1985. Impact of Ocean Debris on Marine Turtles: Entanglement and Ingestion, In, Shomura, R.S. M.L. Godfrey (Eds). 1990. Proceedings of the Second International Conference on Marine Debris, 2-7 April 1989, Honolulu, HI. US Department of Commerce, NOAA Tech. Memo. NMFS, NOAA-TM-NMFS-SWFSC-154: 387-429.

Balzani Lööv, J.M. B. Alfoldy, L. F. L. Gast, J. Hjorth, F. Lagler, J. Mellqvist, J. Beecken, N. Berg, J. Duyzer, H. Westrate, D. P. J. Swart, A. J. C. Berkhout, J.-P. Jalkanen, A. J. Prata, G. R. van der Hoff, A. Borowiak. Field test of available methods to measure remotely SO$_x$ and NO$_x$ emissions from ships.Atmos. Meas. Tech., 7(8), 2597-2613, 2014.

Barnes, D. 2002. Invasions by marine life on plastic debris, Nature 416 (25 April): 808-809.

Barnes, D.K.A., Galgani, F., Thompson, R.C., Barlaz, M., 2009. Accumulation and fragmentation of plastic debris in global environments. Philos Trans R Soc Lond B Biol Sci 364, 1985-1998.

Barreiros, J.P. and J. Barcelos. 2001. Plastic Ingestion by a Leatherback Turtle Dermochelys coriacea from the Azores (NE Atlantic). Marine Pollution Bulletin. 42(11), 1196-1197.

Bax, N., Carlton, J.T., Matthews-Amos, A., Haedrich, R.L., Howarth, F.G., Purcell, J.E., Rieser, A., Gray, A., 2001. The control of biological invasions in the world's oceans. Conservation Biology 15, 1234-1246.

Beachwatch. 1995. A marine debris survey by the Parks and Wildlife Commission of the Northern Territory, Parks and Wildlife Commission of the Northern Territory, Palmerston, NT.

Becagli, S., Sferlazzo, D.M., Pace, G., Sarra, A.d., Bommarito, C., Calzolai, G., Ghedini, C., Lucarelli, F., Meloni, D., Monteleone, F., Severi, M., Traversi, R., Udisti, R., 2012.'Evidence for ships emissions in the Central Mediterranean Sea from aerosol chemical analyses at the island of Lampedusa', Atmos. Chem. Phys. Discuss, (11) 29915-29947.

Beck, C. and N. Barros. 1991. The impact of debris on the Florida Manatee, Marine Pollution Bulletin 22(10), 508-510.

Beecken, J., J. Mellqvist, K. Salo, J. Ekholm, J.-P.Jalkanen.Airborne emission measurements of SO_2 , NO_x and particles from individual ships using a sniffer technique. Atmos. Meas. Tech., 7, Volume 7, issue 7 1957-1968, 2014.

Bell, D.V., Odin, N., Austin, A., Hayhow, S., Jones, A., Strong, A., Torres, E., 1985. The Impact of Anglers on Wildlife and Site Amenity. A Report. Department of Applied Biology, UWIST, Cardiff, UK.

Bennett, R.F. 1996. Industrial manufacture and applications of tributyltin compounds. Page 21 - 61 in S.J. De Mora, editor. Tributyltin: Case study of an environmental contaminant. Cambridge Environmental Chemistry Series No. 8.

Benton T.G. 1995. From castaways to throwaways: marine litter in the Pitcairn Islands. Biol. J. Linn. Soc., 56 (1995), 415-422

Berg, N., Mellqvist, J., Jalkanen, J.P., Balzani, J. 2012. Ship emissions of SO_2 and NO_2: DOAS measurements from airborne platforms. Atmos. Meas. Tech., 5(5), 1085-1098.

Berkhout, A.J.C., Swart, D.P.J., van der Hoff, G.R., 2012, Sulphur dioxide emissions of oceangoing vessels measured remotely with Lidar, Rapport 609021119/2012, National Institute for Public Health and the Environment, Bilthoven, The Netherlands.

Bessagnet, B., Menut, L., Curci, G., Hodzic, A., Guillaume, B., Liousse, C., Moukhtar, S., Pun, B., Seigneur, C. and Schulz, M., 2008, Regional modeling of carbonaceous aerosols over Europe— focus on secondary organic aerosols, Journal of Atmospheric Chemistry, (61), 175-202.

Bjorndal K.A., Bolten A.B., Lageux C.J. 1995. Ingestion of marine debris by juvenile sea turtles in coastal Florida habitats. Mar. Pollut. Bull., 28 (1994), 154-158

Bleck, R., Halliwell, G. R., Jr., Wallcraft, A. J., Carroll, S., Kelly, K., Rushing, K. (2002). Hybrid coordinate ocean model (HYCOM) user's manual: details of the numerical code. Retrieved from http://hycom.org

Blight, L.K., and A.E. Burger. 1997. Occurrence of Plastic Particles in Sea-birds from the Eastern North Pacific. Marine Pollution Bulletin, 34(5), 323-325.

Blumberg, A. F., Mellor, G. L. (1987). A description of a three-dimensional coastal ocean circulation model. In N. Heaps (Ed.), Three- Dimensional Coastal Ocean Models (208 pp.). American Geophysical Union.

Brainard, R., D. Foley, M. Donohue, and R. Boland. 2000b. Accumulation of derelict fishing gear by ocean currents threatens coral reefs of Hawaii, In Abstracts of the Ninth International Coral Reef Symposium, 23-27 October 2000, Bali, Indonesia: 276.

Brainard, R., D. Foley, M. Donohue. 2000a. Origins, Types, Distribution and Magnitude of Derelict Fishing Gear. In, McIntosh, N., K. Simonds, M. Donohue, C. Brammer, S. Manson, and S. Carbajal. 2000. Proceedings of the International Marine Debris Conference on Derelict Fishing Gear and the Ocean Environment, 6-11 August 2000, Honolulu, HI.

Browne, M.A., Dissanayake, A., Galloway, T.S., Lowe, D.M., Thompson, R.C., 2008. Ingested microscopic plastic translocates to the circulatory system of the mussel, Mytilus edulis (L). Environ. Sci. Technol. 42, 5026-5031.

Bryan, K. (1969). A numerical method for the study of the world ocean. Journal of Computational Physics, 4, 347-376.

Bryan, K., Cox, M. D. (1967). A numerical investigation of the oceanic general circulation. Tellus, 19, 54-80.

Bryan, K., Cox, M. D. (1968). A nonlinear model of an ocean driven by wind and differential heating: Part II. An analysis of the heat, vorticity, and energy balance. Journal of the Atmospheric Sciences, 25, 968-978.

Budetta, Michelle, and Roberta Piermartini. 2009. "A Mapping of Regional Rules on Technical Barriers to Trade." In Regional Rules in the Global Trading System, (Ed.) Antoni Estevadeordal, Kati Suominen, and Robert Teh. Cambridge, U.K.: Cambridge University Press.

Bugoni, L., L. Krause, and M. V. Petry. 2001. Marine Debris and Human Impacts on Sea Turtles in Southern Brazil, Marine Pollution Bulletin, 42(12), 1330-1335.

Buhaug, Ø., Corbett, J.J., Endresen, Ø., Eyring, V., Faber, J., Hanayama, S., Lee, D.S., Lindstad, H., Mjelde, A., Pålsson, C., Wanquing, W., Winebrake, J.J. and Yoshida, K., 2009, Second IMO GHG Study 2009, International Maritime Organization, London, United Kingdom.

Bullimore, B.A., P. B. Newman, M. Kaiser, S. Gilbert, and K. Lock. 2000. A study of catches in a fleet of 'ghost-fishing' pots. Fishery Bulletin, 99(2), 247-253.

Cadee, G.C. 2002. Seabirds and floating plastic debris. Marine Pollution Bulletin, 44, 1294-1295.

Campling, P., Janssen, L. and Vanherle, K., 2012, Specific evaluation of emissions from shipping including assessment for the establishment of possible new emission control areas in European Seas, VITO, Mol, Belgium, September 2012.

Campling, P., van den Bossche, K., Duerinck, J., 2010, Market-based instruments for reducing air pollution Lot 2: Assessment of Policy Options to reduce Air Pollution from Shipping, Final Report for the European Commission's DG Environment (http://ec.europa.eu/environment/air/transport/pdf/MBI%20Lot%202.pdf).

Cardwell, R.D., M.S. Brancato, J. Toll, D. DeForest, and L. Tear. 1999. Aquatic ecological risks posed by tributyltin in United States surface waters: pre-1989 to 1996 data. Environ. Toxicol. Chem. 18(3), 567-577.

Carne, B. 2001. Fish net issues. Aboriginal Fishery Information News, 1(January): 1

Carr, A., and J. Harris. 1997. Ghost-fishing gear: have fishing practices during the past few years reduced the impact? In, Coe, J.M. and A.B. Rogers (Eds) Marine Debris. Sources, Impacts and Solutions. Springer-Verlag, New York: 141-151.

Carr, A., 1987. Impact of nondegradable marine debris on the ecology and survival outlook of sea turtles. Mar. Pollut. Bull. 18, 352-356.

Carson, H. S., Lamson, M. R., Nakashima, D., Toloumu, D., Hafner, J., Maximenko, N., McDermid, K. J. (2013). Tracking the sources and sinks of local marine debris in Hawaii. Marine Environmental Research, 84, 76-83.

Cary, J. L., J. E. Robinson, K.A. Grey. 1987. Survey of beach litter in the proposed Marmion Marine Park near Perth, Western Australia. Collected Technical Reports on the Marmion Marion Park, Perth, Western Australia. Tech. Series No.19. EPA, Perth; 200-209.

CEFIC (Conseil European des Federations de l'industrie Chimique). 1994. Use of organotin compounds in antifouling paints. Paper presented at 35th Session of the Marine Environment Protection Committee, International Maritime Organisation, London, March 7-11.

CEFIC. 1996. Harmful effects of the use of antifouling paints for ships: A review of existing antifouling paints and the development of alternative systems. Submitted to the International Maritime Organization Marine Environmental Protection Committee, May 3, 1996, MEPC 38/14/4.

Center for Energy Economics. 2007. Introduction to LNG. http://www.beg.utexas.edu/ energyecon/lng/documents/CEE_INTRODUCTION_TO_LNG_FINAL.pdf (accessed 03 11, 2003).

Champ, M.A. and P.F. Seligman. 1996. An introduction to organotin compounds and their use in antifouling coatings. Chapter 1 in Organotin environmental fate and effects. 1-25 pp.

Chan, E., H. Liew, A. Mazlan. 1988. The incidental capture of sea turtles in fishing gear in Terengganu, Malaysia, Biological Conservation 43, 1-7.

Chang, C.C., Jia-Lin Wang,Chih-Yuan Chang,Mao-Chang Liang,Ming-Ren Lin. 2016. Development of a multicopter-carried whole air sampling apparatus and its applications in environmental studies. Chemosphere.Volume 144, 484-492.

Chang, Y., Lee, S., Tongzon, J.L., Port selection factors by shipping lines: different perspectives between trunk liners and feeder service providers. Marine Policy 32(2008), 877-885.

Chassignet, E. P., Hurlburt, H. E., Smedstad, O. M., Halliwell, G. R., Wallcraft, A. J.,

Metzger, E. J., Blanton, B. O., Lozano, C., Rao, D. B., Hogan, P. J., Srinivasan, A. (2006). Generalized vertical coordinates for eddy-resolving global and coastal ocean forecasts. Oceanography, 19(1), 118-129.

Chassignet, E. P., Hurlburt, H. E., Smedstad, O. M., Halliwell, G. R., Hogan, P. J., Wallcraft, A. J., Baraille, R., Bleck, R. (2007). The HYCOM (HYbrid Coordinate Ocean Model) data assimilative system. Journal of Marine Systems, 65, 60-83.

Chassignet, E. P., Smith, L. T., Halliwell, G. R., Jr., Bleck, R. (2003). North Atlantic simulations with the hybrid coordinate ocean model (HYCOM): impact of the vertical coordinate choice, reference density, and thermobaricity. Journal of Physical Oceanography, 34, 2504-2526.

Chatto, R., R. Warneke. 2000. Records of cetacean strandings in the Northern Territory of Australia. The Beagle, Records of the Museum and Art Galleries of the Northern Territory, 16: 163-175.

Cheng, I.J., 1995. Tourism and the green turtle in conflict on Wan-An Island Taiwan. Marine Turtle Newsletter 68, 4-6.

Cheng, Y., Xiucheng Li, Ji Jia, Jixian Zhang, Kejia Lin, Xiao Liu, Yilong Li, Xiaofan Jiang. An Autonomous Aerial System for Air-Quality Surveillance and Alarm.China Intel Joint Labs. http://www.hotmobile.org/2014/papers/posters/cheng_autonomous.pdf

Chiffi, C., Fiorello, D., Schrooten, L., 2007, EXploring non road TRansport EMISsions in Europe Development of a Reference System on Emissions Factors for Rail, Maritime and Air Transport Final Report, Seville, Spain. Retrieved from http://www.inrets.fr/ur/lte/publi-autresactions/fichesresultats/ficheartemis/report2/ARTEMIS_FINAL_REPORT.zip.

Claessens, M., Meester, S.D., Landuyt, L.V., Clerck, K.D., Janssen, C.R. 2011. Occurrence and distribution of microplastics in marine sediments along the Belgian coast Marine Pollution Bulletin 62 (2011), 2199-2205.

Coastwatch. 2000. Rate of apprehension of foreign fishing vessels Jan 99 - Dec 99, summary data. Coastwatch Australia, October 2000 Coe, J.M. and A.B. Rogers (Eds). 1997. Marine Debris.Sources, Impacts and Solutions. Springer-Verlag, New York.

Coe, J. M., Rogers, D. B., (Eds.). (1997). Marine debris: Sources, impacts and solutions. New York: Springer-Verlag.

Colton Jr., J.B., 1975. Plastics in the ocean. Oceanus 18, 61-65.

Corbett, J.J., H. Wang, J.J. Winebrake. 2009. The effectiveness and costs of speed reductions on emissions from international shipping. Transport Research Part D 14- Transport and Environment, December 2009: 593-598.

Corbett, J.J., Köhler, H.W., Updated Emissions from Ocean Shipping. J. Geophys. Res., D: Atmos., 108(D20), 4650-4666, 2003.

Corbett, J.J., Winebrake, J.J., Green, E.H., Kasibhatla, P., Eyring, V., Lauer, A., Mortality from ship emissions: a global assessment. Environmental Science & Technology 41(24), 8512-8518, 2008.

Costa, M.F., Ivar do Sul, J.A., Silva-Cavalcanti, J.S., Araújo, M.C.B., Spengler, A., Tourinho, P.S., 2010. On the importance of size of plastic fragments and pellets on the strandline: a snapshot of a Brazilian beach. Environ. Monit. Assess. 168, 299-305.

Craig, H (1969) Abyssal carbon and radiocarbon in the Pacific, Jour. Geophys. Res., 74, 5491-5506.

Crawford, M. 2000. Beacons save dolphins, reduce fishermen's discards. The Weekend Australian, 16-17 December 2000: 20 CSIRO. 2000. Franklin Voyage Summary No. FR09/2000, National Ocean Research Facility, the RV Franklin Voyage Plan and Summaries, http://www.marine.csiro.au/nationalfacility/franklin/plans/2001/fr0900s. html, February 2003.

Cummings, J.A. (2005). Operational multivariate ocean data assimilation. Quarterly Journal of the Royal Meteorological Society, 131(3), 583-3604.

Damodaran, N., J. Toll, M. Pendleton, C. Mulligan, D. DeForest, M. Kluck, and J.

Felmy. 1998. Cost benefit analysis of TBT self-polishing copolymer paints and tin-free alternatives for use on deep-sea vessels. ORTEP Association publication. 64 pages.

Day R.H., Wehle D.H.S., Coleman F.C.Ingestion of plastic pollutants by marine birds R.S. Shomura, O. Yoshida (Eds.), Proceedings of the Workshop on the Fate and Impact of Marine Debris, NOAA Technical Memo: NMFS, 27-29 November 1984, Honolulu, HI, 344-386.

Derraik, J. 2002. The pollution of the marine environment by plastic debris: a review, Marine Pollution Bulletin, 44(2002), 842-852.

Dixon T.J., Dixon T.R. Marine litter distribution and composition in the North Sea. Mar. Pollut. Bull., 14 (1983), 145-148

Dixon T.R., Dixon T.J. Marine litter surveillance Mar. Pollut. Bull., 12 (1981), 289-295

Dohan, K., Lagerloef, G., Bonjean, F., Centurioni, L., Cronin, M., Lee, D., Lumpkin, R., Maximenko, N., Uchida, H. (2010). Measuring the global ocean surface circulation with satellite and in situ observations. In J. Hall, D.

Dohan, K., Maximenko, N. (2010). Monitoring ocean currents with satellite sensors. Oceanography, 23(4), 94-103.

Donohue, M., J. Polovina, D. Foley, R. Brainard, and M. Laurs. 2002. Seal entanglement and El Nino: Linking an endangered species, pollution and oceanography, In, Abstracts of the Tenth Pacific Congress on Marine Science and Technology, PACON 2002-The Ocean Century, Japan, 21-26 July 2002: 207.

Donohue, M., R. Boland, C. Sramek, and G. Antonelis. 2001. Derelict fishing gear in the north-western Hawaiian Islands: diving surveys and debris removal in 1999 confirm threat to coral reef ecosystems, Marine Pollution Bulletin, 42(12), 1301-1312.

Donohue, M., R. Brainard, M. Parke, and D. Foley. 2000. Mitigation of Environmental Impacts of Derelict Fishing Gear Through Debris Removal and Environmental Monitoring. In, McIntosh, N., K. Simonds, M. Donohue, C. Brammer, S. Manson, S. Carbajal. 2000. Proceedings of the International Marine Debris Conference on Derelict Fishing Gear and the Ocean Environment, 6-11 August 2000, Honolulu, HI, 383-402.

Dowson, P.H., J.M. Bubb, and J.N. Lester. 1994. The effectiveness of the 1987 retail ban on TBT-based antifouling paints in reducing butyltin concentrations in East Anglia, United Kingdom. Chemosphere. 28, 905-910.

Dowson, P.H., J.M. Bubb, and J.N. Lester. 1994. The effectiveness of the 1987 retail ban on TBT-based antifouling paints in reducing butyltin concentrations in East Anglia, United Kingdom. Chemosphere. 28, 905-910.

Dutton, D.L., Dutton, P.H., Chaloupka, M., Boulon, R.H., 2005. Increase of a Caribbean leatherback turtle Dermochelys coriacea nesting population linked to long-term nest protection. Biological Conservation 126, 186-195.

Eason, C. 2014. Gas-powered shipping rules agreed at IMO. http://worldmaritimenews. com/archives/163680/imo-adopts-new-code-for-gas-fuelled-ships/

Ebbesmeyer, C. C. Ingraham, W. J. (1994). Pacific toy spill fuels ocean current pathways research. EOS, Transactions, American Geophysical Union, 75(37), 425-430.

Ebbesmeyer, C. C., Ingraham, W. J. (1992). Shoe spill in the North Pacific. EOS, Transactions, American Geophysical Union, 73(34), 361-365.

Ebbesmeyer, C. C., Ingraham, W. J. (2012). Beachcomber's Alert [Blog posts]. Retrieved from http://beachcombersalert.blogspot.com/

Ebbesmeyer, C. C., Ingraham, W. J., Jr., Royer, T. C., Grosch, C. E. (2007). Tub toys orbit the Pacific Subarctic Gyre. EOS, Transactions, American Geophysical Union, 88(1), 1-3.

Ebbesmeyer, C., Ingraham, W. J., Jr., McKinnon, R., Okubo, A., Strickland, R., Wang, D. P., Willing, P. (1993). Bottle appeal drifts across the Pacific. EOS, Transactions, American Geophysical Union, 74(16), 193-194.

Edwards, D., J. Pound, G. Arnold, and M. Lapwood. 1992. A survey of beach litter in Marmion Marine Park. Environmental Protection Agency, Perth, Australia.

Edwards, G. Christopher Haskin. Measurement of Atmospheric Pollution Profiles using Drones. https://experiment.com/projects/measurement-of-atmospheric-pollution-profiles-using-drones

Edyvane, K. 1998. Fishermen and Conservationists Monitor Marine Debris: Results of the 1998 Robe Beach Litter Survey. Waves 5(4), 3. Environment Australia. 2001. Students Survey and Clean Up Christmas Island's Beach, website: http://erin.gov.au/coasts/coastcare/2001/survey.html, March 2003.

EEA, 2012, The contribution of transport to air quality: TERM 2012: transport indicators tracking progress towards environmental targets in Europe, EEA Report No 10/2012, European Environment Agency.

EEA, 2013, Air quality in Europe — 2012 report, EEA Report No 4/2012, European Environment Agency.

EIA, 2012, International Energy Statistics, Refined Petroleum Products, US Energy Information Administration (EIA).

EIA. 2010. LNG- Liquefied Natural Gas. http://www.eia.doe.gov/kids/resources/teachers/pdfs/Lngintermediate.pdf (accessed 06 9, 2010).

Eide, M. et al., Cost-effectiveness assessment of CO_2 reduction measures in shipping, Maritime Policy and Management 36(4), 367-384, 2009.

Einang, P.M. 2009. LNG as a fuel for ships in short sea shipping. Marintek Review. http://www.sintef.no/upload/MARINTEK/Review%202-2009/MR-2_2009.pdf (accessed 03 23, 2010).

Endo, S., Takizawa, R., Okuda, K., Takada, H., Chiba, K., Kanehiro, H., Ogi, H., Yamashita, R., Date, T., 2005. Concentration of polychlorinated biphenyls (PCBs) in beached resin pellets: variability among individual particles and regional differences. Mar. Pollut. Bull. 50, 1103-1115.

Endresen, Ø. et al., Emission from international sea transportation and environmental impact, Journal of Geophysical Research. D. Atmospheres 108(D17), 2003.

Environment Australia. 2003. Recovery Plan for Marine Turtles in Australia. Prepared by the Marine Species Section, Approvals and Wildlife Division, Environment Australia in consultation with the Marine Turtle Recovery Team, Commonwealth of Australia, July 2003.

Eriksen, M., Lebreton, L. C. M., Carson, H. S., Thiel, M., Moore, C. J., Borerro, J. C., Galgani, F., Ryan, P. G., Reisser, J. (2014). Plastic pollution in the world's oceans: More than 5 trillion plastic pieces weighing over 250,000 tons afloat at sea.

Eriksen, M., Maximenko, N., Thiel, M., Cummins, A., Lattin, G., Wilson, S., Hafner, J., Zellers, A., Rifman, S. (2013). Plastic pollution in the South Pacific subtropical gyre. Marine Pollution Bulletin, 68, 7176.

Eriksson, C. and H. Burton. 2001. Polymer types of small plastic particles in fur-seal scats from Macquarie Island. Paper presented at the Pacific Congress on Marine Science and Technology, 8-11 July 2001, San Francisco.

European Commission, communication to the European Council, COM(2006) 348 final, Brussels, June 28, 2006, http://eur-lex.europa.eu. 232 Andrew L. Stoler PTAPD_217-234.qxd:inte_001-028_ch01 7/5/11 12:25 PM Page 232

European Environment Agency. 2013. The impact of international shipping on European air quality and climate forcing. EEA Technical report No 4/2013. https://www.envirotech-online.com/news/environmental-laboratory/7/breaking_news/italian_conference_showcases_drone_air_monitoring_abilities/38023/

European Parliament. 2008. Inland Waterway Transport, Intermodality and Logistics. http://www.europarl.europa.eu/ftu/pdf/en/FTU_4.6.10.pdf (accessed 04 14, 2010).

Evans, S.N., T. Leksono, and P.D. McKinnel. 1995. Tributyltin Pollution: A diminishing problem following legislation limiting the use of TBT-based anti-fouling paints. Marine Pollution Bulletin, 3(1), 14-21.

Eyring, V., Corbett, J.J., Lee, D.S., Winebrake, J.J., Emissions from international shipping: The last 50 years, Journal of Geophysical Research 110, 2005.

Faris, J. and K. Hart. 1995. Seas of Debris: A Summary of the Third International Conference on Marine Debris. Alaska Fisheries Science Centre, North Carolina Sea Grant College Program. Publ. No. UNC-SG-95-01. USA.

FathomShipping. 2012. Could Wind Power Return to Commercial Shipping?

Fliess, Barbara, and I. Lejarraga. 2005. "Looking beyond Tariffs: Nontariff Barriers of Concern to Developing Countries," ch. 7. OECD Trade Policy Studies, Organisation for Economic Co-operation and Development, Paris.

Floerl, O., Pool, T.K., Inglis, G.J., 2005. Positive interactions between nonindigenous species facilitate transport by human vectors. Ecological Applications 14, 1724-1736.

Florida Fish and Wildlife Conservation Commission. 2003. Monofilament Recover and Recycling Program, website, http://fishinglinerecycling.org/aboutmrrp.htm, February 2003.

Fowler, C. 2000. Ecological Effects of Marine Debris: the Example of Northern Fur Seals. In, McIntosh, N., K. Simonds, M. Donohue, C. Brammer, S. Manson, and S. Carbajal. 2000. Proceedings of the International Marine Debris Conference on Derelict Fishing Gear and the Ocean Environment, 6-11 August 2000, Honolulu, HI, 40 - 58.

Fowler, C.W. 1997. Marine Debris and Northern Fur Seals: a Case Study. Marine Pollution Bulletin 18(6B), 326-335.

Fowler, C.W., R. Merrick, and J.D. Baker. 1990. Studies of the population level effects of entanglement on northern fur seals. In Shomura, R.S and Godfrey, M.L. (Eds), Proceedings of the International Conference on Marine Debris, Honolulu, 453-475.

Freeman, A., Zlotnicki, V., Liu, T., Holt, B., Kwok, R., Yueh, S., Vazquez, J., Siegel, D., Lagerloef, G. (2010). Ocean measurements from space in 2025. Oceanography, 23(4), 144-161.

Frost, A., and M. Cullen. 1997. Marine debris on northern New South Wales beaches (Australia): sources and the role of beach usage. Marine Pollution Bulletin. 34(5),

348-352.

Fry D.M., Fefer S.I., Sileo L. Ingestion of plastic debris by Layson albatrosses and wedge-tailed shearwaters in the Hawaiian Islands Mar. Pollut. Bull., 18 (1987), 339-343

GDP (2011). Satellite-tracked surface drifting buoys from The Global Drifter Program. Retrieved from http://www.aoml. noaa.gov/phod/dac/

GIIGNL. 2009. International Group of Liquefied Natural Gas Importers: The LNG Industry 2008. http://www.giignl.org/fileadmin/user_upload/flipbook2008/pdf/lng_industry.pdf (accessed 03 12, 2010).

Gille, S. T., Llewellyn Smith, S. G. (2003, April). Bathymetry and ocean circulation. Paper presented at the GEBCO Centenary Conference, Monaco. Retrieved from http://www.gebco.net/about_us/presentations_and_publications/

Glenn, S. M., Ebbesmeyer, C. C. (1993). Drifting buoy observations of a loop current anticyclonic eddy. Journal of Geophysical Research, 98(Cll), 20105-20119.

Glenn, S. M., Forristall, G. Z. (1990). Observations of Gulf Stream Ring 83-E and their interpretation. Journal of Geophysical Research, 95(C8), 13043-13063.

Goka, K. 1999. Embryotoxicity of zinc pyrithione, an antidandruff chemical, in fish. Environ. Res. Sect. A. 81:81-83.

Gough, M.A., J. Fothergill, and J.D. Hendrie. 1994. A Survey of Southern England Coastal Waters for the s-Triazine antifouling Compound Irgarol 1051. Marine Pollution Bulletin. 28(10), 613-620.

Gouin, T., Roche, N., Lohmann, R., Hodges, G.A., 2011. A thermodynamic approach for assessing the environmental exposure of chemicals absorbed to microplastic. Environ. Sci. Technol. 45, 1466-1472.

Graham, A.R., Thompson, J.T., 2009. Deposit- and suspension-feeding sea cucumbers (Echinodermata) ingest plastic fragments. J. Exp. Mar. Biol. Ecol. 368, 22-29.

Gregory, M. 1998. Pelagic plastics and marine invaders. Aliens, Invasive Species Specialist Group of the IUCN Species Survival Commission, 7(1998), 6-7.

Gregory, M. and P. Ryan. 1997. Pelagic Plastics and other Seaborne Persistent Synthetic Debris: A Review of Southern Hemisphere Perspectives, In J.M. Coe and A.B. Rogers (eds) Marine Debris, Sources, Impacts and Solutions. Springer-Verlag, New York: 49-66.

Gregory, M. R. 1999b. Plastics and South Pacific Island shores: environmental implications, Oceans and Coastal Management 42 (1999), 603-615

Gregory, M.R. 1999a. Marine Debris: Notes from Chatham Island, and Mason and Doughboy Bays, Stewart Island, Tane 37, 201-210.

Gregory, M.R., 1983. Virgin plastic granules on some beaches of eastern Canada and Bermuda. Mar. Environ. Res. 10, 73-92.

Gregory, M.R., 1996. Plastic 'scrubbers' in hand cleansers: a further (and minor) source for marine pollution identified. Mar. Pollut. Bull. 32, 867-871.

Griffies, S. M., Böning, C., Bryan, F. O., Chassignet, E. P., Gerdes, R., Hasumi, H., Hirst, A., Treguier, A. M., Webb, D. (2000). Developments in ocean climate modelling. Ocean Modelling, 2, 123-192.

Griffies, S. M., Harrison, M. J., Pacanowski, R. C, Rosati, A. (2004). A technical guide to MOM4, GFDL Ocean Group Technical Report no. 5. NOAA/Geophysical Fluid Dynamics Laboratory. Retrieved from: http://mdl-mom5. herokuapp.com/web

Haak, P.W. 1996. Antifouling Systems, current status and developments. In: The Present Status of TBT-Copolymer Antifouling Paints, Proceedings of the International Oneday Symposium on Antifouling Paints for Ocean-going Vessels, The Hague. February 21, 1996.

Hardesty, B. D., Wilcox, C. (2011). Understanding the types, sources and at sea distribution of marine debris in Australian waters: Final report to the Department of Sustainability, Environment, Water, Health, Population and Communities. Australia: Commonwealth Scientific and Industrial Research Organisation (CSIRO).

Harrison, E., D. Stammer (Eds.), Proceedings from OceanObs '09: Sustained Ocean Observations and Information for Society (Vol. 2). Venice, Italy: ESA Publication WPP-306.

Haynes, D. 1997. Marine Debris on Continental Islands and Sand Cays in the Far Northern Section of the Great Barrier Reef Marine Park, Australia. Marine Pollution Bulletin 34(4), 276-279.

Henderson, J. and R. Steiner. 2000. Source Identification of Derelict Fishing Gear: Issue and Concerns. In, McIntosh, N., K. Simonds, M. Donohue, C. Brammer, S. Manson, and S. Carbajal. 2000. Proceedings of the International Marine Debris Conference on Derelict Fishing Gear and the Ocean Environment, 6-11 August 2000, Honolulu, HI, 358-363.

Horsman , P. The amount of garbage pollution from merchant ships. Mar. Pollut. Bull., 13 (1982), 167-169.

Howell, E. A., Bograd, S. J., Morishige, C., Seki, M. P., Polovina, J. J. (2012). On North Pacific circulation and associated marine debris concentration. Marine Pollution Bulletin, 65, 16-22.

Hua J., Jin B.F., Wu Y.H., Prospects for renewable energy for seaborne transportation Taiwan example, Renewable Energy, 33(5), 1056-1063, 2007.

Hucke-Gaete, R., D. Torres, and V. Vallejos. 1997. Entanglement of Antarctic fur seals, Artocephalus gazelle, in marine debris at Cape Shirreff and San Telmo Islets, Livingston Island, Antarctica: 1988-1997. Ser. Cient. INACH 47, CCAMLR Scientific Committee, Hobart: 123-135.

Hunter, J.E. 1997. Antifouling coatings and the global environmental debate, PCE, November 1997.

IEA. 2009. Natural Gas Market review 2009- Executive summary. http://www.iea.org/Textbase/npsum/gasmarket2009SUM.pdf (accessed 06 09, 2010).

IMO MEPC, 2009. Prevention of air pollutants from ships, Second IMO GHG Study

2009.

IMO MEPC, 59th Session, 13-17 July, 2009, IMO Environment Meeting Issues Technical and Operational Measures to Address GHG Emissions from Ships, available at, http://www.imo.org/ About/ mainframe.asp?topic_id=1773&doc_id=11579.

IMO, 2007. Report on the outcome of the comprehensive study undertaken by the informal cross government/industry scientific group of experts established to evaluate the effects of the different fuel options proposed under the revision of MARPOL Annex VI. BLG 12/6/1, 20 December, 2007.

IMO, 2013. Energy efficiency and the the reduction of GHG emissions from ships. http://www.imo.org/MediaCentre/HotTopics/GHG/Pages/default.aspx

IMO, Further details on the United States proposal to reduce greenhouse gas emissions from international shipping submitted by United States. London, MEPC60, 2010.

IMO, Interim guidelines for voluntary ship CO_2 emission indexing for use in trials, MEPC/Circ. 471, 29 July., 2005.

IMO, Prevention of air pollution from ships: Proposal to establish a vessel efficiency system submitted by World Shipping Council, London, MEPC60, 2010.

IMO, Report on the outcome of the comprehensive study undertaken by the informal cross government/industry scientific group of experts established to evaluate the effects of the different fuel options proposed under the revision of MARPOL Annex VI. BLG 12/6/1, 20 December, 2007.

IMO, Study of greenhouse gas emissions from ships. Issue no. 2-31, 2000.

IMO. 1996. Executive summary, proceedings of : The Present Status of TBT-Copolymer Anti-fouling Paints, International One Day Symposium on Anti-Fouling Paints for Ocean-Going Vessels, the Hague, the Netherlands, April 1996. Proceedings presented to MEPC, 38th Session.

Ingraham, J., C. Ebbesmeyer. 2000. Surface Current Concentration of Floating Marine Debris in the North Pacific Ocean: 12-year OSCURS Model Experiments. In, McIntosh, N., K. Simonds, M. Donohue, C. Brammer, S. Manson, and S. Carbajal. 2000. Proceedings of the International Marine Debris Conference on Derelict Fishing Gear and the Ocean Environment, 6-11 August 2000, Honolulu, HI, 91-105.

Ingraham, W. J. (1997). Getting to know OSCURS, REFM's ocean surface current simulator: Alaska Fisheries Science Center quarterly report (14 pp.). Retrieved from http://www.afsc.noaa.gov/REFM/docs/oscurs/get_to_know.htm

Ingraham, W. J., Ebbesmeyer, C. C. (2001). Surface current concentration of floating marine debris in the North Pacific Ocean: 12-year OSCURS model experiments. In N. McIntosh, K. Simonds, M. Donohue, C. Brammer, S. Mason, S. Carbajal (Eds.), Proceedings from the International Marine Debris Conference: Derelict Fishing Gear and the Ocean Environment (pp. 90-115). Honolulu, Hawaii.

Ingraham, W. J., Jr., Miyahara, R. K. (1988). Ocean surface current simulations in the North Pacific Ocean and Bering Sea (OSCURS—Numerical Model) (155 pp.). NOAA Technical Memorandum, NMFS F/NWC-130.

Ingraham, W. J., Jr., Miyara, R. K. (1989). Tuning of OSCURS numerical model to ocean surface current measurements in the Gulf of Alaska (67 pp.). NOAA Technical Memorandum, NMFS F/NWC-168.

Isobe, A., Kako, S., Chang, P. H., Matsuno, T. (2009). Two-way particle-tracking model for specifying sources of drifting objects: Application to the East China Sea Shelf. Journal of Atmospheric and Oceanic Technology, 26, 1672-1682.

Jarlsby, E., D. Stenersen, O. Svendgård, 2008. Maritime Gas Fuel Logistics. LNG Supply Chain Feasibility Study.Trondheim: Marintek.

Jiang, X., J. Jia, G. Wu, and J. Z. Fang.Low-cost personal air-quality monitor. In Proceeding of the 11th Annual International Conference on Mobile Systems, Applications, and Services, Mobi Sys 2013, pages 491-492.

Johnson, L. D. (2001). Navigational hazards and related public safety concerns associated with derelict fishing gear and marine debris. In N. McIntosh, K. Simonds, M.

Donohue, C. Brammer, S. Mason, S. Carbajal (Eds.), Proceedings from the International Marine Debris Conference: Derelict Fishing Gear and the Ocean Environment (pp. 67-72). Honolulu, Hawaii.

Jones, M. 1995. Fishing debris in the Australian marine environment, Bureau of Resource Sciences, Canberra. Jones, M. 1995. Fishing Debris in the Australian Marine Environment. Marine Pollution Bulletin 30(1), 25-33.

Kako, S., Isobe, A., Kataoka, T., Hinata, H. (2014). A decadal prediction of the quantity of plastic marine debris littered on beaches of the East Asian marginal seas. Marine Pollution Bulletin, 81, 174-184.

Kako, S., Isobe, A., Magome, S., Hinata, H., Seino, S., Kojima, A. (2011). Establishment of numerical beach-litter hindcast/forecast models: An application to Goto Islands, Japan. Marine Pollution Bulletin, 62, 293-302.

Kako, S., Isobe, A., Seino, S., Kojima, A. (2010a). Inverse estimation of drifting-object outflows using actual observation data. Journal of Oceanography, 66, 291-297.

Kako, S., Isobe, A., Yoshioka, S., Chang, P. H., Matsuno, T., Kim, S. H., Lee, J. S. (2010b). Technical issues in modeling surface-drifter behavior on the East China Sea Shelf. Journal of Oceanography, 66, 161-174.

Kiessling, I. 2001. Impacts of Marine Debris in the Regional Marine Environment. Paper presented at the Indonesia-Australia Conference on Marine Resource Cooperation, Aligning the Development of Regional Marine Resources, 9-10 April 2001, Jakarta, Indonesia.

Kiessling, I., and C. Hamilton. 2001. Marine Debris at Cape Arnhem, Northern Territory, Australia. Report on the Northeast Arnhem Land Marine Debris Survey 2000. World Wide Fund for Nature, Tropical Wetlands of Oceania Program.

Kiessling, I., and N. Rayns. 2001. Fishing debris in the Arafura Sea: seeking its sources and solutions. Paper presented at the PACON 2001 Regional Symposium - Environmental Technologies for Sustainable Maritime Development, Pacific Congress on

Marine Science and Technology, 8-11 July 2001, San Francisco, USA.

Kirwan, A. D., Jr., Lewis, J. K., Indest, A. W., Reinersman, P., Quintero, I. (1988). Observed and simulated kinematic properties of loop current rings. Journal of Geophysical Research, 93(C2), 1189-1198.

Kirwan, A. D., Jr., Merrell, W. J., Jr., Lewis, J. K., Whitaker, R. E., Legeckis, R. (1984). A model for the analysis of drifter data with an application to a warm core ring in the Gulf of Mexico. Journal of Geophysical Research, 89, 3425-3428.

Kirwan, A. D., McNally, G. J., Reyna, E., Merrell, W. J., Jr. (1978). The near-surface circulation of the eastern North Pacific. Journal of Physical Oceanography, 8, 937-945.

Kramer, V.J. 1998. Environmental risk assessment of a copper-based marine antifoulant paint containing Sea-Nine 211 as a booster biocide: Executive summary. Report submitted by Rohm and Haas Company, Philadelphia, Pennsylvania, USA to the CEPE Antifouling Work Group, 19 January 1998.

Kubota, M. (1994). A mechanism for the accumulation of floating marine debris north of Hawaii. Journal of Physical Oceanography, 24, 1059-1064.

Kubota, M., Takayama, K., Namimoto, D. (2005). Pleading for the use of biodegradable polymers in favor of marine environments and to avoid an asbestos-like problem for the future. Applied Microbiology and Biotechnology, 67, 469-476.

Laist D. 1987. Overview of the biological effects of lost and discarded plastics debris in the marine environment Mar. Pollut. Bull., 18 (1987), 319-326.

Laist, D. 1996. Marine debris entanglement and ghost fishing: a cryptic and significant type of bycatch? In, Alaska Sea Grant (Ed.) Solving bycatch: considerations for today and tomorrow, proceedings of a workshop, University of Alaska, Fairbanks, September 1993: 33-39.

Laist, D. 1997. Impacts of marine debris: entanglement of marine life in marine debris including a comprehensive list of species with entanglement and ingestion records.

In Coe, J.M. and D.B. Rogers (Ed.) Marine Debris: Sources, Impacts, and Solutions, Springer, New York: 99-139.

Laist, D., M. Liffman. 2000. Impacts of Marine Debris: Research and Management Needs. In, McIntosh, N., K. Simonds, M. Donohue, C. Brammer, S. Manson, and S. Carbajal. 2000. Proceedings of the International Marine Debris Conference on Derelict Fishing Gear and the Ocean Environment, 6-11 August 2000, Honolulu, HI, 344-357.

Laist, D.W., 1987. Overview of the biological effects of lost and discarded plastic debris in the marine environment. Mar. Pollut. Bull. 31, 195-199.

Lange, E. 2006. The Role of LNG in North West-Europe From a Large Purchaser Perspective. http://www.clingendael.nl/ciep/events/20060203/2006-02-03_Lange%20k. pdf (accessed 03 18, 2010).

Larnicol, G., Guinehut, S., Rio, M. H., Drevillon, M., Faugere, Y., Nicolas, G. (2006). The global observed ocean products of the French Mercator project. In proceedings from the Symposium on 15 Years of Progress in Radar Altimetry. Venice, Italy: European Space Agency Special Publication SP-614.

Laska, S. 1997. A comprehensive waste management model for marine debris. In, Coe, J.M. and A.B. Rogers (Ed.) Marine Debris. Sources, Impacts and Solutions. Springer-Verlag, New York: 203-211.

Law, K. L., Morét-Ferguson, S. E., Goodwin, D. S., Zettler, E. R., DeForce, E., Kukulka, T., Proskurowski, G. (2014). Distribution of surface plastic debris in the Eastern Pacific Ocean from an 11-year data set. Environmental Science and Technology, 48(9), 4732-4738.

Law, K. L., Morét-Ferguson, S. E., Maximenko, N. A., Proskurowski, G., Peacock, E. E., Hafner, J., Reddy, C. M. (2010). Plastic accumulation in the North Atlantic Subtropical Gyre. Science, 329(5996), 1185-1188.

Law, R.J., M.J. Waldock, C.R. Allchin, R.E. Laslett, and K.J. Bailey. 1994. Contaminants in seawater around England and Wales: results from monitoring surveys. 1990-1992. Marine Pollution Bulletin, 28, 668-675.

Lebreton, L. C. M., Borrero, J. C. (2013). Modeling the transport and accumulation floating debris generated by the 11 March 2011 Tohoku tsunami. Marine Pollution Bulletin, 66, 53-58.

Lebreton, L. C. M., Greer, S. D., Borrero, J. C. (2012). Numerical modelling of floating debris in the world's oceans. Marine Pollution Bulletin, 64, 653-661.

Lecarpentier, A. 2014.2013-The Natural Gas Year in Review - Chief Economist, CE-DIGAZ.

Leitch, K. 2000. Entanglement of Marine Turtles in Netting: North-east Arnhem Land, Northern Territory, Australia. Report to World Wide Fund for Nature Australia, Dhimurru Land Management Aboriginal Corporation, Northern Territory.

Lesser, Caroline. 2007. "Do Bilateral and Regional Approaches for Reducing Technical Barriers to Trade Converge towards the Multilateral Trading System?" OECD Trade Committee Working Paper 58, TAD/TC/ WP(2007)12/FINAL, Organisation for Economic Co-operation and Development, Paris.

Levitus, S. (1982). Climatological atlas of the world ocean (Professional Paper 13, 173 pp.). Princeton, N.J.: NOAA/ERL GFDL.

Lord, S., P. Dollemmeier, and R. Balcomb. 1997. Environmental risk assessment for an alternative antifouling agent, 2-methylthio-4-tert-butylamino-6-cyclopropylamino-s-triazine, (IRGAROLâ 1051). Marine Environmental Protection Committee, 41st Session, Agenda Item 10. Submitted by CEFIC.

LRF, The environmental impacts of increased international maritime shipping, Global Forum on Transport and Environment in Globalising World, 10-12 Nov. 2008, Guadalajara, Mexico, 2008.

Mann, K.H. and J.R.N. Lazier (1991) Dynamics of Marine Ecosystems, Blackwell Sci. Pub. , Boston, 466 p.

Manning, C.S., T.F. Lytle, W.W. Walker, and J.S. Lytle. 1999. Life-cycle toxicity of bis(tributyltin) oxide to the sheepshead minnow (Cyprinodon variegatus). Arch. Environ. Contam. Toxicol. 37, 258-266.

MARINTEK, Study of Greenhouse Gas Emissions from Ships, Final report to the IMO 2000,

Marintek. Small-Scale Supply Chain for LNG- Norway. http://www.sintef.no/Home/Marine/MARINTEK/MARINTEK-Publications/MARINTEK-Review-No-3-June -2005/ Small-Scale-Supply-Chain-for-LNG---Norway-Leads-Developments/ (accessed 04 15, 2010).

Martinez, E., Maamaatuaiahutapu, K., Taillandier, V. (2009). Floating marine debris surface drift: Convergence and accumulation toward the South Pacific subtropical gyre. Marine Pollution Bulletin, 58, 1347-1355.

Maskus, Keith, Tsunehiro Otsuki, and John S. Wilson. 2000. "Quantifying the Impact of Technical Barriers to Trade: A Framework for Analysis." Policy Research Working Paper 2512, World Bank, Washington, DC.

Mato, Y., T. Isobe, H. Takada, H. Kanehiro, C. Ohtake, T. Kaminuma. 2001. Plastic Resin Pellets as a Transport Medium for Toxic Chemicals in the Marine Environment, Environmental Science and Technology, 35(2), 318-325.

Maximenko, N., Hafner, J. (2012, September). Monitoring marine debris from the March 11, 2011 tsunami in Japan with the diagnostic model of surface currents. Poster session presented at the 20 Years of Progress in Radar Altimetry Symposium, Venice, Italy. Retrieved from http://www.aviso.altimetry.fr/en/user-corner/ science-teams/ sci-teams/ostst-2012/ostst-2012-posters.html

Maximenko, N., Hafner, J., Niiler, P. (2012). Pathways of marine debris derived from trajectories of Lagrangian drifters. Marine Pollution Bulletin, 65, 51-62.

Maximenko, N., Niiler, P. (2008). Tracking ocean debris. IPRC Climate, 8(2), 14-16.

Mayell, H. 2002. Ocean litter gives alien species an easy ride, National Geographic News, 29 April 2002, website, http://news.nationalgeogrpahic.com/news/2002/04/0429_020429_marinedebris.html, March 2003.

McDermid, K.J., McMullen, T.L., 2005. Quantitative analysis of small-plastic debris on beaches in the Hawaiian archipelago. Mar. Pollut. Bull. 48, 790-795.

Meehl, G. A. (1982). Characteristics of surface current flow inferred from a global ocean current data set. Journal of Physical Oceanography, 12, 538-555.

MEPC.220(63) Guidelines for the development of garbage management plans

MEPC.295(71) 2017 Guidelines for the implementation of MARPOL Annex V

MER, 1995. Tin-free paints not up to the job, says major European shipowner. Marine Engineers Report, June 1995.

Merrell, T.R. Accumulation of plastic litter on beaches of Amchitka Island, Alaska. Mar. Environ. Res., 3 (1980), 171-185.

Milne, A. 1996. The costs and benefits of tributyltin and alternative antifoulants. In: The Present Status of TBT-Copolymer Antifouling Paints Proceedings, presented at the International One Day Symposium on Antifouling Paints for Ocean-going Vessels, 21st February 1996, 17-27.

Mio, S., Takehama, S., Matsumura, S. (1988). Distribution and density of floating objects in the North Pacific based on 1987 sighting survey. In R . S . Shomura, M. L. Godfrey (Eds.), Proceedings from the Second International Conference on Marine Debris. Honolulu, Hawaii: Department of Commerce NOAA Technical Memorandum NMFS, NOAA-TM-NMFS-SWFSC-154.

MOEJ. (2014). Prediction of trajectory of 3.11 tsunami debris by running simulation models (51 pp.). Ministry of the Environment, Government of Japan.

Moldanová, J., E. Fridell, H. Winnes, S. Holmin-Fridell, J. Boman, A. Jedynska, V. Tishkova, B. Demirdjian, S. Joulie, H. Bladt, N. P. Ivleva, R. Niessner. Physical and chemical characterisation of PM emissions from two ships operating in European Emission Control Areas.Atmos. Meas. Tech., 6(12), 3577-3596, 2013

Moore, C., S. Moore, M. Leecaster and S. Weisberg. 2001. A Comparison of Plastic and Plankton in the North Pacific Central Gyre, Marine Pollution Bulletin, 42(12), 1297-1300.

Moreno-Gutiérrez, J., Durán-Grados, V., Uriondo, Z., Ángel Llamas, J. Emission-factor uncertainties in maritime transport in the Strait of Gibraltar, Spain.

Morét-Ferguson, S., Law, K. L., Proskurowski, G., Murphy, E. K., Peacock, E. E., Reddy, C. M. (2010). The size, mass, and composition of plastic debris in the western North Atlantic Ocean. Marine Pollution Bulletin, 60(10), 1873-1878.

Morgan, E. S. Sheavly. 2000. Education and Outreach Approaches to Reduce At-sea Disposal of Fishing Gear. In, McIntosh, N., K. Simonds, M. Donohue, C. Brammer, S. Manson, and S. Carbajal. 2000. Proceedings of theInternational Marine Debris Conference on Derelict Fishing Gear and the Ocean Environment, 6-11 August 2000, Honolulu, HI, 403-429.

Moser, M.L., Lee, D.S., 1992. A fourteen-year survey of plastic ingestion by western North Atlantic seabirds. Colonial Waterbirds 15, 83-95.

Munk, W.H. and G.G. Carrier (1950) The wind-driven circulation in the ocean basins of various shapes, Tellus, 2, 158-167.

Nash, A.D. 1992. Impacts of marine debris on subsistence fisherman: An exploratory study, Marine Pollution Bulletin. 24(3), 150-156.

National Research Council. 1995. Clean Ships, Clean Ports, Clean Oceans. Controlling Garbage and Plastic Wastes at Sea. Committee on Shipborne Wastes, Marine Board, Commission on Engineering and Technical Systems, National Research Council. National Academy Press, Washington, D.C.

Natural Gas Supply Association (NGSA). 2004. Web site of the Natural Gas Supply Association. http://www.naturalgas.org/overview/background.asp (accessed 03 10, 2010).

Ng, K.L., Obbard, J.P., 2006. Prevalence of microplastics in Singapore's coastal marine environment. Mar. Pollut. Bull. 52, 761-767.

Nickie Butt. 2007. The impact of cruise ship generated waste on home ports and ports of call: A study of Southampton. Marine Policy 31 (2007), 591-598.

Nidhiprabha, Bhanupong. 2002. "SPS and Thailand's Exports of Processed Food." Revised version of a paper presented at the Project Launching Workshop, Royal Princess Hpoteh, Bangkok, October 1-3.

Nissen, D., 2004. Commercial LNG: Structure and Implications. 2004. http://www.iaee.org/documents/washington/David_Nissen.pdf (accessed 03 16, 2010).

NOAA MDP. (2014a). Report on the occurrence and health effects of anthropogenic debris ingested by marine organisms (19 pp.). Silver Spring, MD: National Oceanic and Atmospheric Administration Marine Debris Program. Retrieved from http://marinedebris.noaa.gov/research-impacts/what-we-know-about-entanglement-and-ingestion

NOAA MDP. (2014b). Report on the entanglement of marine species in marine debris with an emphasis on species in the United States (28 pp.). Silver Spring, MD: National Oceanic and Atmospheric Administration Marine Debris Program. Retrieved from http://marinedebris.noaa.gov/research-impacts/what-we-knowabout-entanglement-and-ingestion

NOAA MDP. (2014c). Modeled movement of the marine debris generated by the March 2011 Japan tsunami. Informational poster, National Oceanic and Atmospheric Administration Marine Debris Program. Retrieved from http:// marinedebris.noaa.gov/tsunamidebris/debris_model.html

NOAA. 1992. Marine Debris Survey Manual, US National Oceanic and Atmospheric Administration, Washington DC. April 1992.

O'Callaghan, P. 1993. Sources of shoreline litter near three Australian cities. Victorian Institute of Marine Science, Queenscliff, Victoria, Australia. Ocean Conservancy. 2003. 2001 International Coastal Cleanup Results, website http://coastalcleanup.org/results.cfm, March 2003.

Ocean Pollution: The Dirty Facts. https://www.nrdc.org/stories/ocean-pollution-dirty-facts

OSCAR. (2014). Near-realtime global ocean surface currents derived from satellite altimeter and scatterometer data, Ocean Surface Current Analysis - Real time (OSCAR) website. Retrieved from http://www.oscar.noaa.gov

OSPAR. 1999. OSPAR convention for the protection of the marine environment of the North-East Atlantic. Working group on diffuse sources. Berne. 18-22 October 1999.

Page, B., J. McKenzie, R. McIntosh, A. Baylis, A. Morrisey, N. Calvert, T. Haase, M. Berris, D. Dowie, P. Shaughnessy, and S. Goldsworthy. In preparation. Entanglement of Australian sea lions and New Zealand fur seals in marine debris: comparison before and after implementation of fishery bycatch policies. Sea Mammal Ecology Group, Department of Zoology, Latrobe University.

Parfomak, Paul W., (March 25, 2008), CRS Report for Congress,Order Code RL32073, Liquefied Natural Gas (LNG) Infrastructure Security: Issues for Congress.

Pearce J.B. Marine vessel debris: A North American perspective Mar. Pollut. Bull., 12 (1992), 586-592.

Pearce, F. 1995. Alternative antifouling widespread in Europe. New Scientist. January:7.

Pedersen, M.F., 2008. Emission standards. Man Diesel A/S. http://www.dieselnet.com/standards/inter/imo.php (accessed 04 2010).

Pemberton, D., N. Brothers, and R. Kirkwood. 1992. Entanglement of Australian fur seals in man-made debris in Tasmanian waters. Wildlife Research, 19: 151-159.

Pergamon, N.Y. Stommel, H. (1958) The abyssal Circulation, Deep-Sea Res., 5, 80-82.

Peter, H.S.　海洋工業在環境評估的架構，世銀報導，頁 18-91 。

Pichel, W. G., Churnside, J. H., Veenstra, T. S., Foley, D. G., Friedman, K. S., Brainard, R. E., Nicoll, J. B., Zheng, Q., Clemente-Colón, P. (2007). Marine debris collects within the North Pacific Subtropical Convergence Zone. Marine Pollution Bulletin, 54, 1207-1211.

Pidgeon, J.D* 1993. Critical Review of Current & Future Marine Antifouling Coatings, 1993, research carried out for the U.K. Department of Transport and presented at The IMO, Marine Environment Protection Committee, 35th Session, London, 19 pages. (*Lloyd Register Engineering Services, 29 Wellesley Road, Croydon Cro 2AJ, UK.).

Pirjola, L. A. Pajunoja, J. Walden, J.-P. Jalkanen, T. Rönkkö, A. Kousa, T. Koskentalo. Mobile measurements of ship emissions in two harbour areas in FinlandAtmos. Meas. Tech., 7(1), 149-161, 2014.

Plastics Europe, 2008. The compelling facts about plastics 2007, an analysis of plastics production, demand and recovery for 2007 in Europe. Plastics Europe, Brussels, Belgium.

Pond, S., G.L. Pickard (1983) Introductory Dynamical Oceanography, 329.

Pooley, S.G. 2000. Economics of lost fishing gear. In, McIntosh, N., K. Simonds, M. Donohue, C. Brammer, S. Manson, and S. Carbajal. 2000. Proceedings of the International Marine Debris Conference on Derelict Fishing Gear and the Ocean Environment, 6-11 August 2000, Honolulu, HI, 59-66.

Potemra, J. T. (2012). Numerical modeling with application to tracking marine debris. Marine Pollution Bulletin, 65, 42-50.

Prata, A.J. Measuring SO_2 ship emissions with an ultraviolet imaging camera. Atmos. Meas. Tech., 7, Volume 7, issue 5, 1213-1229, 2014.

Pruter A.T. Sources, quantities and distribution of persistent plastics in the marine environment Mar. Pollut. Bull., 18 (1987), 305-310.

Pryor, H. 1999. World Heritage Area Beach Clean Up, Coastcare Information Sheet, Tasmania. RAOU. 1996. Eyre Bird Observatory Report 6. 1988-1992, Royal Australian Ornithologists Union, RAOU Report No.97.

PyroGenesis. PyroGenesis' Plasma Arc Waste Destruction System—marine waste treatment market. Available from: hhttp://www.pyrogenesis.com/content_en/media_center/releases.aspi.

Readman, J. 1996. Antifouling herbicides-a threat to the marine environment? Marine Pollution Bulletin. 32(4), 320-321.

Reddy, S.M., Basha, S., Adimurthy, S., Ramachandraiah, G., 2006. Description of small plastics fragments in marine sediments along the Alang-Sosiya ship-breaking yard, India. Estuar. Coast. Shelf Sci. 68, 656-660.

Rees, G. and K. Pond. 1995. Marine Litter Monitoring Programmes - A review of methods with special reference to national surveys. Marine Pollution Bulletin. 30(2), 103-108.

Ribic, C. 1998. Use of Indicator Items to Monitor Marine Debris on a New Jersey Beach from 1991 to 1996. Marine Pollution Bulletin, 36(11), 897-891.

Ribic, C. and L. Ganio. 1996. Power Analysis for Beach Surveys of Marine Debris. Marine Pollution Bulletin, 32(7), 554-557.

Ribic, C. T. Dixon, and I. Vining. 1992. Marine Debris Survey Manual. US Department of Commerce, April 1992. NOAA Technical Report NMFS 108.

Rios, L.M., Moore, C., Jones, P.R., 2007. Persistent organic pollutants carried by synthetic polymers in the ocean environment. Mar. Pollut. Bull. 54, 1230-1237.

Rochman, C. M., Hoh, E., Hentschel, B. T., Kaye, S. (2013). Long-term field measurement of sorption of organic contaminants to five types of plastic pellets: Implications for plastic marine debris. Environmental Science and Technology, 47, 1646-1654.

Roeger, S. 2002. Entanglement of Marine Turtles in Netting: North-east Arnhem Land, Northern Territory, Australia. Report to Alcan Gove Pty Ltd, World Wide Fund for Nature Australia, Humane Society International, Northern Land Council. Dhimurru Land Management Aboriginal Corporation, Northern Territory.

Ruiz, G. M., Carlton, J. T., Grosholz, E. D., Hines, A. H. (1997). Global invasions of marine and estuarine habitats by non-indigenous species: Mechanisms, extent, and consequences. American Zoologist, 37, 621-632.

Russell, D., M.S. Brancato, and H.J. Bennett. 1996. Comparison of trends in tributyltin concentrations among three monitoring programs in the United States. Mar. Sci. Technol. 1, 230-238.

Ryan, P.G., A.D. Connell, B.D. Gardner, 1988. Plastic ingestion and PCBs in seabirds: Is there a relationship? Marine Pollution Bulletin, 19(4), 174-176.

Salmons, W., B.L. Bayne, E.K. Duursma, and U. Forstner.88. pollution of the North Sea, an Assessment.Ä springer erlag. 540 192883

Sazima, I., O.B. Gadig, R. Namora, F.S. Motta. 2002. Plastic debris collars on juvenile carcharhinid sharks Rhizoprionodon lsland in southwest Atlantic. Marine Pollution Bulletin. 44, 1147-1149.

Schueller, G. 2001. Nets with porpoise in mind. Environmental News Network, 19 February 2001, website, http: //www.enn.com/extras/printer-friendly.asp?storyid=41948.

Scott C. Doney. The Dangers of Ocean Acidification Major Ideas. Scientific America.

Shomura, R.S. H.O. Yoshida. 1985. Proceedings on the Workshop on the Fate and Impact of Marine Debris, 27-29 November 1984, Honolulu, HI. US Department of Commerce, NOAA Tech. Memo. NMFS, NOAA-TM-NMFSSWFC-55.

Skjølsvi, K.O. et al., Study on Greenhouse Gas Emissions from Ships, Report to the International Maritime Organization, produced by MARINTEK, Det Norske Veritas (DNV), Center for Economic Analysis (ECON) and Carnegie Mellon, MT report Mtoo A23-038, Trondheim Norway, 2000.

Slater J. Leopard seal entanglement in Tasmania, Australia. Mar. Mammal Sci., 7 (1991), 323.

Slater J. The incidence of marine debris in the south-west of the World Heritage Area. The Tasmanian Naturalist (1992), 32-35

Slater, J. 1991. Flotsam and Jetsam, Beach Survey Results January 1990-1991. Marine Debris Bulletin 1. Tasmania Department of Parks, Wildlife and Heritage, Hobart, Australia.

Slip, D. J., H. R. Burton. 1991. Accumulation of fishing debris, plastic litter, and other artifacts on Heard and Macquarie Islands in the Southern Ocean. Environmental Conservation. 18(3), 249-255.

Sloan, S., B. Wallner, R. Mounsey. 1998. Fishing debris around Groote Eylandt in the Western Gulf of Carpentaria. A report on the Groote Eylandt Fishing Gear Debris Project 1998. Australian Fisheries Management Authority, Canberra, Australia. Smith, J. 1992. Patterns of disseminule dispersal by drift in the southern Coral Sea, New Zealand Journal of Botany, 30, 57-67.

Slutz, R. J., Lubker, S. J., Hiscox, J. D., Woodruff, S. D., Jenne, R. L., Joseph, D. H., Steurer, P. M., Elms, J. D. (1985). Comprehensive ocean-atmosphere data set (Release 1) [268 pp.]. Boulder, CO: NOAA Environmental Research Laboratories, Climate Research Program, NTIS PB86-105723.

Snyder, F.H., E.V. Buehler, and C.L. Winek. 1965. Safety evaluation of zinc 2-pyridinethiol 1-oxide in a shampoo formulation. Toxicol. Appl. Pharmacol. 7, 425-437.

SPSS, 2007. SPSS software, version 16.0. SPSS Inc., Chicago, IL. Teuten, E.L., Rowland, S.J., Galloway, T.S., Thompson, R.C., 2007. Potential for plastics to transport hydrophobic contaminants. Environ. Sci. Technol. 41, 7759-7765.

STAP. (2011). Marine debris as a global environmental problem: Introducing a solutions based framework focused on plastic: A scientific and technical advisory panel (STAP) information document (32 pp.). Washington, DC: United Nations Environment Programme (UNEP), Global Environment Facility.

Starbird, C. 2000. Dermochelys coriacea (Leather Sea Turtle) Fishing Net Ingestion. Herpetological Review, 31(1), 43.

Stephan, C.E., D.I. Mount, D.J. Hansen, J.H. Gentile, G.A. Chapman, and W.A. Brungs. 1985. Guidelines for deriving numerical national water quality criteria for the protection of aquatic organisms and their uses. USEPA, Washington, D.C. NTIS No. PB85-227049. 98 pages.

Stewart, R. H. (2008). Introduction to physical oceanography. Texas A M University,

Department of Oceanography. Retrieved from http://oceanworld.tamu.edu/resources/ocng_textbook/PDF_files/book_pdf_files.html

Stommel, H. (1948). The westward intensification of wind-driven ocean currents. Transactions, American Geophysical Union, 29(2), 202-206.

Stommel, H., Arons, A. B. (1960). On the abyssal circulation of the world ocean—II. An idealized model of the circulation pattern and amplitude in oceanic basins. Deep-Sea Research, 6, 217-233.

Stopford, M., 2009. Maritime Economics, third edition. New York: Routledge, 2009.

Sudre, J., Maes, C., Garcon, V. (2013). On the global estimates of geostrophic and Ekman surface currents. Limnology and Oceanography: Fluids and Environments, 3, 1-20.

Sudre, J., Morrow, R. A. (2008). Global surface currents: A high-resolution product for investigating ocean dynamics. Ocean Dynamics, 58, 101-118.

Sugiura, N., Awaji, T., Masuda, S., Mochizuki, T., Toyoda, T., Miyama, T., Igarashi, H., Ishikawa, Y. (2008). Development of a four-dimensional variational coupled data assimilation system for enhanced analysis and prediction of seasonal to interannual climate variations. Journal of Geophysical Research, 113, C10017.

Sun, Y.W. Liu, C., Chan, K.L., Xie, P.H., Liu, W.Q., Zeng, Y., Wang, S.M., Huang, S.H., Chen, J., Wang, Y.P., Si, F.Q. Stack emission monitoring using non-dispersive infrared spectroscopy with an optimized nonlinear absorption cross interference correction algorithm. Atmos. Meas. Tech., 6(8), 1993-2005, 2013.

Sutinen, J. 1997. A socioeconomic theory for controlling marine debris: is moral suasion a reliable policy tool? In, Coe, J.M. and A.B. Rogers (Eds) Marine Debris. Sources, Impacts and Solutions. Springer-Verlag, New York: 161-170.

Suzuki, A. 1994. TBT monitoring results. Unpublished results (one table and four graphs). March 30, 1994.

Sverdrup, H.U. (1947). Wind-driven currents in a baroclinic ocean: with application to the equatorial currents of the eastern Pacific. Proceedings of the National Academy of Sciences, 33(11), 318-326.

Sybrandy, A. L., Niiler, P. P. (1992). WOCE/TOGA Lagrangian drifter construction manual. WOCE Rep. 63, SIO Ref. 91/6 (58 pp.). La Jolla, California: Scripps Inst. of Oceanogr.

The Guardian. http://www.chinatimes.com/realtimenews/20180405000941-260408

Thompson, C. 2000. Focus on impact of sea trash, Cairns Post, Thursday 09/11/2000: 12.

Thompson, R.C., Olsen, Y., Mitchell, R.P., Davis, A., Rowland, S.J., John, A.W.G., Mc-Gonigle, D., Russel, A.E., 2005. Lost at sea: where is all the plastic? Science 304, 838. Yin, J., Falconer, R.A., Chen, Y., Probert, S.D., 2000. Water and sediment movements in harbours. Appl. Energy 67, 341-352.

TIME. China has a novel approach to addressing its air pollution issues: drones. http://time.com/2950261/china-drones-pollution/

Tippie, V.K. and D.R. Kester (eds) Center for Ocean management Studies, University of Rhode Island). ipact of Marine Pollution on Society. 1982. publ. Praeger Publishers. 521 Fifith Avenue, New York, N.Y. 0175, USA

Tolosa, I., J.W. Readman, A. Blaevoet, S. Ghilini, J. Bartocci, and M. Horvat. 1996. Contamination of Mediterranean (Cote d'Azur) coastal waters by organotins and Irgarol 1051 used in antifouling paints. Marine Pollution Bulletin. 32, 335-341.

Tomas, J., R. Guitart, R. Mateo, and J. Raga. 2002. Marine debris ingestion in loggerhead sea turtles, Caretta caretta, from the Western Mediterranean. Marine Pollution Bulletin 44(2002), 211-216.

Topping, P. 2000. Marine debris: a focus for community engagement. Paper presented at the Coastal Zone Canada Conference, September 2000, New Brunswick, Canada. Environment Canada.

Topping, P., D. Morantz and G. Lang. 1997. Waste disposal practices of fishing vessels:

Canada's East Coast 1990-1991. In, Coe, J.M. and A.B. Rogers (Eds) Marine Debris. Sources, Impacts and Solutions. Springer-Verlag, New York: 253-262.

Torres, D., D. Jorquera, V. Vallejos, R. Hucke-Gaete and S. Zarate. 1997. Beach debris survey at Cape Shirreff, Livingston Island, during the Antarctic season 1996/97. Ser. Cient. INACH 47, CCAMLR Scientific Committee, Hobart: 137-147.

Torrey, S. (Ed.) 1978. Coal Ash Utilization, Fly Ash, Bottom Ash and Slag. Noyes Data Corporation, Noyes Building, Park Ridge, New York 07656.

Tronstad, T., Ø. Endresen, 2006. Modelling Economic Break-Even Conditions for Fuel Cells in Merchant Ships. WHEC, June 2006.

Tsujino, H., Motoi, T., Ishikawa, I., Hirabara, M., Nakano, H., Yamanaka, G., Yasuda, T., Ishizaki, H. (2010). Reference manual for the Meteorological Research Institute Community Ocean Model (MRI.COM) (Version 3): Technical Reports of the MRI, 59. Tsukuba, Japan: Meteorological Research Institute.

Turner, J., F. Maplesden, B.Walford; and S. Jacob. 2005. "Tariff and Nontariff Barriers to New Zealand's Exports of Wood-Based Products to China." New Zealand Journal of Forestry 50(1).

UNCTAD, 2011, Review of Maritime Transport, 2011 edition, United Nations Conference on Trade And Development.

UNCTAD. 2003. United Nations Conference on Trade and Development. Market Information in the Commodities Area. http://www.unctad.org/infocomm/anglais/gas/prices.htm (accessed 04 06, 2010).

US EPA, 2008, Bunker fuel information report, Global Trade and Fuels Assessment ─ Future Trends and Effects of Requiring Clean Fuels in the Marine Sector.

USEPA. (2012). Pathways for invasive species introduction. Retrieved from: http://water.epa.gov/type/oceb/habitat/ pathways.cfm

USEPA. 1997. Ambient aquatic life water quality criteria for tributyltin ?draft. U.S. Environmental Protection Agency, Office of Water, Washington, D.C. EPA-

822-D-97-001.

USEPA. 1998. Guidelines for ecological risk assessment. Risk Assessment Forum, U.S. Environmental Protection Agency, Washington, D.C. EPA/630/R-95/002F.

Usui, N., Ishizaki, S., Fujii, Y., Tsujino, H., Yasuda, T., Kamachi, M. (2006). Meteorological Research Institute multivariate ocean variational estimation (MOVE) system: Some early results. Advances in Space Research, 37, 806-822.

Van Tassel, G.W., 2010. LNG as a vessel and general transportation fuel developing the required supply Infrastructure. Society of Naval Architects and Marine Engineers 2010 Annual Meeting Bellevue, Washington.

Van, A., Rochman, C. M., Flores, E. M., Hill, K. L., Vargas, E., Vargas, S. A., Hoh, E. (2011). Persistent organic pollutants in plastic marine debris found on beaches in San Diego, California. Chemosphere, 86, 258-263.

Velander, K., and M. Mocogni. 1999. Beach Litter Sampling Strategies: is There a 'Best' Method? Marine Pollution Bulletin, 38(12), 1134-1140.

Veneziani, M., Edwards, C. A., Doyle, J. D., Foley, D. (2009). A central California coastal ocean modeling study: 1. Forward model and the influence of realistic versus climatological forcing. Journal of Geophysical Research, 114, C04015.

Verbeek, R., G. Kadijk, P. Van Mensch, C. Wulffers, B. Van den Beemt, F. Fraga. 2011. Environmental and economic aspects of using LNG as a fuel for shipping in the Netherlands. TNO Report-2011-00166. 48 pp.

Voulvoulis, N., M.D. Scrimshaw, and J.N. Lester. 1999. Review: Alternative antifouling biocides. Appl. Organometal. Chem. 13, 135-143.

Wace, N. 1995. Ocean litter stranded on Australian coasts. State of the Marine Environment Report for Australia, Tech. Annex: 2. Ocean Rescue 2000 Program, DEST, Canberra. Webster Dictionary. 1913. Webster's Revised Unabridged Dictionary. C. & G. Merriam Co. Springfield, Massachusetts, USA.

Wakata, Y., Sugimori, Y. (1990). Lagrangian motions and global density distributions of floating matter in the ocean simulated using shipdrift data. Journal of Physical Ocean-ography, 20, 125-138.

Wallcraft, A., Carroll, S. N., Kelly, K. A., Rushing, K. V. (2003). Hybrid Coordinate Ocean Model (HYCOM) Version 2.1

Walter, E. E., Scandol, J.P., Healey, M.C. (1997). A reappraisal of the ocean migration patterns of Fraser River sockeye salmon (Oncorhynchus nerka) by individual-based modelling. Canadian Journal of Fisheries and Aquatic Sciences, 54, 847-858.

Wang, C., Corbett, J.J., Firestone, J., 2008. Improving spatial representation of global ship emissions inventories. Environmental Science & Technology 42(1), 193-199, 2008.

Welander, P. (1959). On the vertically integrated mass transport in the oceans. In B. Bolin (Ed.), The atmosphere and the sea In motion: Scientific contributions to the Rossby memorial volume (pp. 95-101). New York: Rockefeller Institute Press.

Whiting, S. 1998. Types & sources of marine debris in Fog Bay, northern Australia. Marine Pollution Bulletin. 36(11), 901-910.

Widmer, W. M. 2002. Recreational boating as a contributing source of marine debris, and their fouling assemblages, In, Abstracts of the Tenth Pacific Congress on Marine Science and Technology, PACON 2002 - The Ocean Century, Japan, 21-26 July 2002: 208.

Willoughby, N., H. Sangkoyo and B. Lakaseru. 1997. Beach Litter: an Increasing and Changing Problem for Indonesia. Marine Pollution Bulletin. 34(6): 469 - 478.

WOA. (2013). Boyer, T., Mishonov, A. (Ed. Technical Ed.). World Ocean Atlas 2013 Product Documentation, 14.

Woodall, P. 1993. Marine Litter on the beaches of Deepwater National Park, Central Queensland. Queensland Naturalist. 32(3-4), 72-75.

WWF. 2002. The Net Kit. A Fishing Net Identification Kit for Northern Australia. WWF Australia, Sydney. WWF. Unpublished data. Marine Debris Accumulation and

'Hotspots' along the Northern Australian Coastline, compiled by Caroline Hamilton and Ilse Kiessling 2000 - 2001 for the World Wide Fund for Nature Australia.

Wyrtki, K. (1961). The thermohaline circulation in relation to the general circulation in the oceans. Deep-Sea Research, 8(1), 39-64.

Ye S., Andrady A. Fouling of floating plastic debris under Biscayne Bay Exposure conditions Mar. Pollut. Bull., 22 (1991), 608-613.

Yoon, J. H., Kawano, S., Igawa, S. (2010). Modeling of marine litter drift and beaching in the Japan Sea. Marine Pollution Bulletin, 60, 448-463.

Yoshikawa, T., Asoh, K., 2005. Entanglement of monofilament fishing lines and coral death. Biological Conservation 117 (5), 557e560.

Zago de Azevedo, André Filipe. 2004. "Mercosur: Ambitious Politics, Poor Practices." Brazilian Journal of Political Economy 24 (4, October-December), 584-601.

Zarfl, C., Matthies, M., 2010. Are marine plastic particles transport vectors for organic pollutants to the Arctic? Mar. Pollut. Bull. 60, 1810-1815.

Zelenke, B., O'Connor, C., Barker, C., Beegle-Krause, C. J., Eclipse, L. (Eds.). (2012). General NOAA Operational Modeling Environment (GNOME) technical documentation (105 pp.). U.S. Dept. of Commerce, NOAA Technical Memorandum NOS OR R 40. Seattle, WA: Emergency Response Division, NOAA. Retrieved from http:// response.restoration.noaa.gov/gnome_manual

Zitko, V., Hanlon, M., 1991. Another source of pollution by plastics: skin cleaners with plastic scrubbers. Mar. Pollut. Bull. 22, 41-42.

陳鎮東，1987。熱帶地區海洋基礎生產力（葉綠素）的垂直分布。海洋科學學術研討會論文集，頁 149-156

華健，吳怡萱。2010。船舶大氣排放物減量決策模式。船舶科技。第三十八期，頁 47-56。

華健，吳怡萱。2009。能源與永續。五南圖書公司，頁 430。

國家圖書館出版品預行編目資料

海洋汙染防制／華健著. －－初版. －－臺北
市：五南, 2020.05
　　面；　公分
ISBN 978-957-763-860-1 (平裝)

1.海洋汙染　2.水汙染防制

445.96　　　　　　　　　109000346

5E0A

海洋汙染防制

作　　　者 ― 華健（498）

發 行 人 ― 楊榮川

總 經 理 ― 楊士清

總 編 輯 ― 楊秀麗

主　　　編 ― 高至廷

責任編輯 ― 金明芬

封面設計 ― 王麗娟

出 版 者 ― 五南圖書出版股份有限公司

地　　　址：106台北市大安區和平東路二段339號4樓

電　　　話：(02)2705-5066　傳　　　真：(02)2706-6100

網　　　址：http://www.wunan.com.tw

電子郵件：wunan@wunan.com.tw

劃撥帳號：01068953

戶　　　名：五南圖書出版股份有限公司

法律顧問　林勝安律師事務所　林勝安律師

出版日期　2020年5月初版一刷

定　　　價　新臺幣550元

經典永恆・名著常在

五十週年的獻禮 —— 經典名著文庫

五南，五十年了，半個世紀，人生旅程的一大半，走過來了。

思索著，邁向百年的未來歷程，能為知識界、文化學術界作些什麼？

在速食文化的生態下，有什麼值得讓人雋永品味的？

歷代經典・當今名著，經過時間的洗禮，千錘百鍊，流傳至今，光芒耀人；

不僅使我們能領悟前人的智慧，同時也增深加廣我們思考的深度與視野。

我們決心投入巨資，有計畫的系統梳選，成立「經典名著文庫」，

希望收入古今中外思想性的、充滿睿智與獨見的經典、名著。

這是一項理想性的、永續性的巨大出版工程。

不在意讀者的眾寡，只考慮它的學術價值，力求完整展現先哲思想的軌跡；

為知識界開啟一片智慧之窗，營造一座百花綻放的世界文明公園，

任君遨遊、取菁吸蜜、嘉惠學子！